高职应用数学

陈申宝 主 编
包丽君 副主编
张新德 史彦龙 阳 军 参 编

电子工业出版社
Publishing House of Electronics Industry
北京·BEIJING

内 容 提 要

本书是根据教育部制定的"高职高专教育数学课程教学基本要求"和"高职高专教育专业人才培养目标及规格",结合最新的课程改革理念与教学改革成果编写而成的. 本书融入了数学软件 MATLAB 使用、数学建模案例,体现数学的工具性、应用性,从知识、能力、素质三个方面培养学生的数学综合素质,具有内容通俗易懂,符合高职教学的要求等特色.

本书主要内容有函数、极限与连续,导数与微分,不定积分与定积分,常微分方程四章. 每章有数学文化、基础理论知识、知识拓展、数学实验、知识应用模块. 本书每节配有一定的练习题,每章有习题 A、习题 B,供不同程度读者选用. 附录给出了学习高等数学所需要的初等数学的预备知识. 书末附有练习题、习题参考答案,供读者参考.

本书可作为高职高专院校各专业高等数学或应用数学课程的教材或参考书,也可供成人高校等相关专业或自学考试的读者学习参考.

未经许可,不得以任何方式复制或抄袭本书之部分或全部内容.
版权所有,侵权必究.

图书在版编目(CIP)数据

高职应用数学/陈申宝主编. —北京:电子工业出版社,2017.1
ISBN 978-7-121-30638-9

Ⅰ.①高… Ⅱ.①陈… Ⅲ.①应用数学—高等职业教育—教材 Ⅳ.①O29

中国版本图书馆 CIP 数据核字(2016)第 305966 号

策划编辑:	贺志洪
责任编辑:	贺志洪
特约编辑:	杨 丽 薛 阳
印 刷:	三河市鑫金马印装有限公司
装 订:	三河市鑫金马印装有限公司
出版发行:	电子工业出版社
	北京市海淀区万寿路 173 信箱 邮编 100036
开 本:	787×1092 1/16 印张:13 字数:332.8 千字
版 次:	2017 年 1 月第 1 版
印 次:	2020 年 8 月第 7 次印刷
定 价:	34.00 元

凡所购买电子工业出版社图书有缺损问题,请向购买书店调换. 若书店售缺,请与本社发行部联系,联系及邮购电话:(010)88254888.

质量投诉请发邮件至 zlts@phei.com.cn,盗版侵权举报请发邮件至 dbqq@phei.com.cn.

服务热线:(010)88254609 或 hzh@phei.com.cn

前　言

为适应高职教育迅速发展及多层次办学的需要，满足高职高专教育以就业为导向，培养面向生产和管理第一线的、具有一定理论知识和较强动手能力的高级技术应用型人才培养目标的要求，进一步提高高职应用数学的教学质量，使高职学生具备适应社会需求的变化和可持续发展的能力而编写本教材．

本教材按照"应用为目的"和"必需、够用为度"的原则选择内容，使学生在高中数学的基础上，能够在有限时间内，掌握专业所需要的基本知识和基本技能，培养具备计算能力、一定的逻辑思维能力、分析问题和解决问题的应用能力和创新能力等数学素养，具有思想性、科学性、实用性和内容的弹性，易学、易懂、易教．本教材具有以下特色：

1. 模块化的教学内容

每章有数学文化、基础理论知识、知识拓展、数学实验和知识应用模块．基础知识"必需、够用"，对必学内容进行了整合，省略了定理的严格证明，力求用清晰、易懂的直观、形象方式来讲解概念和定义，便于学生理解和掌握．知识应用不但介绍数学在现实生活中的应用，也介绍在专业中的应用，使学生体会到数学学习的必要性．

2. 问题导向，引例驱动

每节尽量从引例或问题开始引入，再抽象出数学概念．知识的展开以解决问题为导向，使数学从实际中来又应用到实际中去，符合高职教育培养应用型人才的目标和要求．

3. 结合专业，突出应用

教材内容为高职各专业学生学习后续课程所需．在每章知识应用模块中尽可能介绍数学知识在专业中的应用，体现高职教育的特点．

4. 注重数学文化教育，提高人文修养

每章介绍数学思想或数学故事、人物，激发学生学习兴趣，培养细致、坚毅等数学品质，提高人文修养．

5. 强调数学软件的使用，融合数学建模思想

高职高等数学课时有限，在有限时间内要让学生掌握必需的数学知识，应减少在计算技巧上的时间．为此，在每章中介绍数学软件 MATLAB 的使用，使学生有较多的时间学习基本概念与数学的应用．同时，在每章知识应用中结合 MATALB 介绍数学建模案例．

6. 因材施教，适合分层次教学

知识拓展给教师选教和供学有余力学生选学．习题分为习题 A 和习题 B，习题 A 为所有学生练习，习题 B 供学习程度好的学生练习，适合分层次教学需要，也是部分学生专升本和数学建模竞赛需要，符合高职学生数学基础差别大的实际情况和高职教育的理念．

本书主要内容为微积分知识，内容涉及函数极限与连续、导数与微分、不定积分与定积分、常微分方程四章．内容通俗易懂，有利于"教、学、做"一体化．

全书的结构布局、统稿由浙江工商职业技术学院的陈申宝完成．按章节分工，第 1 章由陈申宝编写，第 2～第 4 章分别由浙江医药高等专科学校的史彦龙、宁波大红鹰学院的阳军、宁波广播电视大学的包丽君、陈申宝、宁波城市职业技术学院张新德共同编写．

本书编写过程中得到了浙江工商职业技术学院领导和相关兄弟院校的大力支持，出版社的有关人员也为本书编写和出版提供了帮助，同时也参考了相关书籍，在此一并致谢．

由于编者水平有限，书中难免存在不足之处，敬请专家、同行及广大读者批评指正．同时将意见反馈给我们，以便于修改更正．编者电子邮箱为：csb@zjbti.net.cn．

编　者
2016 年 12 月

目 录

绪 论 1

第1章 函数、极限与连续 4

数学文化——函数、极限的思想 4

基础理论知识 5

 1.1 函数 5
 1.2 极限的概念 12
 1.3 极限的运算 18
 1.4 无穷小与无穷大 23
 1.5 函数的连续性 27

知识拓展 31

 1.6 无穷小比较、函数的间断点类型、闭区间上连续函数的性质、函数曲线的渐近线 31

数学实验 37

 1.7 实验——用 MATLAB 绘图与求极限 37

知识应用 46

 1.8 函数、极限与连续的应用 46

习题 A 52
习题 B 52

第2章 导数与微分 54

数学文化——导数的起源与牛顿简介 54

基础理论知识 55

 2.1 导数的概念 55
 2.2 导数的基本公式与运算法则 62
 2.3 复合函数和隐函数的导数 64
 2.4 函数的微分 67

知识拓展 72

 2.5 微分中值定理、高阶导数、洛必达法则、函数的凹凸性 72

数学实验 79

 2.6 实验——用 MATLAB 求导数 79

知识应用 80

2.7 导数的应用 80

 习题 A 90

 习题 B 94

第 3 章 不定积分与定积分 97

  数学文化——莱布尼茨的故事 97

  基础理论知识 98

   3.1 不定积分概念与性质 98

   3.2 不定积分的积分方法 103

   3.3 定积分的概念 110

   3.4 牛顿—莱布尼茨公式与定积分计算 116

  知识拓展 120

   3.5 变上限定积分、广义积分 120

  数学实验 124

   3.6 实验——用 MATLAB 求不定积分和定积分 124

  知识应用 127

   3.7 定积分的应用 127

 习题 A 133

 习题 B 134

第 4 章 常微分方程 137

  数学文化——杰出的数学家欧拉 137

  基础理论知识 138

   4.1 常微分方程的基本概念 138

   4.2 可分离变量的微分方程 141

   4.3 一阶线性微分方程 146

  知识拓展 149

   4.4 二阶线性微分方程 149

  数学实验 155

   4.5 实验——用 MATLAB 求微分方程 155

  知识应用 158

   4.6 常微分方程的应用 158

 习题 A 166

 习题 B 168

附录 A 基本初等函数的图像、定义域和性质 170

附录 B 初等数学常用公式和相关知识选编 173

附录 C 习题答案 180

参考文献 199

绪　　论

俗话说"开卷有益",为使广大读者提高对数学重要性的认识和学习兴趣,在开始学习本书前,谈谈对为什么学习高等数学、学习什么内容、如何学好高等数学三个方面的一些认识.

一、为什么学习高等数学

1. 数学是一切科学技术的基础

数学是自然科学、工程技术科学、经济管理科学和社会科学的基础. 在现代科学,任何一门学科的发展都离不开数学,可以说"科学技术就是数学技术".

2. 学习高等数学的重要性

我们现在学习的高等数学主要由微积分学、微分方程组成. 微积分是微分学和积分学的统称,英文简称 Calculus,意为计算. 微积分的产生是数学史上的一件大事,是人类自然科学史上最重大的事件之一,是人类思维的伟大成果,是开启近代文明的钥匙,其思想方法对自然科学的各个领域产生了巨大的推动作用,已成为人类认识和改造世界的一个有力工具,充分显示了数学的发展对人类文明的影响.微积分作为一个基本的处理连续数学问题的工具,被广泛地应用于自然科学、工程技术科学、经济管理科学等领域. 恩格斯曾评价说"数学中的转折点是笛卡儿的变数,有了变数,运动进入了数学;有了变数,辩证法进入了数学;有了变数,微分学和积分学也就立刻成为必要的了,而它们也就立刻产生,并且是由牛顿和莱布尼兹大体上完成的,但不是由他们发明的."同时他还说"在一切理论成就中,未必再有什么像 17 世纪下半叶微积分学的发明那样被看做人类精神的最高胜利了." "计算机之父"冯·诺依曼(John von Neumann,1903—1957,匈牙利人)评价说"微积分是近代数学中最伟大的成就,对它的重要性无论做怎样的估计都不会过分." 时至今日,微积分已成为高校许多专业的必修课程,微积分已经并将继续影响和改变我们的生活.

3. 学习高等数学是学习后续专业课程的需要

无论是计算机专业、电子技术专业、数控技术专业等工科专业,还是会计专业、投资理财专业等经济管理专业,在专业的学习中必然要用到极限、导数、积分等高等数学知识,没有这些高等数学知识作基础,专业的学习必然是肤浅的、困难的.

4. 学习高等数学是提高个人素质与修养的需要

日本数学教育家米山国藏说过:"在学校学的数学知识,毕业后若没什么机会去用,一两年后很快就忘掉了. 然而,不管他们从事什么工作,铭记在心的数学精神、数学思想、研究方法、推理方法和看问题的角度等,却随时随地发生作用,使他们终生受益." 数学的学习提高了每个人的思维能力、分析和解决实际问题的能力及创新能力，使他们具备终生学习的能力与素质．数学家的奋斗故事，将激发他们今后在工作、生活中碰到困难时能百折不挠、顽强不屈．同时，对一部分专升本的同学来说，这也是一种需要．

二、高等数学的学习内容

1. 微积分的历史回顾

从15世纪初欧洲文艺复兴时期起，工业、农业、航海事业与商贾贸易的大规模发展，形成了一个新的经济时代，生产力得到了很大的发展，生产实践的发展向自然科学提出了新的课题，迫切要求力学、天文学等基础学科的发展，而这些学科都是深刻依赖于数学的，因而也推动数学的发展．科学的发展对数学提出了种种要求，最后汇总成几个核心问题：运动中速度与距离的互求问题；求曲线的切线问题；求长度、面积、体积与重心问题；求最大值和最小值问题等．

围绕着解决上述4个核心的科学问题，微积分问题至少被17世纪十几个最大的数学家和几十个小一些的数学家探索过．例如费马（Fermat）、巴罗（Barrow）都对求曲线的切线以及曲线围成的面积问题有过深入的研究，并且得到了一些结果，但是他们都没有意识到它的重要性．直到17世纪下半叶，牛顿（Newton）和莱布尼茨（Leibniz）两人在前人的基础上，创立了微积分，成为一门独立的学科．微积分是能应用于许多类函数的一种新的普遍方法．

牛顿发现了微积分的一般计算方法，确立了微分与积分的逆运算关系（微积分基本定理），他在其划时代巨著《自然哲学之数学原理》中首次发表了这些成果，他把微积分称为"流数术"．莱布尼茨也是同时代的杰出数学家和哲学家，他主要从几何角度出发研究了微积分的基本问题，确立了微分与积分之间的互逆关系，他创设的便利记号"dx"，"$\int$"一直沿用至今．

17世纪以来，微积分的概念和技巧不断扩展并被广泛应用来解决天文学、物理学中的各种实际问题，取得了巨大的成就．但直到19世纪以前，在微积分的发展过程中，其数学分析的严密性问题一直没有得到解决．18世纪中，包括牛顿和莱布尼兹在内的许多大数学家都觉察到这一问题并对这个问题做了努力，但都没有成功地解决这个问题．整个18世纪，微积分的基础是混乱和不清楚的，许多英国数学家也许是由于仍然为古希腊的几何所束缚，因而怀疑微积分的全部工作．这个问题一直到19世纪实际下半叶才由德国数学家柯西（Cauchy）得到了完整的解决，柯西极限存在准则使得微积分注入了严密性，这就是极限理论的创立．极限理论的创立使得微积分从此建立在一个严密的分析基础之上，它也为20世纪数学的发展奠定了基础．

2. 学习内容解析

本书的主要内容是函数、极限与连续、导数与微分、不定积分与定积分、常微分方程．函数——变量之间依存关系的数学模型．极限与连续——变量无限变化的数学模型和变量连续变化的数学模型导数与微分——函数变化率和增量的估值描述．不定积分——微分的逆运算问题．定积分——求总量的问题．常微分方程——含变化率的方程问题．同时通过学习数学软件 MATALB 来认识应用数学.

三、如何学好高等数学

1. 学习高等数学首先要有自信心

数学的抽象性使学习者感到数学难学，但如果你有兴趣，有自信心，你就会接受这门课，发觉这门课其实并不难．只要你肯下功夫，你会感到数学具有独特的魅力和内在美．

2. 尽可能做好预习

预习可以提高听课效率，带着问题去听课，你能更快地掌握知识．

3. 上课认真听讲

用心听教师对问题的提出、分析、思考、解决等过程，可以使你更好地获取新知识，起到"事半功倍"的效果．同时，结合自己的思考，能及时对不懂的地方向教师提问．

4. 做好课后复习和独立完成作业

复习是巩固所学知识的一种好方法，通过复习可以达到抓住要领、提取精华、加深理解、强化记忆的效果．复习包括每节、每章及期末总复习．学习数学必须做题，所以认真及时完成作业是一个十分重要的学习环节．通过做题，可以加深对数学概念、定义、定理的理解，提高运算速度．

5. 及时解决疑难问题

由于微积分知识的连贯性，前面的学习会影响后面的学习，所以有问题要及时解决，不要"拖欠"，也可对某些问题提出自己的见解，与同学、老师探讨．当然，学有余力的同学可到图书馆借相关书籍更深入地学习．

法国数学家笛卡儿指出："没有正确的方法，即使有眼睛的博学者也会像瞎子一样盲目摸索．"学习必须讲究方法．希望同学们能够尽快适应大学的学习生活，掌握正确的学习方法，把"应用数学"这门课学好．

第1章 函数、极限与连续

 数学文化——函数、极限的思想

在现实世界中，一切事物都在一定的空间中运动着．17世纪初，数学首先从对运动（如天文、航海问题等）的研究中引出了函数这个基本概念．在那以后的200多年里，这个概念在几乎所有的科学研究工作中占据了中心位置．对一个未知的量，如何能够找到它与一个已知量的关系，则可利用已知量来研究这个未知量．函数就是通过一个或几个已知量来研究未知量的最好工具．

函数描述了自然界中量的依存关系，反映了一个事物随着另一个事物变化而变化的关系和规律．函数的思想方法就是提取问题的数学特征，用联系的变化的观点提出数学对象，抽象其数学特征，建立函数关系，并利用函数的性质研究、解决问题的一种数学思想方法．

函数的思想方法主要包括以下几方面：运用函数的有关性质解决函数的某些问题；以运动变化的观点，分析和研究具体问题中的数量关系，建立函数关系，运用函数的知识，使问题得到解决；经过适当的数学变化和构造，使一个非函数的问题转化为函数的形式，并运用函数的性质来处理这一问题．

在人类长期运用函数思想去解决问题的发展过程中，人们不断注意到用函数解决问题后都有一个共同特点，或者说是一种共同的"指向"，那便是，它们总是用有限的公式去描述一个有着无限数据的事物．在经过归纳总结后，科学家们用简洁的一个公式描述了它的性质："已知+未知+规定思想"．"已知"，就是指"定量"；而"未知"则是指"变量"；至于"规定思想"则是，人们根据事物的规律，人为的构造的一种客观函数关系去解决问题的一种策略（人为的因素造就一个自我的空间——规定思想）．中学阶段学习过的常量函数、幂函数、指数函数、对数函数、三角函数和反三角函数共6类函数统称为基本初等函数．以基本初等函数为基础可构造出许多复杂的函数，人们通过它们或者通过拟合、逼近这些函数的方法来研究现实世界里复杂的相互关系．

极限的思想可以追溯到古代，刘徽的"割圆术"（用圆内接正多边形的周长逼近圆的周长的极限思想来近似计算圆周率 π）就是建立在直观基础上的一种原始的极限思想的应用；古希腊人的穷竭法也蕴含了极限思想．16世纪的欧洲处于资本主义萌芽时期，生产力得到极大的发展，生产和技术中大量的问题，只用初等数学的方法已无法解决，要求数学突破只研究常量的传统范围，而提供能够用以描述和研究运动、变化过程的新工具，这就促进极限思想的研究和发展．

所谓极限的思想,是指用极限概念分析问题和解决问题的一种数学思想.用极限思想解决问题的一般步骤可概括为:对于被考察的未知量,先设法构思一个与它有关的变量,确认这变量通过无限过程的结果就是所求的未知量;最后用极限计算来得到结果.

有时我们要确定某一个量,首先确定的不是这个量的本身而是它的近似值,而且所确定的近似值也不仅仅是一个而是一连串越来越准确的近似值;然后通过考察这一连串近似值的趋向,把那个量的准确值确定下来.这就是运用了极限的思想方法.极限的思想是近代数学的一种重要思想,也是微积分的基本思想.极限思想在现代数学乃至物理学等学科中有着广泛的应用,这是由它本身固有的思维功能所决定的.极限思想揭示了变量与常量、无限与有限的对立统一关系,是唯物辩证法的对立统一规律在数学领域中的应用.借助极限思想,人们可以从有限认识无限,从不变认识变,从直线形认识曲线形,从量变认识质变,从近似认识精确.

基础理论知识

1.1 函数

【引例】 某学生一个月的生活费用为1000元,假定他吃饭用去p元,其他消费(如购书、买衣服)用去q元,则$p+q=1000$,显然这个学生可根据饭费的多少来考虑他的其他消费额度,即$q=1000-p$.

上面例子反映了在某一特定过程中,两个变量(在过程中起着变化的量)之间的依赖关系.变量之间的这种关系就是函数关系.

函数是现代数学的基本概念之一,是中学阶段特别是高中阶段数学的重要学习内容,也是高等数学的主要研究对象.这里将中学阶段的函数知识作一简要总结,并补充一些必需的内容,为进一步学习打下基础.

一、函数的概念

1. 区间与邻域

(1)区间

开区间$(a,b)=\{x|a<x<b\}$; 闭区间$[a,b]=\{x|a\leqslant x\leqslant b\}$;

左开右闭区间$(a,b]=\{x|a<x\leqslant b\}$; 左闭右开区间$[a,b)=\{x|a\leqslant x<b\}$;

无穷区间$(-\infty,+\infty)=R, (a,+\infty)=\{x|x>a\}, (-\infty,b]=\{x|x\leqslant b\}$等.

(2)邻域

定义 1-1 设$a,\delta\in R, \delta>0$,数集$(a-\delta, a+\delta)=\{x|a-\delta<x<a+\delta\}$称为点$a$的$\delta$邻域,记为$N(a,\delta)$,点$a$称为该邻域的中心,$\delta$称为该邻域的半径.数集$(a-\delta, a)\cup(a, a+\delta)=\{x|a-\delta<x<a+\delta$且$x\neq a\}$称为点$a$的去心$\delta$邻域(或空心邻域,记为$\overset{\circ}{N}(a,\delta)$.

2．函数的定义

定义 1-2 设 x，y 是两个变量，D 是一个非空实数集，如果对于 D 中的每一个数 x，按照某种对应规则 f，都有唯一确定的数值 y 与之对应，那么 y 就称为定义在数集 D 上的 x 的**函数**，x 称为**自变量**，记为 $y=f(x)$，$x\in D$，数集 D 称为函数的**定义域**．

当 x 取定值 x_0 时，与 x_0 对应的 y 的数值称为函数在点 x_0 处的函数值，记为 $y|_{x=x_0}$ 或 $f(x_0)$，当 x 取遍 D 中的一切实数时，对应的函数值的集合 M 称为函数的**值域**．

说明：

（1）函数的**定义域**和**对应法则**是确定函数的两个基本要素．

（2）函数的定义域，在实际问题中应根据问题的实际意义具体确定，如果讨论的是纯数学问题，则取使函数表达式有意义的所有实数的集合作为函数的定义域．

[例 1-1] 求函数 $y=\dfrac{1}{x}+\sqrt{x+1}$ 的定义域．

解：要使函数有意义，应满足 $\begin{cases}x\neq 0\\ x+1\geq 0\end{cases}$，即 $\begin{cases}x\neq 0\\ x\geq -1\end{cases}$，所以函数的定义域为 $[-1,0)\cup(0,+\infty)$．

[例 1-2] 某圆柱形容器的容积为 V，试将它的侧面积表示成底半径的函数，并确定它的定义域．

解：设圆柱的底半径为 r，高为 h，侧面积为 S．

因为 $V=\pi r^2 h$，得 $h=\dfrac{V}{\pi r^2}$，根据圆柱侧面积公式有 $S=2\pi rh$，所以 $S=\dfrac{2V}{r}$，由实际意义可知，其定义域为 $(0,+\infty)$．

3．函数的表示法

函数的表示法通常有三种：**解析法、列表法、图像法**．

（1）解析法（也称公式法）

一汽车租赁公司出租某种汽车的收费标准为每天的基本租金 200 元加每公里收费 15 元．租用一辆该种汽车一天，行车 x 公里时的租车费 $y=(200+15x)$ 元．这是用解析式来表示的函数，称解析法．

（2）列表法（也称表格法）

将自变量的值及对应的函数值列成表的方法，称为列表法，如平方表、三角函数表等都是用列表法来表示函数关系的．

（3）图像法

在坐标系中用图形来表示函数关系的方法．我们经常通过某个函数的图像来研究其性质．

这三种表示方法各有特点，解析法便于对函数进行精确的计算和深入分析；列表法简明，便于查得某个函数值；图像法形象直观，能从图像上看出函数的某些特性．

4．分段函数

用解析法表示函数时，还有一种特殊形式．

[**例 1-3**] 浙江省宁波市电费按阶梯收费,非峰谷电价用户月用电量低于 100 千瓦时(含 100 千瓦时)部分,按基本部分每千瓦时(即度)0.538 元收费;月用电量在 100 千瓦时至 200 千瓦时(含 200 千瓦时)部分,每千瓦时加价 0.03 元;月用电量超过 200 千瓦时部分,每千瓦时加价 0.10 元.求电费 y(元)与用电量 x(千瓦时)之间的函数关系.

解: 由题意有

$$y = \begin{cases} 0.538x, & 0 \leq x \leq 100, \\ 53.8 + (x-100) \times 0.568, & 100 < x \leq 200, \\ 110.6 + (x-200) \times 0.638, & x > 200, \end{cases}$$

上述函数在其定义域不同的取值范围内,用不同的解析式来表示,这样的函数称为**分段函数**. 分段函数在整个定义域上是一个函数,而不是几个函数,其定义域为各段自变量取值集合的并集. 画分段函数图形时,在不同的区间上要作相应的解析式的图形,特别注意其在交接点处有一般比较大的变化. 求分段函数的函数值时,应把自变量的值代入相应取值范围的解析式中进行计算. 如绝对值函数 $y = |x| = \begin{cases} x, & x \geq 0, \\ -x, & x < 0, \end{cases}$ 也是分段函数,其定义域 $D = (-\infty, +\infty)$,值域 $M = [0, +\infty)$,图像如图 1-1 所示.

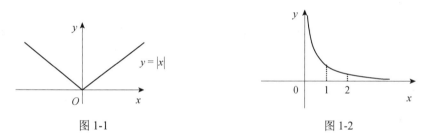

图 1-1　　　　　　　　　图 1-2

二、函数的几种常见性质

设函数 $y = f(x)$ 在区间 I 上有定义.

1. 有界性

如果存在正数 M,使得对任一 $x \in I$,有 $|f(x)| \leq M$,则称函数 $f(x)$ 在 I 上是**有界的**,如果这样的 M 不存在,则称 $f(x)$ 在 I 上是**无界的**.

例如,$f(x) = \sin x$ 在 R 上有界,因为 $|\sin x| \leq 1$. $g(x) = \dfrac{1}{x}(x>0)$ 在 $(0,1)$ 内无界,但在 $(1,2)$ 内有界,如图 1-2 所示. 所以函数有界与无界除了与函数本身有关外,还与所讨论的区间有关.

2. 单调性

如果函数 $f(x)$ 在区间 I 内随着 x 的增大而增大(或减少),即对于 I 内的任意两点 x_1 及 x_2,当 $x_1 < x_2$ 时,有 $f(x_1) < f(x_2)$(或 $f(x_1) > f(x_2)$),则称函数 $f(x)$ 在区间 I 内是**单调增加**(或**单调减少**),区间 I 叫做函数 $f(x)$ 的**单调增加区间**(或**单调减少区间**). 单调增加函数与单调减少函数统称为**单调函数**,单调增加区间与单调减少区间统称为**单调区间**.

单调增函数,它的图形沿 x 轴正向而上升;单调减函数,它的图形沿 x 轴正向而下降.

例如,函数 $y = x^2$ 在 $[0, +\infty)$ 内是单调增大的,在 $(-\infty, 0]$ 内是单调减小的,在 $(-\infty, +\infty)$ 内则不是单调的.

3. 奇偶性

若函数 $f(x)$ 的定义域 D 关于原点对称,且对于任意的 $x \in D$,都有 $f(-x) = -f(x)$,则称函数 $f(x)$ 为**奇函数**;若函数 $f(x)$ 的定义域 D 关于原点对称,且对于任意的 $x \in D$,都有 $f(-x) = f(x)$,则称函数 $f(x)$ 为**偶函数**.

奇函数的图像关于原点对称,偶函数的图像关于 y 轴对称.

例如,函数 $y = x^2$ 是偶函数,函数 $f(x) = \sin x$ 是奇函数.

4. 周期性

对于函数 $f(x)$,如果存在一个常数 $T \neq 0$,使得对于定义域 D 内的一切 x 都有 $f(x+T) = f(x)$,则称 $f(x)$ 为**周期函数**,T 为 $f(x)$ 的一个**周期**,通常周期函数的周期是指它的最小正周期(满足上式的最小正数 T),简称**周期**,但并非每个周期函数都有最小正周期.

周期函数图像的特点是:周期为 T 的函数,只要描出它在任一区间 $[a, a+T]$ 上的图像,然后将图像一个周期一个周期地左右平移,就可得到整个周期函数的图像.

例如,$f(x) = \sin x$,$f(x) = \cos x$ 都是以 2π 为周期的周期函数,$y = \tan x$ 是以 π 为周期的周期函数.

三、初等函数

1. 反函数

定义 1-3 设函数 $y = f(x)$ 是定义在 D 上的函数,值域为 M,若对于 M 中的每一个数 y,通过关系式 $y = f(x)$ 都有唯一确定的数值 x 与之对应,这就在数集 M 上定义了一个关于 y 的函数,这个函数称为函数 $y = f(x)$ 的**反函数**,记为 $x = f^{-1}(y)$,$y \in M$.按习惯记法(用 x 表示自变量),函数 $y = f(x)$ 的反函数常记为 $y = f^{-1}(x)$,$x \in M$,其定义域为函数 $y = f(x)$ 的值域,值域为函数 $y = f(x)$ 的定义域.函数 $y = f(x)$ 称为**直接函数**.

函数 $y = f(x)$ 的图像与其反函数 $y = f^{-1}(x)$,$x \in M$ 的图像关于直线 $y = x$ 对称.例如,函数 $y = 2x$ 的反函数为 $y = \dfrac{x}{2}$(如图 1-3 所示).

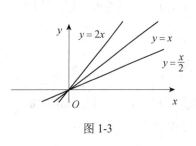

图 1-3

2. 基本初等函数

常数函数、幂函数、指数函数、对数函数、三角函数、反三角函数这六类函数称为**基本初等函数**.

基本初等函数是研究其他更为复杂的函数的基础,基本初等函数的定义、图像和主要性质,读者应很好地掌握,详见附录 A.

3. 复合函数

函数 $y = \sin x^2$ 是不是基本初等函数？显然不是！但它可看成是由两个基本初等函数 $y = \sin u$，$u = x^2$ 构成的，这种函数叫做复合函数.

定义 1-4 设 y 是 u 的函数 $y = f(u)$，而 u 又是 x 的函数 $u = \varphi(x)$，且 $u = \varphi(x)$ 的值域或其部分包含在函数 $y = f(u)$ 的定义域内，那么 y（通过 u 的关系）也是 x 的函数，这个函数叫做 $y = f(u)$ 与 $u = \varphi(x)$ 复合而成的函数，简称**复合函数**，记为 $y = f[\varphi(x)]$，其中 u 称为中间变量.

说明：

（1）不是任何两个函数都可以构成一个复合函数的. 例如 $y = \ln u$ 和 $u = -x^2$ 就不能构成复合函数. 因为对任意 x，函数 $u = -x^2 \leq 0$，而 $y = \ln u$ 中必须 $u > 0$ 才有意义.

（2）复合函数不仅可以有一个中间变量，还可以有多个中间变量. 例如 $y = e^u$，$u = \sqrt{v}$，$v = x + 1$ 复合而成的函数 $y = e^{\sqrt{x+1}}$，u, v 都是中间变量.

（3）由基本初等函数经过四则运算形成的函数称为简单函数. 复合函数通常不一定由纯粹的基本初等函数复合而成，而更多的是由简单函数复合而成的. 例如函数 $y = \sqrt{x + \sin x}$ 可以看成由函数 $y = \sqrt{u}$ 与 $u = x + \sin x$ 复合而成的.

[例 1-4] 求函数 $y = \ln^u$，$u = \cos v$，$v = x + 1$ 构成的复合函数.

解： $y = \ln^u = \ln^{\cos v} = \ln^{\cos(x+1)}$，即 $y = \ln^{\cos(x+1)}$.

[例 1-5] 求下列函数的复合过程.

（1）$y = \sin^2 x$ （2）$y = \arcsin(\ln 2x)$

解： （1）函数 $y = \sin^2 x$ 是由 $y = u^2$，$u = \sin x$ 复合而成的.

（2）函数 $y = \arcsin(\ln 2x)$ 是由 $y = \arcsin u$，$u = \ln v$，$v = 2x$ 复合而成的.

4. 初等函数

定义 1-5 由基本初等函数经过有限次四则运算和有限次的函数复合步骤所构成并可用一个式子表示的函数，称为**初等函数**.

例如：$y = \arcsin \dfrac{x}{2}$，$y = \ln(x + \sin x)$，$y = e^{x^2} \tan x$ 等都是初等函数. 而 $y = x^{\sin x}$ $(x > 0)$ 不是初等函数.

分段函数一般不是初等函数，但绝对值函数 $y = |x| = \begin{cases} x, & x \geq 0 \\ -x, & x < 0 \end{cases}$ 是分段函数，也是初等函数，因为 $y = |x| = \sqrt{x^2}$，它可看成是由函数 $y = \sqrt{u}$，$u = x^2$ 复合而成的函数.

初等函数是今后微积分中研究的主要函数.

四、函数模型的建立

1. 数学模型方法简述

数学模型方法（Mathematical Modeling）称为 **MM** 方法．它是针对所考察的问题构造出相应的数学模型，通过对数学模型的研究，使问题得以解决的一种数学方法．

数学模型方法是处理科学理论问题的一种经典方法，也是处理各类实际问题的一般方法．掌握数学模型方法是非常必要的．在此，对数学模型方法作一简述．

（1）数学模型的含义

数学模型是针对于现实世界的某一特定对象，为了一个特定的目的，根据特有的内在规律，做出必要的简化和假设，运用适当的数学工具，采用形式化语言，概括或近似地表述出来的一种数学结构．它或者能解释特定对象的现实形态，或者能预测对象的未来状态，或者能提供处理对象的最优决策或控制．数学模型既源于现实又高于现实，不是实际原形，而是一种模拟，在数值上可以作为公式应用，可以推广到与原物相近的一类问题，可以作为某事物的数学语言，可译成算法语言，编写程序使用计算机计算．

（2）数学模型的建立过程

建立一个实际问题的数学模型，需要一定的洞察力和想象力，筛选、抛弃次要因素，突出主要因素，做出适当的抽象和简化．全过程一般分为表述、求解、解释、验证几个阶段，并且通过这些阶段完成从现实对象到数学模型，再从数学模型到现实对象的循环．可用流程图（见图1-4）表示如下：

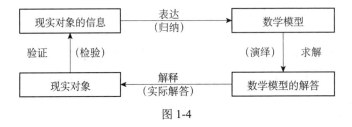

图 1-4

表述 根据建立数学模型的目的和掌握的信息，将实际问题翻译成数学问题，用数学语言确切地表述出来．

这是一个关键的过程，需要对实际问题进行分析，甚至要做调查研究，查找资料，对问题进行简化、假设、数学抽象，运用有关的数学概念、数学符号和数学表达式去表现客观对象及其关系．如果现有的数学工具不够用时，可根据实际情况，大胆创造新的数学概念和方法去表现模型．

求解 选择适当的方法，求得数学模型的解答．

解释 数学解答翻译回现实对象，给实际问题的解答．

验证 检验解答的正确性．

从总体上来说，数学模型只是近似地表现了现实原型中的某些属性，而就所要解决的实际问题而言，它更深刻、更正确、更全面地反映了现实．从广义上讲，一切数学概念、数学理论体系、各种数学公式、各种方程式、各种函数关系以及由公式系列构成的算法系统等等都可以叫做数学模型．从狭义上讲，只有那些反映特定问题或特定的具体事物系统的数学关系的结构，才叫做数学模型．在现代应用数学中，数学模型都作狭义解释．而建立数学模型的目的，主要是为了解决具体的实际问题．

2. 函数模型的建立举例

研究数学模型，建立数学模型，进而借鉴数学模型，对提高解决实际问题的能力以及数学素养都是非常重要的．函数关系可以说是一种变量相依关系的数学模型．建立函数模型的步骤可分为：

（1）分析问题中哪些是变量，哪些是常量，分别用字母表示．

（2）根据所给条件，运用数学、物理或其他知识，确定等量关系（函数关系）．

（3）具体写出解析式，并指明定义域．

[例 1-6] 将直径为 d 的圆木料锯成截面为矩形的木材（如图 1-5 所示），列出矩形截面两边长之间的函数关系式，并求出如何截取才能使截面面积最大？

解： 设矩形截面的一条边长为 $x(0<x<d)$，另一边长为 y（$y=\sqrt{d^2-x^2}$），截面面积为 $s(x)$，则 $s(x)=xy=x\sqrt{d^2-x^2}(0<x<d)$．根据不等式 $ab \leqslant \dfrac{a^2+b^2}{2}(a>0, b>0)$ 可得

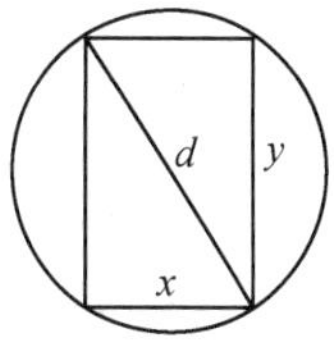

图 1-5

$$s(x)=xy=x\sqrt{d^2-x^2}$$
$$\leqslant \frac{x^2+(d^2-x^2)}{2}=\frac{d^2}{2}$$

当 $x^2=d^2-x^2$，即 $x=\dfrac{\sqrt{2}}{2}d$ 时，$s(x)$ 取得最大值，即截面为正方形时面积最大．

[例 1-7] 在金融业务中有一种利息叫做单利．设 p 是本金，r 是计息期有利率，c 是计息期满应付的利息，n 是计息期数，I 是 n 个计息期（即借期或存期）应付的单利，是本利和．求本利和 A 与计息期数 n 的函数模型．

解： 计息期的利率 $=\dfrac{\text{计息期满的利息}}{\text{本金}}$，即 $r=\dfrac{c}{p}$，由此得 $c=pr$，单利与计息期数成正比，即 n 个计息期应付的单利 I 为 $I=cn$，因为 $c=pr$，所以 $I=prn$，本利和为 $A=p+I$，即，可得本利和与计息期数的函数关系，即单利模型

$$A=p(1+rn)$$

说明：

（1）[例 1-6] 中求截面积最大值在学习了后面导数知识后，会有更简洁的方法．

（2）建立函数模型是一个比较灵活的问题，无定法可循，只有多做些练习才能逐步掌握．

思考题 1.1

1. 函数 $y = x$ 与 $y = \sqrt{x^2}$ 是同一函数吗？
2. 两个奇函数之积是偶函数；两个偶函数之积仍是偶函数；一奇一偶之积是奇函数，对吗？
3. 任意两个函数是否都可以复合成一个复合函数？你是否可以用例子说明？
4. 建立函数模型的方法和步骤是什么？

练习题 1.1

1. 求函数 $y = \ln(1 - x^2)$ 的定义域.

2. 已知 $f(x) = \begin{cases} x^2 + 2 & x > 0 \\ 1 & x = 0 \\ 3x & x < 0 \end{cases}$，求 $f(-1)$，$f(0)$，$f(1)$ 的值，并作出函数的图形.

3. 判断下列函数的奇偶性.
   （1） $y = x^2 \sin x$ （2） $y = x^2 + 2\cos x$

4. 分析下列复合函数的结构，并指出它们的复合过程.
   （1） $y = \cos^2(x - 1)$ （2） $y = \lg \sin(x + 1)$

5. 把一个直径为 50 厘米的圆木截成横截面为长方形的方木，若此长方形截面的一条边长 x 厘米，截面面积为 A 平方厘米，试将 A 表示成 x 的函数，并指出其定义域.

1.2 极限的概念

【引例】 请读者用一个计算器计算 0.5 连续乘方的结果是什么？答案是 0（根据计算器精度，有的读者次数多按几次得到 0，有的读者次数少按几次得到 0）．为什么？再请读者用计算器计算 2 的连续乘方的结果是什么？结果是计算溢出！下面我们作一下分析.

将 0.5 写成 $\frac{1}{2}$，则一次的平方结果为 $(\frac{1}{2})^2 = \frac{1}{2^2}$，二次平方的结果为 $(\frac{1}{2^2})^2 = \frac{1}{2^4}, \cdots$，$n$ 次平方的结果为 $\frac{1}{2^{2^n}}$．当平方次数越来越多时，2^n 越来越大，从而上述 n 次平方的分母 2^{2^n} 越来越大，分式的值越来越接近于零，则计算结果应为零（在计算器精度内）．而 2 的连续乘方越来越大，计算结果当然是溢出．

上述问题实质上研究的是当 n 越来越大时，通项的最终变化趋势，或者说通项有没有越来越接近于一个确定的数，这就是极限问题.

极限是微积分学中一个基本概念，微分学与积分学的许多概念都是由极限引入的，并且最终由极限知识来解决．因此它在微积分学中占有非常重要的地位．微分学与积分学中有许多有关极限思想的应用问题，在后面的课程中我们还会有这方面的阐述.

一、数列的极限

为理解极限概念，我们再来研究几个数列.

数列 $a_n = (-1)^{n-1}\dfrac{1}{n}$，其在数轴上表示如图 1-6 所示.

图 1-6

再看数列 $x_n = n$，其在直角坐标系上表示如图 1-7 所示.

可以看出，随着数列的项数 n 不断增大，数列 $a_n = (-1)^{n-1}\dfrac{1}{n}$ 无限趋近于常数 0（虽然在 0 的两边跳来跳去），而数列 $x_n = n$ 无限增大，不趋近于任何一个常数.

由此可见，当项数无限增大时，数列的变化趋势有两种情况，要么无限趋近于某个确定的常数，要么无法趋近于某一常数. 我们将此现象抽象便可得到数列极限的描述性定义.

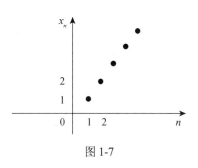

图 1-7

定义 1-6 设有数列 $\{x_n\}$，如果当 n 无限增大时，数列相应的项 x_n 无限趋近于一个确定的常数 A，则称常数 A 为数列 $\{x_n\}$ 当 n 趋于无穷大时的**极限**，记为 $\lim\limits_{n\to\infty} x_n = A$，或 $x_n \to A$ （$n\to\infty$），并称数列 $\{x_n\}$ 是**收敛的**，且收敛于 A；否则称数列 $\{x_n\}$ 是**发散的**.

由定义 1-6 可知，$\lim\limits_{n\to\infty}(-1)^{n-1}\dfrac{1}{n} = 0$，而当 $n\to\infty$ 时，数列 $\{n\}$ 是发散的.

[例 1-8] 观察下面数列的变化趋势，确定它们的敛散性，若是收敛数列，写出它们的极限.

（1）$x_n = \dfrac{n+1}{n}$　　　　（2）$x_n = 4$　　　　（3）$1, -1, 1, -1, \cdots, (-1)^{n+1}, \cdots$

解：（1）$x_n = \dfrac{n+1}{n}$ 的项依次为 $2, \dfrac{3}{2}, \dfrac{4}{3}, \dfrac{5}{4}, \ldots$，当 n 无限增大时，x_n 无限接近于 1，所以 $\lim\limits_{n\to\infty} x_n = 1$；

（2）$x_n = 4$ 为常数数列，无论 n 取怎样的正整数，x_n 始终为 4，所以 $\lim\limits_{n\to\infty} 4 = 4$；

（3）数列 $x_n = (-1)^{n+1}$，当 n 无限增大时，x_n 在 -1 和 1 这两个数上来回摆动，不能无限接近于一个确定常数，所以它没有极限，是发散的.

说明：

（1）极限是变量变化的终极趋势，也可以说是变量变化的最终结果. 因此，可以说，**数列极限的值与数列前面有限项的值无关**.

比如，某人的目的地是北京，至于他是从武汉出发的，还是从广州出发的，这与他的目的无关，最终到了北京，就算达到目的了. 这种比喻尽管不严格，但编者认为它有助于读者对上面的说法的理解.

（2）若数列 $\{x_n\}$ 收敛，则其极限值**唯一**.

（3）一个常数数列的极限等于这个常数本身，即

$$\lim_{n\to\infty} c = c \quad (c \text{ 为常数}).$$

思考 数列可以看做是定义在正整数集上的函数，那么一般函数的极限呢？

二、函数的极限

对于一般函数，自变量 x 的变化趋势要略显复杂，主要有以下两种情况：

（1）x 的绝对值无限增大，即趋向无穷大，它又有三种情形：

① x 趋向正无穷大，即 $x > 0$ 且无限增大，记为 $x \to +\infty$.

② x 趋向负无穷大，即 $x < 0$ 且绝对值无限增大，记为 $x \to -\infty$.

③ x 趋向无穷大，即既可取正值同时也可取负值且 $|x|$ 无限增大，记为 $x \to \infty$.

（2）x 趋向于有限值 x_0，也有三种情形：

① x 从 x_0 的左侧无限趋向于 x_0（$x < x_0$），记为 $x \to x_0^-$.

② x 从 x_0 的右侧无限趋向于 x_0（$x > x_0$），记为 $x \to x_0^+$.

③ x 从 x_0 的左右两侧无限趋向于 x_0，记为 $x \to x_0$.

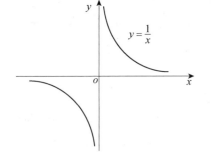

图 1-8

下面我们分情况讨论.

1. $x \to \infty$ 时，函数 $y = f(x)$ 的极限

当 $x \to +\infty$，$x \to -\infty$，$x \to \infty$ 时，观察函数 $f(x) = \dfrac{1}{x}$ 的图像（如图 1-8 所示）变化趋势.

从图 1-8 中可以看出，当 $x \to +\infty$ 时，函数 $f(x)$ 无限接近于常数 0，此时我们称常数 0 为函数 $f(x) = \dfrac{1}{x}$ 当 $x \to +\infty$ 时的极限；同样，当 $x \to -\infty$ 或 $x \to \infty$ 时，函数 $f(x)$ 无限接近于常数 0，我们称常数 0 为函数 $f(x) = \dfrac{1}{x}$ 当 $x \to -\infty$ 或 $x \to \infty$ 时的极限.

定义 1-7 设函数 $y = f(x)$ 在 $|x| > a$ 时有定义（a 为某个正实数），如果当自变量 $x \to \infty$ 时，函数 $y = f(x)$ 无限趋近于一个确定的常数 A，则称常数 A 为当 $x \to \infty$ 时，函数 $y = f(x)$ 的**极限**，记为

$$\lim_{x\to\infty} f(x) = A \quad \text{或} \quad f(x) \to A \quad (x \to \infty)$$

定义 1-8 设函数 $y = f(x)$ 在 $(a, +\infty)$（a 为某个实数）内有定义，如果当自变量 $x \to +\infty$ 时，函数 $y = f(x)$ 无限趋近于一个确定的常数 A，则称常数 A 为当 $x \to +\infty$ 时，函数 $y = f(x)$ 的**极限**，记为

$$\lim_{x\to+\infty} f(x) = A \text{ 或 } f(x)\to A(x\to +\infty)$$

定义 1-9 设函数 $y=f(x)$ 在 $(-\infty, a)$（a 为某个实数）内有定义，如果当自变量 $x\to -\infty$ 时，函数 $y=f(x)$ 无限趋近于一个确定的常数 A，则称常数 A 为当 $x\to -\infty$ 时，函数 $y=f(x)$ 的**极限**，记为

$$\lim_{x\to-\infty} f(x) = A \text{ 或 } f(x)\to A(x\to -\infty)$$

由上述定义可知：$\lim\limits_{x\to\infty}\dfrac{1}{x}=0$，$\lim\limits_{x\to+\infty}\dfrac{1}{x}=0$，$\lim\limits_{x\to-\infty}\dfrac{1}{x}=0$.

［例 1-9］ 观察下列函数的图像，分析当 $x\to +\infty$，$x\to -\infty$，$x\to \infty$ 时的极限.
（1） $y = \arctan x$ （2） $y = \mathrm{e}^x$

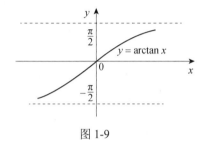

图 1-9

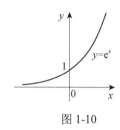

图 1-10

解：（1）由图 1-9 可知，当 $x\to -\infty$ 时，函数 $y=\arctan x$ 无限接近于常数 $-\dfrac{\pi}{2}$，所以 $\lim\limits_{x\to-\infty}\arctan x = -\dfrac{\pi}{2}$；当 $x\to +\infty$ 时，函数 $y=\arctan x$ 无限接近于常数 $\dfrac{\pi}{2}$，所以极限 $\lim\limits_{x\to+\infty}\arctan x = \dfrac{\pi}{2}$；而当 $x\to\infty$ 时，函数 $y=\arctan x$ 没有无限趋近于一个确定的常数，所以 $\lim\limits_{x\to\infty}\arctan x$ 不存在.

（2）由图 1-10 可知，当 $x\to -\infty$ 时，函数 $y=\mathrm{e}^x$ 无限接近于常数 0，所以 $\lim\limits_{x\to-\infty}\mathrm{e}^x = 0$；当 $x\to +\infty$ 时，函数 $y=\mathrm{e}^x$ 无限增大，所以 $\lim\limits_{x\to+\infty}\mathrm{e}^x$ 不存在（为方便，这种情况也记为 $\lim\limits_{x\to+\infty}\mathrm{e}^x = +\infty$，但并非表示它有极限，仅仅是方便做个记法）. 而当 $x\to\infty$ 时，函数 $y=\mathrm{e}^x$ 没有无限趋近于一个确定的常数，所以 $\lim\limits_{x\to\infty}\mathrm{e}^x$ 不存在.

一般地，我们有如下定理：

定理 1-1 $\lim\limits_{x\to\infty} f(x) = A$ 的充分必要条件是：$\lim\limits_{x\to+\infty} f(x) = \lim\limits_{x\to-\infty} f(x) = A$.

2. $x\to x_0$ 时，函数 $y=f(x)$ 的极限

当 $x\to 1$ 时，用列表和作图像方法观察函数 $f(x) = \dfrac{x^2-1}{x-1}$ 的变化趋势.

表 1-1

x	⋯	0.7	0.8	0.9	0.95	⋯→1←⋯	1.1	1.3	1.5
$f(x)=\dfrac{x^2-1}{x-1}$	⋯	1.7	1.8	1.9	1.95	⋯→2←⋯	2.1	2.3	2.5

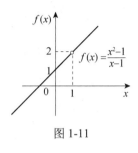

图 1-11

从表 1-1 和图 1-11 可以看出，函数在 $x=1$ 处没有定义，但是当 x 无限趋近于 1 时（可以从 $x=1$ 处的左右两边无限趋近于 1），函数 $f(x)=\dfrac{x^2-1}{x-1}$ 的值无限趋近于 2，此时我们称当 x 无限趋近于 1（但不等于 1）时，函数 $f(x)=\dfrac{x^2-1}{x-1}$ 以 2 为极限. 同样可以分别从 $x=1$ 处的左边无限趋近于 1 与右边无限趋近于 1 两种情况讨论函数 $f(x)=\dfrac{x^2-1}{x-1}$ 的值变化趋势. 我们给出函数极限定义.

定义 1-10 设函数 $f(x)$ 在点 x_0 的附近（即 x_0 的左、右近旁）有定义（x_0 点可以除外），如果当自变量 x 趋近于 x_0（$x \ne x_0$）时，函数 $f(x)$ 的值无限接近于一个确定的常数 A，则称 A 为函数 $f(x)$ 当 $x \to x_0$ 时的极限，记为

$$\lim_{x \to x_0} f(x) = A \quad \text{或} \quad f(x) \to A \ (x \to x_0)$$

例如，当 $x \to 1$ 时，函数 $f(x) = \dfrac{x^2-1}{x-1}$ 的极限为 2，记为

$$\lim_{x \to 1} \dfrac{x^2-1}{x-1} = 2 \ \text{或} \ \dfrac{x^2-1}{x-1} \to 2 (x \to 1)$$

由该定义容易得到以下两个结论：

$$\lim_{x \to x_0} c = c \ (c \ \text{为常数}), \quad \lim_{x \to x_0} x = x_0$$

说明：

（1）$\lim\limits_{x \to x_0} f(x) = A$ 描述的是当自变量 x 无限接近 x_0 时，相应的函数值 $f(x)$ 无限趋近于常数 A 的一种变化趋势，与函数 $f(x)$ 在 x_0 点是否有定义无关.

（2）在 x 无限趋近 x_0 的过程中，既可以从大于 x_0 的方向趋近 x_0，也可以从小于 x_0 的方向趋近于 x_0，整个过程没有任何方向限制.

（3）在定义 1-10 中，x 是以任意方式趋近于 x_0 的，但在有些问题中，往往只需要考虑点 x 从 x_0 的一侧趋近于 x_0 时，函数 $f(x)$ 的变化趋势，这就是左、右极限的概念.

定义 1-11 设函数 $y = f(x)$ 在 x_0 左（或右）侧近旁有定义（$f(x)$ 在 x_0 点处可以没有定义）. 若当自变量 x 从 x_0 的左（或右）侧近旁无限接近于 x_0 时，即 $x \to x_0^-$（或 $x \to x_0^+$）时，函数 $y = f(x)$ 的值无限接近于一个确定的常数 A，则称常数 A 为 $x \to x_0$ 时的左（或右）极限，记为：

$$\lim_{x \to x_0^-} f(x) = A \text{ 或 } f(x_0 - 0) = A \text{ 或 } f(x) \to A(x \to x_0^-) \qquad \text{左极限}$$

$$\lim_{x \to x_0^+} f(x) = A \text{ 或 } f(x_0 + 0) = A \text{ 或 } f(x) \to A(x \to x_0^+) \qquad \text{右极限}$$

类似 $x \to \infty$，我们有如下定理：

定理 1-2 $\lim_{x \to x_0} f(x) = A$ 的充要条件是 $\lim_{x \to x_0^-} f(x) = \lim_{x \to x_0^+} f(x) = A$.

这个定理常被用来作为判断函数在某一点处极限是否存在的依据.

[**例 1-10**] 讨论下列函数当 $x \to 0$ 时的极限：

（1）符号函数 $f(x) = \mathrm{sgn}(x) = \begin{cases} 1 & x > 0 \\ 0 & x = 0 \\ -1 & x < 0 \end{cases}$

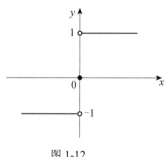

图 1-12

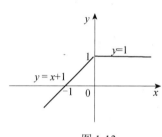

图 1-13

（2）$f(x) = \begin{cases} 1 & x \geq 0 \\ x+1 & x < 0 \end{cases}$

解：（1）由图 1-12 可知，

$$\lim_{x \to 0^-} f(x) = \lim_{x \to 0^-} (-1) = -1 \; ; \quad \lim_{x \to 0^+} f(x) = \lim_{x \to 0^+} 1 = 1 \text{，}$$

因为 $\lim_{x \to 0^-} f(x) \neq \lim_{x \to 0^+} f(x)$，所以 $\lim_{x \to 0} f(x)$ 不存在.

（2）由图 1-13 可知，

$$\lim_{x \to 0^-} f(x) = \lim_{x \to 0^-} (x+1) = 1 \; ; \quad \lim_{x \to 0^+} f(x) = \lim_{x \to 0^+} 1 = 1 \text{，}$$

因为 $\lim_{x \to 0^-} f(x) = \lim_{x \to 0^+} f(x)$，所以 $\lim_{x \to 0} f(x) = 1$.

说明：

（1）函数的极限若存在，必唯一，即若 $\lim_{x \to x_0} f(x) = A$，$\lim_{x \to x_0} f(x) = B$，则 $A = B$.

（2）分段函数在分段点处的极限值与分段点处的函数值是两个不同的概念.

思考题 1.2

若极限 $\lim_{x \to x_0} f(x)$ 存在，是否一定有 $\lim_{x \to x_0} f(x) = f(x_0)$？

练习题 1.2

1. 观察下列数列的变化趋势，并判断极限是否存在，若存在，指出其极限值．

   （1）$x_n = 1 + n$ （2）$x_n = 2 + \dfrac{1}{n}$

   （3）$x_n = \dfrac{1}{n^2}$ （4）$x_n = 1 + (-1)^n$

2. 考察下列函数当 $x \to \infty$ 时的变化趋势，并判断极限是否存在，若存在，指出其极限值．

   （1）$y = e^x$ （2）$y = \left(\dfrac{1}{2}\right)^x$

3. 考察下列函数当 $x \to 2$ 时的变化趋势，并求出其当 $x \to 2$ 时的极限．

   （1）$y = 2x + 1$ （2）$y = \dfrac{x^2 - 4}{x - 2}$

4. 讨论下列函数当 $x \to 0$ 时的极限

   （1）$f(x) = \begin{cases} 1 - x & x < 0 \\ 0 & x = 0 \\ e^x & x > 0 \end{cases}$ （2）$f(x) = \dfrac{|x|}{x}$

1.3 极限的运算

【引例】 求极限 $\lim\limits_{x \to 1} \dfrac{x^2 + 1}{x + 1}$

如果用上一节极限的定义去求此极限则很烦也很难，为方便求它的极限，我们可以根据极限的定义，得到如下的极限运算法则．

一、极限的四则运算法则

定理 1-3 若 $\lim\limits_{x \to x_0} f(x) = A$，$\lim\limits_{x \to x_0} g(x) = B$，则

（1）$\lim\limits_{x \to x_0}(f(x) \pm g(x)) = \lim\limits_{x \to x_0} f(x) \pm \lim\limits_{x \to x_0} g(x) = A \pm B$；

（2）$\lim\limits_{x \to x_0}(f(x) \cdot g(x)) = \lim\limits_{x \to x_0} f(x) \cdot \lim\limits_{x \to x_0} g(x) = A \cdot B$；

（3）$\lim\limits_{x \to x_0} \dfrac{f(x)}{g(x)} = \dfrac{\lim\limits_{x \to x_0} f(x)}{\lim\limits_{x \to x_0} g(x)} = \dfrac{A}{B}$ （$B \neq 0$）．

说明：

（1）以上法则我们只以 $x \to x_0$ 方式给出，对任何其他方式，如：$x \to x_0^+$，$x \to x_0^-$，$x \to \infty$，$x \to +\infty$，$x \to -\infty$，法则都成立．

（2）定理 1-3 结论成立的前提要求是函数 $f(x)$ 与 $g(x)$ 的极限必须存在；参与运算的项数必须有限；分母极限必须不为零等，否则结论不成立．如 $\lim\limits_{x \to 0} x \sin \dfrac{1}{x} =$

$\lim\limits_{x\to 0} x \cdot \lim\limits_{x\to 0} \sin\dfrac{1}{x} = 0$ 这个做法是错误的，因为在 $x\to 0$ 时，函数 $\sin\dfrac{1}{x}$ 没有极限．

推论 1 若 $\lim\limits_{x\to x_0} f(x) = A$，$c$ 为常数，则 $\lim\limits_{x\to x_0} cf(x) = c\lim\limits_{x\to x_0} f(x)$．

推论 2 若 $\lim\limits_{x\to x_0} f(x) = A$，$n \in N$，则 $\lim\limits_{x\to x_0} (f(x))^n = (\lim\limits_{x\to x_0} f(x))^n = A^n$．

如，$\lim\limits_{x\to x_0} x = x_0$，则 $\lim\limits_{x\to x_0} x^n = x_0^n$．

定理 1-4 设函数 $y = f(\varphi(x))$ 是由函数 $y = f(u)$，$u = \varphi(x)$ 复合而成的，如果 $\lim\limits_{x\to x_0} \varphi(x) = u_0$，且在 x_0 的近旁内（除 x_0 外）$\varphi(x) \neq u_0$，又 $\lim\limits_{u\to u_0} f(u) = A$，则 $\lim\limits_{x\to x_0} f(\varphi(x)) = A$．

如 $\lim\limits_{x\to x_0} \sin x = \sin x_0$，$\lim\limits_{x\to x_0} x^n = x_0^n$，则 $\lim\limits_{x\to x_0} \sin x^n = \sin x_0^n$．

［例 1-11］ 求 $\lim\limits_{x\to 1}(x^2 + 2x - 3)$．

解： $\lim\limits_{x\to 1}(x^2 + 2x - 3) = \lim\limits_{x\to 1} x^2 + \lim\limits_{x\to 1} 2x - \lim\limits_{x\to 1} 3 = \lim\limits_{x\to 1} x^2 + 2\lim\limits_{x\to 1} x - \lim\limits_{x\to 1} 3$
$= 1 + 2\times 1 - 3 = 0$．

［例 1-12］ 求 $\lim\limits_{x\to 2}\dfrac{2x^2 - 3x + 2}{x - 1}$．

解： $\lim\limits_{x\to 2}\dfrac{2x^2 - 3x + 2}{x - 1} = \dfrac{\lim\limits_{x\to 2}(2x^2 - 3x + 2)}{\lim\limits_{x\to 2}(x - 1)} = \dfrac{2\lim\limits_{x\to 2} x^2 - 3\lim\limits_{x\to 2} x + \lim\limits_{x\to 2} 2}{\lim\limits_{x\to 2} x - \lim\limits_{x\to 2} 1}$
$= \dfrac{2\times 4 - 3\times 2 + 2}{2 - 1} = 4$．

［例 1-13］ 求 $\lim\limits_{x\to 2}\dfrac{x^2 - 4}{x - 2}$．

解： 因为当 $x\to 2$ 时，分母的极限为零，所以不能直接应用定理 1-3（3）．但因为在 $x\to 2$ 的过程中，$x - 2 \neq 0$，所以
$$\lim_{x\to 2}\frac{x^2 - 4}{x - 2} = \lim_{x\to 2}\frac{(x+2)(x-2)}{x-2} = \lim_{x\to 2}(x+2) = 4.$$

［例 1-14］ 求 $\lim\limits_{x\to 1}\left(\dfrac{1}{1-x} - \dfrac{3}{1-x^3}\right)$．

解： 因为当 $x\to 1$ 时，$\dfrac{1}{1-x}$ 与 $\dfrac{3}{1-x^3}$ 的极限都不存在，所以不能直接应用定理 1-3（1）计算，应先通分，进行适当的变形，然后用定理来计算．

$\lim\limits_{x\to 1}\left(\dfrac{1}{1-x} - \dfrac{3}{1-x^3}\right) = \lim\limits_{x\to 1}\dfrac{1+x+x^2-3}{1-x^3} = \lim\limits_{x\to 1}\dfrac{x^2+x-2}{1-x^3} = \lim\limits_{x\to 1}\dfrac{(x-1)(x+2)}{(1-x)(1+x+x^2)}$
$= \lim\limits_{x\to 1}\dfrac{-(x+2)}{1+x+x^2} = -\dfrac{\lim\limits_{x\to 1}(x+2)}{\lim\limits_{x\to 1}(1+x+x^2)} = -1$．

［例 1-15］ 求下列函数极限．

(1) $\lim\limits_{x \to \infty} \dfrac{3x^2 - 4x - 5}{4x^2 + x + 2}$ (2) $\lim\limits_{x \to \infty} \dfrac{2x^2 + x - 3}{3x^3 - 2x^2 - 1}$

解：（1）因为 $x \to \infty$ 时，分子分母的极限都不存在，所以不能直接应用定理 1-3（3），可先用 x^2 同除分子、分母，然后再求极限

$$\lim_{x \to \infty} \frac{3x^2 - 4x - 5}{4x^2 + x + 2} = \lim_{x \to \infty} \frac{3 - \dfrac{4}{x} - \dfrac{5}{x^2}}{4 + \dfrac{1}{x} + \dfrac{2}{x^2}} = \frac{\lim\limits_{x \to \infty}(3 - \dfrac{4}{x} - \dfrac{5}{x^2})}{\lim\limits_{x \to \infty}(4 + \dfrac{1}{x} + \dfrac{2}{x^2})} = \frac{3 - 0 - 0}{4 + 0 + 0} = \frac{3}{4}$$

（2）不能直接应用定理 1-3（3），应先用 x^3 同除分子、分母，

$$\lim_{x \to \infty} \frac{2x^2 + x - 3}{3x^3 - 2x^2 - 1} = \lim_{x \to \infty} \frac{\dfrac{2}{x} + \dfrac{1}{x^2} - \dfrac{3}{x^3}}{3 - \dfrac{2}{x} - \dfrac{1}{x^3}} = \frac{\lim\limits_{x \to \infty}(\dfrac{2}{x} + \dfrac{1}{x^2} - \dfrac{3}{x^3})}{\lim\limits_{x \to \infty}(3 - \dfrac{2}{x} - \dfrac{1}{x^3})} = \frac{0 + 0 - 0}{3 - 0 - 0} = 0.$$

说明：

通过以上例题，我们大致归纳一下用极限运算法则求函数极限的注意点与方法.

（1）求函数极限时，经常出现不能直接运用极限运算法则等情况，必须对原式进行恒等变换、化简，然后再求极限. 常使用的方法有因式分解、通分、根式有理化等.

（2）一般地有，当 $a_n \neq 0$，$b_m \neq 0$，m，n 为正整数时，

$$\lim_{x \to \infty} \frac{a_n x^n + a_{n-1} x^{n-1} + \cdots + a_1 x + a_0}{b_m x^m + b_{m-1} x^{m-1} + \cdots + b_1 x + b_0} = \begin{cases} 0 & \text{当} \quad n < m \\ \dfrac{a_n}{a_m} & \text{当} \quad n = m \\ \text{不存在} & \text{当} \quad n > m \end{cases}$$

（3）求函数极限读者一定要多练习才能很好掌握. 还有很多求极限的方法和技巧在以后课程中会有介绍. 另外还可以用数学软件 MATLAB 方便地求极限.

二、两个重要极限

在今后的理论推导与极限计算中还经常用到两个重要的极限 $\lim\limits_{x \to 0} \dfrac{\sin x}{x} = 1$ 与 $\lim\limits_{x \to \infty}(1 + \dfrac{1}{x})^x = \mathrm{e}$，读者可用列表的方法观察结论的正确性.

1. $\lim\limits_{x \to 0} \dfrac{\sin x}{x} = 1$

说明：

（1）这个极限在形式上的特点是它是"$\dfrac{0}{0}$"型，且要注意 $x \to 0$.

（2）一般形式为 $\lim\limits_{u(x) \to 0} \dfrac{\sin u(x)}{u(x)} = 1$（其中 $u(x)$ 代表 x 的任意函数），故要理解它的各种变形形式.

[例1-16] 求 $\lim\limits_{x\to 0}\dfrac{\sin 3x}{x}$.

解：令 $u=3x$，则 $x=\dfrac{u}{3}$，当 $x\to 0$ 时，$u\to 0$，

则有 $\lim\limits_{x\to 0}\dfrac{\sin 3x}{x}=\lim\limits_{u\to 0}\dfrac{\sin u}{\dfrac{u}{3}}=3\lim\limits_{u\to 0}\dfrac{\sin u}{u}=3$.

注意：函数 $\dfrac{\sin 3x}{x}$ 通过变量替换成为 $\dfrac{\sin u}{u}$，极限中的 $x\to 0$ 同时要变为 $u\to 0$.

有时可以直接计算，$\lim\limits_{x\to 0}\dfrac{\sin 3x}{x}=\lim\limits_{x\to 0}3\dfrac{\sin 3x}{3x}=3\lim\limits_{3x\to 0}\dfrac{\sin 3x}{3x}=3$.

[例1-17] 求 $\lim\limits_{x\to\infty}x\sin\dfrac{1}{x}$.

解：令 $\dfrac{1}{x}=t$ 则当 $x\to\infty$ 时 $t\to 0$，所以

$$\lim\limits_{x\to\infty}x\sin\dfrac{1}{x}=\lim\limits_{t\to 0}\dfrac{1}{t}\cdot\sin t=\lim\limits_{t\to 0}\dfrac{\sin t}{t}=1.$$

[例1-18] 求 $\lim\limits_{x\to\pi}\dfrac{\sin x}{\pi-x}$

解：虽然这是"$\dfrac{0}{0}$"型的，但不是 $x\to 0$，因此不能直接运用这个重要极限.

令 $t=\pi-x$，则 $x=\pi-t$，而 $x\to\pi$ 时，$t\to 0$，因此，

$$\lim\limits_{x\to\pi}\dfrac{\sin x}{\pi-x}=\lim\limits_{t\to 0}\dfrac{\sin(\pi-t)}{t}=\lim\limits_{t\to 0}\dfrac{\sin t}{t}=1.$$

[例1-19] 求 $\lim\limits_{x\to 0}\dfrac{1-\cos x}{x^2}$.

解：$\lim\limits_{x\to 0}\dfrac{1-\cos x}{x^2}=\lim\limits_{x\to 0}\dfrac{2\sin^2\left(\dfrac{x}{2}\right)}{x^2}=\lim\limits_{x\to 0}\dfrac{1}{2}\cdot\left(\dfrac{\sin\dfrac{x}{2}}{\dfrac{x}{2}}\right)^2=\dfrac{1}{2}$.

[例1-20] 求 $\lim\limits_{x\to 0}\dfrac{\tan kx}{x}$ （k 为非零常数）.

解：$\lim\limits_{x\to 0}\dfrac{\tan kx}{x}=\lim\limits_{x\to 0}\dfrac{\sin kx}{x\cdot\cos kx}=\lim\limits_{x\to 0}\left(\dfrac{\sin kx}{kx}\cdot\dfrac{k}{\cos kx}\right)=k$.

2. $\lim\limits_{x\to\infty}\left(1+\dfrac{1}{x}\right)^x=\mathrm{e}$

e=2.718281828…，是一个无理数，1748年欧拉（Euler）首先用字母 e 表示.

说明：

（1）这个极限在形式上的特点是底中1加的部分与指数呈倒数关系并要注意 $x\to\infty$.

(2) 在 $\lim\limits_{x\to\infty}(1+\dfrac{1}{x})^x = e$ 中，令 $t = \dfrac{1}{x}$，则 $x\to\infty$ 时，$t\to 0$，可得到重要极限的另一种形式：

$$\lim_{t\to 0}(1+t)^{\frac{1}{t}} = e.$$ 其一般形式为 $\lim\limits_{u(x)\to\infty}\left(1+\dfrac{1}{u(x)}\right)^{u(x)} = e$ 或 $\lim\limits_{u(x)\to 0}(1+u(x))^{\frac{1}{u(x)}} = e$（其中 $u(x)$ 代表 x 的任意函数），故要理解它的各种变形形式.

[例 1-21] 求 $\lim\limits_{x\to\infty}(1+\dfrac{2}{x})^x$.

解： $\lim\limits_{x\to\infty}(1+\dfrac{2}{x})^x = \lim\limits_{x\to\infty}[(1+\dfrac{1}{\frac{x}{2}})^{\frac{x}{2}}]^2 = [\lim\limits_{x\to\infty}(1+\dfrac{1}{\frac{x}{2}})^{\frac{x}{2}}]^2 = e^2$.

[例 1-22] 求 $\lim\limits_{x\to\infty}(1-\dfrac{1}{x})^x$.

解法 1： 令 $t = -\dfrac{1}{x}$，则 $x = -\dfrac{1}{t}$；当 $x\to\infty$ 时，$t\to 0$，

$\lim\limits_{x\to\infty}(1-\dfrac{1}{x})^x = \lim\limits_{t\to 0}(1+t)^{\frac{-1}{t}} = \lim\limits_{t\to 0}[(1+t)^{\frac{1}{t}}]^{-1} = e^{-1}$.

解法 2： $\lim\limits_{x\to\infty}(1-\dfrac{1}{x})^x = \lim\limits_{x\to\infty}\left[1+(\dfrac{-1}{x})\right]^{-x\cdot(-1)} = e^{-1}$.

这个结论也可以作为公式来用.

[例 1-23] 求 $\lim\limits_{x\to\infty}\left(\dfrac{x+1}{x-1}\right)^x$.

解： $\lim\limits_{x\to\infty}\left(\dfrac{x+1}{x-1}\right)^x = \lim\limits_{x\to\infty}\left(\dfrac{1+\dfrac{1}{x}}{1-\dfrac{1}{x}}\right)^x = \dfrac{\lim\limits_{x\to\infty}\left(1+\dfrac{1}{x}\right)^x}{\lim\limits_{x\to\infty}\left(1-\dfrac{1}{x}\right)^x} = \dfrac{e}{e^{-1}} = e^2$.

思考题 1.3

$\lim\limits_{t\to\infty}(1+t)^{\frac{1}{t}} = e$ 对吗？

练习题 1.3

1. 求下列函数的极限.

(1) $\lim\limits_{x\to 1}\dfrac{2x^2-3}{x+1}$

(2) $\lim\limits_{x\to 3}\dfrac{x^2-9}{x^2-5x+6}$

(3) $\lim\limits_{x\to 1}(\dfrac{2}{1-x^2} - \dfrac{1}{1-x})$

(4) $\lim\limits_{x\to+\infty}\dfrac{\sqrt{5x}-1}{\sqrt{x+2}}$

2. 求下列函数的极限.

(1) $\lim\limits_{x\to 0}\dfrac{\sin 3x}{4x}$ (2) $\lim\limits_{x\to 0}\dfrac{\sin 3x}{\sin 5x}$ (3) $\lim\limits_{x\to 1}\dfrac{\sin(x-1)}{x^2-1}$

(4) $\lim\limits_{x\to\infty}\left(\dfrac{x+1}{x}\right)^{3x}$ (5) $\lim\limits_{x\to 0}(1-2x)^{\frac{1}{x}}$ (6) $\lim\limits_{x\to\infty}\left(\dfrac{2x-1}{2x+1}\right)^{x+\frac{3}{2}}$

1.4 无穷小与无穷大

【引例】 若把一根 1 米长的铁丝每天截去其一半，则当截的天数无限增多时，留下的铁丝长度会越来越短，其最终长度无限接近于零，即其极限为零.

在现实生活中，变量的极限为零的情形很多，这就是所谓无穷小量，我们来单独研究一下.

一、无穷小量

1. 无穷小量的概念

定义 1-12 若 $\lim\limits_{x\to x_0}f(x)=0$，则称函数 $f(x)$ 为当 $x\to x_0$ 时的无穷小量，简称为无穷小.

例如，$\lim\limits_{x\to 1}(x-1)=0$，所以函数 $f(x)=x-1$ 是当 $x\to 1$ 时的无穷小.

说明：

(1) 此定义中对自变量的其他任何一种变化趋势（$x\to x_0^-$，$x\to x_0^+$，$x\to\infty$，$x\to -\infty$ 或 $x\to +\infty$），结论同样成立.

(2) 同一个函数，在不同的变化趋势下，可能是无穷小量，也可能不是无穷小量. 如对于函数 $f(x)=x-1$，在 $x\to 1$ 时 $f(x)$ 的极限为 0，所以在 $x\to 1$ 时 $f(x)$ 是一个无穷小量；当 $x\to 0$ 时 $f(x)$ 的极限为 -1，因而当 $x\to 0$ 时 $f(x)$ 不是一个无穷小量. 所以称一个函数为无穷小量，一定要明确指出其自变量的变化趋势.

(3) 无穷小量不是一个量的概念，不能把它看成一个很小很小的（常）量，它是一个变化过程中的变量，最终在自变量的某一变化趋势下，函数以零为极限. 特别地，零是可作为无穷小的唯一常数，即除 0 以外任何很小的常数都不是无穷小.

[**例 1-24**] 指出自变量 x 在怎样的变化趋势下，下列函数为无穷小量.

(1) $y=\dfrac{1}{x+1}$； (2) $y=x^2-1$； (3) $y=a^x$（$a>0$，$a\neq 1$）.

解： (1) 因为 $\lim\limits_{x\to\infty}\dfrac{1}{x+1}=0$，所以当 $x\to\infty$ 时，函数 $y=\dfrac{1}{x+1}$ 是一个无穷小量.

(2) 因为 $\lim\limits_{x\to 1}(x^2-1)=0$ 与 $\lim\limits_{x\to -1}(x^2-1)=0$，所以当 $x\to 1$ 与 $x\to -1$ 时函数 $y=x^2-1$ 都是无穷小量.

(3) 对于 $a>1$，因为 $\lim\limits_{x\to -\infty}a^x=0$，所以当 $x\to -\infty$ 时，$y=a^x(a>1)$ 为一个无穷小量；

而对于 $0<a<1$，因为 $\lim\limits_{x\to+\infty}a^x=0$，所以当 $x\to+\infty$ 时，$y=a^x(0<a<1)$ 为一个无穷小量.

2. 无穷小的性质

在自变量的同一变化过程中，无穷小有以下一些性质：

性质1　有限个无穷小的代数和是无穷小.

性质2　有限个无穷小的乘积是无穷小.

性质3　有界函数与无穷小的乘积是无穷小.

推论　常数与无穷小的乘积是无穷小.

说明：

（1）无穷多个无穷小量之和不一定是无穷小量. 如当 $n\to\infty$ 时 $\dfrac{1}{n^2}$, $\dfrac{2}{n^2}$, $\cdots$, $\dfrac{n}{n^2}$ 都是无穷小量，但 $\lim\limits_{n\to\infty}(\dfrac{1}{n^2}+\dfrac{2}{n^2}+\cdots+\dfrac{n}{n^2})=\lim\limits_{n\to\infty}\dfrac{n(n+1)}{2n^2}=\dfrac{1}{2}$.

（2）两个无穷小量的商不一定是无穷小量. 比如：当 $x\to 0$ 时，x 与 $2x$ 都是无穷小量，但 $\lim\limits_{x\to 0}\dfrac{2x}{x}=2$，所以当 $x\to 0$ 时 $\dfrac{2x}{x}$ 不是无穷小量.

[例1-25]　求 $\lim\limits_{x\to\infty}\dfrac{\sin x}{x}$.

解： 因 $\lim\limits_{x\to\infty}\dfrac{1}{x}=0$，$|\sin x|\leqslant 1$，即 $\dfrac{1}{x}$ 是当 $x\to\infty$ 时的无穷小，$\sin x$ 是有界函数，所以根据无穷小的性质可知，$\dfrac{1}{x}\sin x$ 仍为当 $x\to\infty$ 时的无穷小，即 $\lim\limits_{x\to\infty}\dfrac{\sin x}{x}=0$.

类似地，函数 $\cos x$，$\cos\dfrac{1}{x}$，$\sin\dfrac{1}{x}$，都是有界函数，有：

$$\lim_{x\to\infty}\dfrac{1}{x}\cos x=\lim_{x\to\infty}\dfrac{1}{x}\cos\dfrac{1}{x}=\lim_{x\to\infty}\dfrac{1}{x}\sin\dfrac{1}{x}=0$$

3. 函数极限与无穷小量的关系

"无穷小量"与"极限"都是描述变量的变化过程，那么它们之间有什么关系呢？我们先看一个例子.

对于函数 $f(x)=\dfrac{x+1}{x}$，由于 $\lim\limits_{x\to\infty}f(x)=\lim\limits_{x\to\infty}\dfrac{x+1}{x}=1$，又 $f(x)=\dfrac{x+1}{x}=1+\dfrac{1}{x}$，其中 1 是 $f(x)$ 当 $x\to\infty$ 时的极限，而 $\dfrac{1}{x}$ 是当 $x\to\infty$ 时的无穷小. 一般地，我们有如下定理：

定理1-5　$\lim\limits_{x\to x_0}f(x)=A$ 的充分必要条件是：$f(x)=A+\alpha(x)$，其中，当 $x\to x_0$ 时 $\alpha(x)$ 是一个无穷小量.

此定理对 $x\to x_0^-$，$x\to x_0^+$，$x\to\infty$，$x\to-\infty$ 或 $x\to+\infty$，结论同样成立.

二、无穷大量

1. 无穷大量的概念

上面我们讨论了有极限的变量，当然还有没有极限的变量．在没有极限的变量中，有一类与我们关系比较密切，这类变量在变化过程中，虽然它们并不无限趋近于某一常数，但它们在变化过程中其绝对值都是无限增大的．例如，$f(x) = \dfrac{1}{x}$，当 $x \to 0$ 时 $\left|\dfrac{1}{x}\right|$ 就无限增大．对这类变量，我们给出无穷大量的概念．

> **定义 1-13** 如果当 $x \to x_0$ 时，函数 $f(x)$ 的绝对值无限增大，则称函数 $f(x)$ 为 $x \to x_0$ 时的无穷大量，简称无穷大，记为 $\lim\limits_{x \to x_0} f(x) = \infty$．
>
> 如果在变化过程中函数 $f(x)$ 只取正值（或只取负值），则称 $f(x)$ 是正无穷大（或负无穷大），记为 $\lim\limits_{x \to x_0} f(x) = +\infty$ （或 $\lim\limits_{x \to x_0} f(x) = -\infty$）．

此定义中对自变量的其他任何一种变化趋势（$x \to x_0^-$，$x \to x_0^+$，$x \to \infty$，$x \to -\infty$ 或 $x \to +\infty$），结论同样成立．

例如，$\lim\limits_{x \to 0} \dfrac{1}{x} = \infty$，$\lim\limits_{x \to 0^+} \dfrac{1}{x} = +\infty$，$\lim\limits_{x \to 0^-} \dfrac{1}{x} = -\infty$，$\lim\limits_{x \to \infty} x = \infty$．

说明：

（1）无穷大量是极限不存在的一种情形，也就是不可能"等于"某个确定的值．但为了便于描述函数的这种变化趋势，我们借用极限的记号 $\lim\limits_{x \to x_0} f(x) = \infty$，表示"当 $x \to x_0$ 时，$f(x)$ 是无穷大量"．

（2）无穷大量也不是一个量的概念，不能把绝对值很大的常量看成是无穷大，因为这个常量的极限是它本身，并不是无穷大．只有变量才可能在一定条件下成为无穷大．

（3）无穷大量描述的是一个函数在自变量的某一趋势下，相应的函数值的变化趋势，即 $|f(x)|$ 无限增大．同一个函数在自变量的不同趋势下，相应的函数值有不同的变化趋势．如对函数 $\dfrac{1}{x}$，当 $x \to 0$ 时，它为无穷大量；当 $x \to 1$ 时，它以 1 为极限．因此称一个函数为无穷大量时，必须明确指出其自变量的变化趋势，否则毫无意义．

2. 无穷大与无穷小的关系

无穷小与无穷大之间有何关系？先看一个例子．因为 $\lim\limits_{x \to 0} \dfrac{1}{x} = \infty$，$\lim\limits_{x \to 0} x = 0$，说明当 $x \to 0$ 时，函数 x 是无穷小，而其倒数 $\dfrac{1}{x}$ 是无穷大．一般地，有如下定理：

> **定理 1-6** 当自变量在同一变化过程中时，
>
> （1） 若 $f(x)$ 为无穷大，则 $\dfrac{1}{f(x)}$ 为无穷小；

（2）若 $f(x)$ 为无穷小，且 $f(x) \neq 0$，则 $\dfrac{1}{f(x)}$ 为无穷大.

[例1-26] 指出自变量 x 在怎样的变化趋势下，下列函数为无穷大量.

（1）$y = \dfrac{1}{x-2}$；　　　　（2）$y = \log_a x (a > 0, a \neq 1)$

解：（1）因为 $\lim\limits_{x \to 2}(x-2) = 0$，根据无穷小量与无穷大量之间的关系有 $\lim\limits_{x \to 2} \dfrac{1}{x-2} = \infty$，所以当 $x \to 2$ 时，函数 $y = \dfrac{1}{x-2}$ 为无穷大量.

（2）若 $0 < a < 1$，因为当 $x \to 0^+$ 时，$\log_a x \to +\infty$；当 $x \to +\infty$ 时，$\log_a x \to -\infty$，所以当 $x \to 0^+$ 时，函数 $\log_a x$ 为正无穷大量，当 $x \to +\infty$ 时，函数 $\log_a x$ 为负无穷大量. 若 $a > 1$，因为当 $x \to 0^+$ 时，$\log_a x \to -\infty$；当 $x \to +\infty$ 时，$\log_a x \to +\infty$，所以当 $x \to 0^+$ 时，函数 $\log_a x$ 为负无穷大量，当 $x \to +\infty$ 时，函数 $\log_a x$ 为正无穷大量.

[例1-27] 求 $\lim\limits_{x \to \infty} \dfrac{x^2 - 3x - 2}{2x + 1}$.

解：因为 $\lim\limits_{x \to \infty} \dfrac{2x+1}{x^2-3x-2} = \lim\limits_{x \to \infty} \dfrac{\dfrac{2}{x} + \dfrac{1}{x^2}}{1 - \dfrac{3}{x} - \dfrac{2}{x^2}} = \dfrac{\lim\limits_{x \to \infty}(\dfrac{2}{x} + \dfrac{1}{x^2})}{\lim\limits_{x \to \infty}(1 - \dfrac{3}{x} - \dfrac{2}{x^2})} = \dfrac{0+0}{1-0-0} = 0$，

所以 $\lim\limits_{x \to \infty} \dfrac{x^2 - 3x - 2}{2x+1} = \infty$.

由此结合上一节的结论并可以证明：当 $(a_0 \neq 0, b_0 \neq 0)$，m, n 为正整数时，

$$\lim_{x \to \infty} \dfrac{a_0 x^n + a_1 x^{n-1} + \cdots + a_{n-1} x + a_n}{b_0 x^m + b_1 x^{m-1} + \cdots + b_{m-1} x + b_m} = \begin{cases} \dfrac{a_0}{b_0} & n = m \\ 0 & n < m \\ \infty & n > m \end{cases}$$

思考题 1.4

1. 无穷个无穷小量的积一定是无穷小量吗？
2. 两个非无穷大量的积可以是无穷大量吗？

练习题 1.4

1. 求下列函数的极限.

（1）$\lim\limits_{x \to 1} \dfrac{x^2+1}{x-1}$　　　　（2）$\lim\limits_{x \to 0} x \sin \dfrac{1}{x}$　　　　（3）$\lim\limits_{x \to \infty} \dfrac{x^3+1}{x+1}$.

2. 指出下列函数哪些是无穷小量，哪些是无穷大量？

（1）$y = \dfrac{x-1}{x^2-4}(x \to 2)$　　　　（2）$y = \ln x (x \to 0^+)$

（3）$y = \dfrac{2x-1}{x^2}(x \to \infty)$ （4）$y = 3^x(x \to -\infty)$.

1.5 函数的连续性

【引例】 在自然界中有许多现象都是连续不断地变化的，如气温随着时间的变化而连续变化；又如金属轴的长度随气温有极微小的改变也是连续变化的等等．但也有一些量，如个人所得税税率随收入而跳跃变化，股票价格每天在跳跃变化．这种生活中的连续与间断反映到函数上是一种什么样的情况呢？简单地说，函数的连续性反映在几何上就是一条不间断的曲线．下面我们来作深入研究．

一、函数连续的概念

在介绍函数连续的定义前，我们先介绍一下增量的概念．

1. 函数的增量

定义 1-14 设函数 $y = f(x)$ 在 x_0 的邻域内有定义，当自变量由 x_0 变到 x，称 $x - x_0$ 为自变量在 x_0 处的增量或改变量，记为 Δx，即 $\Delta x = x - x_0$．相应地，函数值由 $f(x_0)$ 变到 $f(x)$，称 $f(x) - f(x_0)$ 为函数 $f(x)$ 在 x_0 处的增量或改变量，记为 Δy，即 $\Delta y = f(x) - f(x_0)$ 或 $\Delta y = f(x_0 + \Delta x) - f(x_0)$．

说明： 增量 Δx 和 Δy 名为增量，其实是可正可负，也可以为零．增量的几何意义如图 1-14、图 1-15 所示．

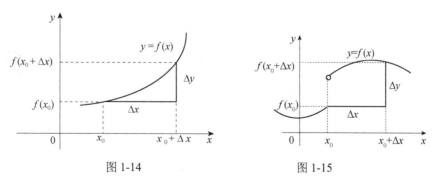

图 1-14 图 1-15

［例 1-28］ 已知函数 $y = f(x) = x^2 + 3$，当自变量 x 有下列变化时，求相应的函数改变量 Δy．

（1）x 从 -1 变到 1；

（2）x 从 1 变到 0；

（3）x 从 1 变到 $1 + \Delta x$．

解：（1）$\Delta y = f(1) - f(-1) = (1^2 + 3) - [(-1)^2 + 3] = 0$；

(2) $\Delta y = f(0) - f(1) = (0^2 + 3) - (1^2 + 3) = -1$；

(3) $\Delta y = f(1 + \Delta x) - f(1) = [(1 + \Delta x)^2 + 3] - (1^2 + 3) = \Delta x(2 + \Delta x)$.

2. 函数连续的定义

由图 1-14 可以看出，函数 $y = f(x)$ 在点 x_0 处是连续的，此时当 $\Delta x \to 0$ 时，有 $\Delta y \to 0$. 由图 1-15 可以看出，函数 $y = f(x)$ 在点 x_0 处是不连续的，此时当 $\Delta x \to 0$ 时，有 Δy 不趋向于 0. 由上分析，我们给出函数连续的定义.

定义 1-15 设函数 $y = f(x)$ 在点 x_0 的邻域内有定义，若当自变量 x 在 x_0 处的增量 $\Delta x = x - x_0$ 趋近于零时，相应的函数增量 $\Delta y = f(x_0 + \Delta x) - f(x_0)$ 也趋近于零，即 $\lim\limits_{\Delta x \to 0} \Delta y = \lim\limits_{\Delta x \to 0} [f(x_0 + \Delta x) - f(x_0)] = 0$，则称函数 $y = f(x)$ 在点 x_0 处连续，称点 x_0 为函数 $y = f(x)$ 的连续点；否则就称函数 $y = f(x)$ 在点 x_0 处间断，称点 x_0 为函数 $y = f(x)$ 的间断点.

[**例 1-29**] 试用定义 1-15 证明：函数 $y = x^2 + 3$ 在点 $x_0 = 1$ 处连续.

证明：显然函数 $y = x^2 + 3$ 在点 $x_0 = 1$ 的邻域内有定义. 现设自变量 x 在 $x_0 = 1$ 处有增量 Δx，则由例 1-28（3），当 $\Delta x \to 0$，相应的函数增量 Δy 的极限

$$\lim_{\Delta x \to 0} \Delta y = \lim_{\Delta x \to 0} [2\Delta x + (\Delta x)^2] = 0$$

所以，根据定义 1-15，函数 $y = x^2 + 3$ 在点 $x_0 = 1$ 处连续.

在定义 1-15 中，若令 $x = x_0 + \Delta x$，则 $\Delta x \to 0$ 就是 $x \to x_0$，$\Delta y = f(x_0 + \Delta x) - f(x_0) = f(x) - f(x_0)$，$\Delta y \to 0$ 就是 $f(x) \to f(x_0)$，即 $\lim\limits_{\Delta x \to 0} \Delta y = 0$ 就是 $\lim\limits_{x \to x_0} f(x) = f(x_0)$.

因此，函数 $f(x)$ 在点 x_0 的连续定义也可叙述如下：

定义 1-16 设函数 $y = f(x)$ 在点 x_0 的邻域内有定义，若当 $x \to x_0$ 时，函数 $f(x)$ 的极限存在，而且极限值就等于 $f(x)$ 在点 x_0 处的函数值 $f(x_0)$，即

$$\lim_{x \to x_0} f(x) = f(x_0)$$

则称函数 $y = f(x)$ 在点 x_0 处**连续**，称点 x_0 为函数 $y = f(x)$ 的**连续点**；否则就称函数 $y = f(x)$ 在点 x_0 处**间断**，称点 x_0 为函数 $y = f(x)$ 的**间断点**.

[**例 1-30**] 试用定义 1-16 证明：函数 $f(x) = \begin{cases} x \sin \dfrac{1}{x}, & x \neq 0 \\ 0, & x = 0 \end{cases}$ 在点 $x = 0$ 处连续.

证明：显然 $f(x)$ 在 $x = 0$ 的邻域内有定义，由无穷小的性质可知，

$$\lim_{x \to 0} f(x) = \lim_{x \to 0} x \cdot \sin \frac{1}{x} = 0，且 f(0) = 0，故有 \lim_{x \to 0} f(x) = f(0)，$$

所以根据定义 1-16，函数 $f(x)$ 在点 $x = 0$ 处连续.

定义 1-16 中，若 $\lim\limits_{x \to x_0^-} f(x) = f(x_0)$，则称函数 $y = f(x)$ 在点 x_0 处**左连续**；若 $\lim\limits_{x \to x_0^+} f(x) = f(x_0)$，则称函数 $y = f(x)$ 在点 x_0 处**右连续**.

由于 $\lim\limits_{x \to x_0} f(x) = f(x_0) \Leftrightarrow \lim\limits_{x \to x_0^+} f(x) = \lim\limits_{x \to x_0^-} f(x) = f(x_0)$，所以函数 $f(x)$ 在点 x_0 处连续的**充分必要条件**是：函数 $f(x)$ 在点 x_0 处左连续且右连续.

若函数 $f(x)$ 在开区间 (a, b) 内每一点都连续，则称函数 $f(x)$ **在开区间 (a, b) 内连续**. 若函数 $f(x)$ 在开区间 (a, b) 内连续，且在左端点 a 处右连续，在右端点 b 处左连续，则称函数 $f(x)$ **在闭区间 $[a, b]$ 上连续**.

若函数 $f(x)$ 在它的定义域内每一点都连续，则称 $f(x)$ 为**连续函数**.

综上所述，函数 $f(x)$ 在点 x_0 处连续，必须同时满足以下三个条件：

（1）函数 $y = f(x)$ 在点 x_0 处有定义.

（2）当 $x \to x_0$ 时，$f(x)$ 的极限 $\lim\limits_{x \to x_0} f(x)$ 存在.

（3）极限 $\lim\limits_{x \to x_0} f(x)$ 等于 $f(x)$ 在点 x_0 处的函数值，即 $\lim\limits_{x \to x_0} f(x) = f(x_0)$.

上述三个条件中只要有一个不满足，函数 $y = f(x)$ 在点 x_0 处就不连续（间断）.

[**例 1-31**] 已知函数

$$f(x) = \begin{cases} x + 2, & x < 0, \\ e^x - b, & x \geq 0, \end{cases} \text{在 } x = 0 \text{ 处连续，求 } b \text{ 值}.$$

解： $\lim\limits_{x \to 0^-} f(x) = \lim\limits_{x \to 0^-} (x + 2) = 2$，$\lim\limits_{x \to 0^+} f(x) = \lim\limits_{x \to 0^+} (e^x - b) = 1 - b$，

因为 $f(x)$ 在点 $x = 0$ 处连续，故 $\lim\limits_{x \to 0^-} f(x) = \lim\limits_{x \to 0^+} f(x)$，所以 $b = -1$.

[**例 1-32**] 讨论函数 $f(x) = \begin{cases} x^2, & x \geq 1 \\ \dfrac{\sin x}{x}, & 0 < x < 1 \end{cases}$ 在 $x = 1$ 处的连续性.

解： 因为 $\lim\limits_{x \to 1^+} f(x) = \lim\limits_{x \to 1^+} x^2 = 1$，$\lim\limits_{x \to 1^-} f(x) = \lim\limits_{x \to 1^-} \dfrac{\sin x}{x} = \sin 1$，

所以 $\lim\limits_{x \to 1} f(x)$ 不存在，故函数 $f(x)$ 在 $x=1$ 处不连续.

二、初等函数的连续性

我们不加证明地给出如下重要事实：**基本初等函数在其定义区间内都是连续的. 一切初等函数在其定义区间内都是连续的.**

说明：

（1）所谓定义区间，就是包含在定义域内的区间.

（2）求初等函数的连续区间就是求初等函数的定义区间. 关于分段函数的连续性，除按上述结论考虑每一分段区间内的连续性外，必须讨论分界点的连续性.

（3）若 $f(x)$ 在点 x_0 处连续，则 $\lim\limits_{x \to x_0} f(x) = f(x_0)$，即求连续函数的极限可归结为计算函

数值.

（4）设有复合函数 $y = f[\varphi(x)]$，若 $\lim\limits_{x \to x_0} \varphi(x) = u_0$，而函数 $f(u)$ 在 $u = u_0$ 处连续，则 $\lim\limits_{x \to x_0} f[\varphi(x)] = f(u_0) = f[\lim\limits_{x \to x_0} \varphi(x)]$．这为我们提供了求函数极限的一种方法.

[例 1-33] 求函数 $f(x) = \dfrac{1}{\sqrt{x+1}}$ 的连续区间．

解： 由于 $f(x) = \dfrac{1}{\sqrt{x+1}}$ 为初等函数，其定义域满足 $x + 1 > 0$，即 $x > -1$．因此，函数的定义区间为 $(-1, +\infty)$，所以 $(-1, +\infty)$ 为函数 $f(x) = \dfrac{1}{\sqrt{x+1}}$ 的连续区间．

[例 1-34] 求下列函数的极限．

（1）$\lim\limits_{x \to 1} \sqrt{x^2 + x - 1}$
（2）$\lim\limits_{x \to 0} \dfrac{\ln(1+x)}{x}$

解： （1）因为函数 $y = \sqrt{x^2 + x - 1}$ 在 $x = 1$ 处连续，所以
$$\lim\limits_{x \to 1} \sqrt{x^2 + x - 1} = \sqrt{1^2 + 1 - 1} = 1$$

（2）$\lim\limits_{x \to 0} \dfrac{\ln(1+x)}{x} = \lim\limits_{x \to 0} \ln(1+x)^{\frac{1}{x}} = \ln[\lim\limits_{x \to 0}(1+x)^{\frac{1}{x}}] = \ln e = 1$．

思考题 1.5

1．函数 $y = f(x)$ 在点 $x = x_0$ 连续，一定要求其在 x_0 点有定义吗？

2．函数 $y = f(x)$ 在点 $x = x_0$ 连续，则函数 $y = f(x)$ 在点 $x = x_0$ 处的极限一定存在，反之不一定连续．这话对吗？

练习题 1.5

1．讨论下列函数 $f(x)$ 在点 $x = 0$ 处的连续性．

（1）$f(x) = \begin{cases} x + 1, & x \geqslant 0 \\ x - 1, & x < 0 \end{cases}$
（2）$f(x) = \begin{cases} x\cos\dfrac{1}{x} + 1, & x \neq 0 \\ 1, & x = 0 \end{cases}$

2．求函数 $f(x) = \dfrac{1}{\sqrt{1-x^2}}$ 的连续区间．

3．求下列函数的极限．

（1）$\lim\limits_{x \to \frac{\pi}{2}}[\ln(\sin x)]$
（2）$\lim\limits_{x \to 0} \ln \dfrac{\sin x}{x}$
（3）$\lim\limits_{x \to 0}(1 + \cos x)^{\sin x}$

知识拓展

1.6 无穷小比较、函数的间断点类型、闭区间上连续函数的性质、函数曲线的渐近线

【引例】 如何判断方程 $x^5 - 3x - 1 = 0$ 在 (1, 2) 内是否有解（根）？

前面我们学过无穷小、函数的连续性等知识，本节对这些内容作一些拓展.

一、无穷小的比较

两个无穷小的和、差、积都是无穷小，但两个无穷小的商不一定是无穷小，会出现不同情况．例如，当 $x \to 0$ 时，x，x^2，$\sin x$，$2x$，x^3 都是无穷小，而

$$\lim_{x \to 0} \frac{x^2}{x} = 0, \quad \lim_{x \to 0} \frac{2x}{x} = 2, \quad \lim_{x \to 0} \frac{\sin x}{x} = 1, \quad \lim_{x \to 0} \frac{x^2}{x^3} = \infty.$$

从中可以看出，同为无穷小，但它们趋于 0 的速度有快有慢．为了比较两个不同的无穷小趋于 0 的速度，我们根据两个无穷小量比值的极限来判定这两个无穷小量趋向零的快慢程度，为此引入无穷小量阶的概念.

定义 1-17 设 α 与 β 是自变量在同一变化过程中的两个无穷小，$\lim \frac{\beta}{\alpha}$ 是自变量在同一变化过程中的极限.

(1) 若 $\lim \frac{\beta}{\alpha} = 0$，就说 β 是比 α 高阶的无穷小，记为 $\beta = o(\alpha)$.

(2) 若 $\lim \frac{\beta}{\alpha} = \infty$，就说 β 是比 α 低阶的无穷小.

(3) 若 $\lim \frac{\beta}{\alpha} = C \neq 0$，就说 β 是比 α 同阶的无穷小.

特别地，若 $C = 1$，就说 β 与 α 是等价无穷小，记为 $\alpha \sim \beta$.

[例 1-35] 下列函数是当 $x \to 1$ 时的无穷小，试与 $x - 1$ 相比较，哪个是高阶无穷小？哪个同阶无穷小？哪个等价无穷小？

(1) $2(\sqrt{x} - 1)$　　　　(2) $x^3 - 1$　　　　(3) $x^3 - 3x + 2$

解： 因为 $\lim_{x \to 1} \frac{2(\sqrt{x} - 1)}{x - 1} = \lim_{x \to 1} \frac{2}{\sqrt{x} + 1} = 1$，

$$\lim_{x \to 1} \frac{x^3 - 1}{x - 1} = \lim_{x \to 1}(x^2 + x + 1) = 3,$$

$$\lim_{x \to 1} \frac{x^3 - 3x + 2}{x - 1} = \lim_{x \to 1}(x^2 + x - 2) = 0,$$

所以当 $x \to 1$ 时

- $2(\sqrt{x} - 1)$ 是与 $x - 1$ 等价的无穷小，

- x^3-1 是与 $x-1$ 同阶的无穷小,
- x^3-3x+2 是比 $x-1$ 高阶的无穷小.

本书中常用的等价无穷小量有:

当 $x\to 0$ 时,$\sin x \sim x$,$\tan x \sim x$,$\arcsin x \sim x$,$\ln(1+x) \sim x$,$e^x-1 \sim x$,$1-\cos x \sim \frac{1}{2}x^2$.

等价无穷小量在求两个无穷小之比的极限的问题中有着重要的作用. 数学中有如下无穷小的**替换定理**.

定理 1-7 若 α,β,α',β' 均为自变量同一变化过程中的无穷小,且 $\alpha \sim \alpha'$,$\beta \sim \beta'$,则

(1) 若 $\lim\dfrac{\beta'}{\alpha'}$ 存在,那么 $\lim\dfrac{\beta}{\alpha}=\lim\dfrac{\beta'}{\alpha'}$.

(2) 若 $\lim\dfrac{\beta'}{\alpha'}=\infty$,那么 $\lim\dfrac{\beta}{\alpha}=\infty$.

定理 1-7 表明,在求两个无穷小之比的极限时,在乘积的因子中,分子及分母均可用等价无穷小量替换,简化极限运算.

[例 1-36] 求 $\lim\limits_{x\to 0}\dfrac{\tan x - \sin x}{x^3}$.

解:
$$\lim_{x\to 0}\frac{\tan x - \sin x}{x^3} = \lim_{x\to 0}\frac{\sin x(\dfrac{1}{\cos x}-1)}{x^3}$$
$$=\lim_{x\to 0}\frac{\sin x(1-\cos x)}{x^3\cdot \cos x}=\lim_{x\to 0}\frac{x\cdot\dfrac{x^2}{2}}{x^3\cdot 1}=\frac{1}{2}.$$

在计算极限过程中,可以把乘积因子中极限不为零的部分用其极限值替代,如上例中的乘积因子 $\cos x$ 用其极限值 1 替代,以简化计算.

注意,下列做法是错误的:

当 $x\to 0$ 时,$\sin x \sim x$,$\tan x \sim x$,所以 $\lim\limits_{x\to 0}\dfrac{\tan x - \sin x}{x^3}=\lim\limits_{x\to 0}\dfrac{x-x}{x^3}=0$

因为 $\tan x$ 与 $\sin x$ 不是乘积因子,当 $x\to 0$ 时,$\tan x - \sin x$ 与 $x-x$ 不是等价无穷小量. 等价代换是对分子或分母的整体(因式)进行替换,而对分子或分母中"+"或"−"号连接的各部分不能分别作替换.

[例 1-37] 求 $\lim\limits_{x\to 0}\dfrac{\sin 2x\cdot(e^x-1)\cdot x^2}{\ln(1+x)\cdot\tan 3x\cdot(1-\cos x)}$.

解: 因为当 $x\to 0$ 时,$\sin 2x \sim 2x$,$\tan 3x \sim 3x$,$\ln(1+x) \sim x$,$e^x-1 \sim x$,$1-\cos x \sim \dfrac{1}{2}x^2$.

所以 $\lim\limits_{x\to 0}\dfrac{\sin 2x\cdot(e^x-1)\cdot x^2}{\ln(1+x)\cdot\tan 3x\cdot(1-\cos x)}=\lim\limits_{x\to 0}\dfrac{2x\cdot x\cdot x^2}{x\cdot 3x\cdot\frac{1}{2}x^2}=\dfrac{4}{3}$.

二、函数的间断点类型

在 1.5 节中我们已定义了函数连续与间断的定义，并指出函数 $f(x)$ 在点 x_0 处连续，必须同时满足以下三个条件：

（1）函数 $y=f(x)$ 在点 x_0 处有定义.

（2）当 $x\to x_0$ 时，$f(x)$ 的极限 $\lim\limits_{x\to x_0}f(x)$ 存在.

（3）极限 $\lim\limits_{x\to x_0}f(x)$ 等于 $f(x)$ 在点 x_0 处的函数值，即 $\lim\limits_{x\to x_0}f(x)=f(x_0)$.

上述三个条件中只要有一个不满足，函数 $y=f(x)$ 在点 x_0 处就不连续（间断），x_0 为 $f(x)$ 间断点. 间断点有下列三种情况之一：

（1）$f(x)$ 在 $x=x_0$ 没有定义.

（2）$\lim\limits_{x\to x_0}f(x)$ 不存在.

（3）虽然 $\lim\limits_{x\to x_0}f(x)$ 存在，且 $f(x)$ 在 $x=x_0$ 有定义，但 $\lim\limits_{x\to 0}f(x)\neq f(x_0)$.

由此，一般情况下，我们可以给函数 $f(x)$ 的间断点 x_0 分为两类：

（1）若 $f(x)$ 在 x_0 的左、右极限都存在，则称 x_0 为 $f(x)$ **第一类间断点**.

（2）不是第一类间断点的间断点，即 $f(x)$ 在 x_0 的左、右极限至少有一个不存在，则称 x_0 为 $f(x)$ **第二类间断点**.

更进一步，对第一类间断点进行分类：

（1）若 $f(x)$ 在 x_0 的左、右极限都存在且相等，但 $\lim\limits_{x\to x_0}f(x)=A\neq f(x_0)$，则称 x_0 为 $f(x)$ **可去间断点**.

（2）若 $f(x)$ 在 x_0 的左、右极限都存在但不相等，即 $\lim\limits_{x\to x_0^-}f(x)\neq\lim\limits_{x\to x_0^+}f(x)$，则称 x_0 为 $f(x)$ **跳跃间断点**.

对第二类间断点，若 $\lim\limits_{x\to x_0}f(x)=\infty$，则称 x_0 为 $f(x)$ **无穷间断点**，若 $\lim\limits_{x\to x_0}f(x)$ 振荡不存在，则称 x_0 为 $f(x)$ **振荡间断点**.

下面举例说明.

[**例 1-38**] 设函数 $f(x)=\begin{cases}x, & x>1\\ 0, & x=1\\ x^2, & x<1\end{cases}$，讨论在点 $x=1$ 处的连续性.

解： 如图 1-16 所示，函数 $f(x)$ 在 $x=1$ 有定义，$f(1)=0$，$\lim\limits_{x\to 1^-}f(x)=\lim\limits_{x\to 1^-}x^2=1$，$\lim\limits_{x\to 1^+}f(x)=\lim\limits_{x\to 1^+}x=1$，故 $\lim\limits_{x\to 1}f(x)=1$，但 $\lim\limits_{x\to 1}f(x)\neq f(1)$，所以 $x=1$ 是函数 $f(x)$ 的第

一类间断点中的可去间断点.

[例 1-39] 设函数 $f(x)=\begin{cases}x+1, & x\geq 0\\ x-1, & x<0\end{cases}$，讨论在点 $x=0$ 处的连续性.

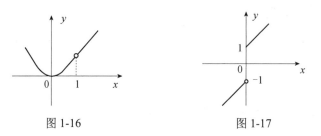

图 1-16　　　　　　　　图 1-17

解： 如图 1-17 所示，虽然 $f(0)=1$，但 $\lim\limits_{x\to 0^-}f(x)=\lim\limits_{x\to 0^-}(x-1)=-1$，

$$\lim\limits_{x\to 0^+}f(x)=\lim\limits_{x\to 0^+}(x+1)=1,$$

即 $f(x)$ 在 $x=0$ 处左、右极限存在，但不相等，故 $\lim\limits_{x\to 0}f(x)$ 不存在，所以 $x=0$ 是函数 $f(x)$ 的第一类间断点中的跳跃间断点.

[例 1-40] 设函数 $f(x)=\dfrac{1}{x^2}$，讨论其在点 $x=0$ 处的连续性.

解： 函数 $f(x)$ 在 $x=0$ 无定义，$x=0$ 是函数 $f(x)$ 的间断点，又因 $\lim\limits_{x\to 0}\dfrac{1}{x^2}=\infty$，所以 $x=0$ 是函数 $f(x)$ 的第二类间断点中的无穷间断点.

[例 1-41] 设函数 $f(x)=\sin\dfrac{1}{x}$，讨论 $f(x)$ 在点 $x=0$ 处的连续性.

解： 函数 $f(x)$ 在 $x=0$ 无定义，$x=0$ 是函数 $f(x)$ 的间断点. 当 $x\to 0$ 时，相应的函数值在 -1 与 1 之间振荡，$\lim\limits_{x\to 0}\sin\dfrac{1}{x}$ 不存在，所以 $x=0$ 是函数 $f(x)$ 的第二类间断点中的振荡间断点.

三、闭区间上连续函数的性质

闭区间上的连续函数有一些非常重要且有用的性质，性质证明涉及严密的实数理论，因此我们只给出结论而不予证明，读者可以通过图形很容易理解性质.

定理 1-8 （最值定理）如果函数 $f(x)$ 在闭区间 $[a,b]$ 上连续，则函数 $f(x)$ 在区间 $[a,b]$ 上必然存在最大值与最小值.

如图 1-18 所示，连续函数 $f(x)$ 的图像在 $[a,b]$ 上是不间断的曲线，必有最高点和最低点，这里 $f(x)$ 在 x_1 点处取得最大值 M，在 x_2 点处取得最小值 m.

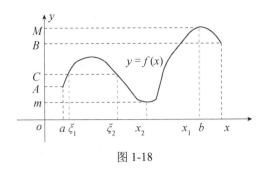

图 1-18

说明： 显然函数 $f(x)$ 在闭区间 $[a,b]$ 上有界．这个定理中重要的两个条件是"闭区间 $[a,b]$"与"连续"，缺一不可．若区间是开区间或区间内有间断点，定理不一定成立．如函数 $y=\dfrac{1}{x}$ 在区间 $(0,1)$ 连续，但不能取得最大值与最小值．又如函数 $y=\begin{cases} 1-x & 0\leqslant x<1 \\ 1 & x=1 \\ 3-x & 1<x\leqslant 2 \end{cases}$，如图 1-19 所示，在闭区间 $[0,2]$ 上有间断点 $x=1$，它在闭区间 $[0,2]$ 上既无最大值，也无最小值．

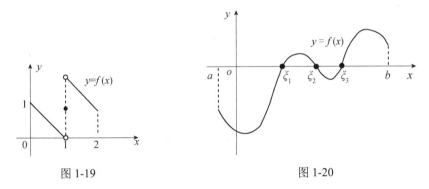

图 1-19　　　　　　　　　图 1-20

定理 1-9　（**介值定理**）设函数 $y=f(x)$ 在闭区间 $[a,b]$ 上连续，$f(a)=A$，$f(b)=B$，且 $A\neq B$，则对于 A 与 B 之间的任一值 C，在开区间 (a,b) 内至少存在一点 ξ，使得

$$f(\xi)=C\ (a<\xi<b)$$

如图 1-18 所示，对于 $A<C<B$，直线 $y=C$ 与连续曲线 $y=f(x)$ 有两个交点，使得 $f(\xi_1)=f(\xi_2)=C$．

由定理 1-8 与定理 1-9 知，对于在闭区间 $[a,b]$ 上连续函数 $f(x)$，可取得介于其在闭区间 $[a,b]$ 上的最大值与最小值之间的任意一个数．

推论（根的存在定理或零点定理）　设 $f(x)$ 为闭区间 $[a,b]$ 上的连续函数，且 $f(a)$ 与 $f(b)$ 异号（即 $f(a)\cdot f(b)<0$），则至少存在一点 $\xi\in(a,b)$，使得 $f(\xi)=0$．

如图 1-20 所示，推论表明，当 $f(a)\cdot f(b)<0$ 时，$[a,b]$ 上的连续曲线 $y=f(x)$ 与 x 轴至少有一个交点，即方程 $f(x)=0$ 在区间 (a,b) 内至少有一个根．

[例 1-42] 证明方程 $x^3 - 4x^2 + 1 = 0$ 在区间 $(0, 1)$ 内至少有一根.

证明： 令 $f(x) = x^3 - 4x^2 + 1$，则 $f(x)$ 在 $[0, 1]$ 上连续，又 $f(0) = 1 > 0$，$f(1) = -2 < 0$，由根的存在定理知，至少存在一点 $\xi \in (0, 1)$，使 $f(\xi) = 0$，即 $\xi^3 - 4\xi^2 + 1 = 0$，所以方程 $x^3 - 4x^2 + 1 = 0$ 在 $(0, 1)$ 内至少有一根 ξ.

四、函数曲线的渐近线

定义 1-18 当函数曲线上的一点沿着曲线趋向无限远时，若该点无限接近于某条直线，则称此直线为该函数曲线的**渐近线**.

如果函数 $f(x)$ 的定义域为无限区间，且有 $\lim\limits_{x \to -\infty} f(x) = b$ 或 $\lim\limits_{x \to +\infty} f(x) = b$，则函数曲线 $y = f(x)$ 有**水平渐近线** $y = b$.

如果函数 $f(x)$ 的定义开区间的端点为有限点 a，或者函数 $f(x)$ 的间断点为点 a，且有极限 $\lim\limits_{x \to a^-} f(x) = \infty$ 或 $\lim\limits_{x \to a^+} f(x) = \infty$，则函数曲线 $y = f(x)$ 有**垂直渐近线** $x = a$.

[例 1-43] 求函数曲线 $y = \dfrac{2x+1}{x-1}$ 的水平渐近线与垂直渐近线.

解： 由于 $\lim\limits_{x \to \infty} \dfrac{2x+1}{x-1} = 2$，故函数曲线有水平渐近线 $y = 2$.

由于 $\lim\limits_{x \to 1} \dfrac{2x+1}{x-1} = \infty$，故函数曲线有垂直渐近线 $x = 1$.

思考题 1.6

$f(x)$ 若在区间 I 上取得最大、最小值，则 $f(x)$ 一定在 I 上连续，且 I 一定为闭区间. 这句话对吗？

练习题 1.6

1. 比较下列无穷小的阶.

   (1) $x \to 0$ 时，$x^3 + x^2$ 与 x
   (2) $x \to \infty$ 时，$\dfrac{1}{x}$ 与 $\dfrac{1}{x^2}$.

2. 求下列极限.

   (1) $\lim\limits_{x \to 0} \dfrac{\tan 3x}{\sin 2x}$
   (2) $\lim\limits_{x \to 0} \dfrac{\ln(1+x^2)}{e^{3x} - 1}$.

3. 求下列函数的间断点，并指出间断点的类型.

   (1) $f(x) = \dfrac{x^3 + 3x^2 - x - 3}{x^2 + x - 6}$
   (2) $f(x) = \begin{cases} \dfrac{1}{x} & x < 0 \\ x^2 & 0 \leqslant x \leqslant 1 \\ 2x - 1 & x > 1 \end{cases}$.

4. 证明方程 $x^3 + x - 1 = 0$ 在区间 $(0, 1)$ 内至少存在一个根.

5. 求函数曲线 $y = \ln \dfrac{x^2}{2}$ 的水平渐近线和垂直渐近线.

数学实验

1.7　实验——用 MATLAB 绘图与求极限

画函数 $y = \dfrac{\sin x}{x}$ 的图像你是不是觉得很麻烦？能用计算机绘图、做极限运算吗？在信息时代，我们可借助于数学软件很方便地来画函数图像，求极限等．下面介绍非常有用的数学软件 MATLAB．

一、MATLAB 软件简介

MATLAB 是 Matrix Laboratory（矩阵实验室）的简称，是美国 MathWorks 公司出品的商业数学软件，是现今非常流行的一个科学与工程计算软件．它功能十分强大，能处理一般科学计算及自动控制、信号处理、神经网络、图像处理等多种工程问题，将使用者从繁重的计算工作中解脱出来，把精力集中于研究、设计以及基本理论的理解上．对于高等数学中遇到的很多问题，都可使用该软件进行求解，所以 MATLAB 已成为在校大学生、硕士生、博士生所热衷的基本数学软件．MATLAB 中使用的命令格式与数学中的符号，公式非常相似，因而使用方便．在此，我们把 MATLAB 作为学习数学的工具介绍给读者，希望能有利于读者今后的学习．

1. MATLAB 的工作环境与基本操作

启动 MATLAB 后，看到如图 1-21 所示界面．常见窗口有命令窗口、当前工作空间、命令历史窗口和当前工作目录等．

（1）命令窗口（Command Window）．在该窗口中输入命令，实现计算或绘图功能．符号 ">>" 为命令提示符表示等待用户输入．在该窗口利用功能键，可使操作简便快捷．如上下箭头 "↑" "↓"：分别表示调出前面和下面一行输入的命令；"→"：光标右移一个字符；"Esc"：清除一行命令．也可输入控制指令，如 "clc"：清除命令窗口中显示内容；"clear" 清除工作空间窗口中保留的变量．

（2）帮助学习功能．学会使用 Help 命令，是学习 MATLAB 的有效方法．在工具栏中点击 Help（或?）按钮，或在 Help 菜单栏中选 MATLAB Help（或 F1），或在命令窗内输入 Help 命令，再按回车键，在屏幕上出现了在线帮助总览．如果想知道 MATLAB 中的基本数学函数有哪些，可以在总览的第 5 行查到，再进一步输入 "help elfun"，屏幕上将出现 "基本数学函数" 表（注意：help elfun 之间有空格，以后不再每次提醒）．如果想了解正弦函数怎样使用，可进一步输入 "help sin"．

在菜单栏中 Help 栏下拉式菜单中单击 Demos 项，即可进入演示窗口．或在命令窗内输入 demos 命令，再按回车键，屏幕上将出现演示窗口．读者可由此进行学习．

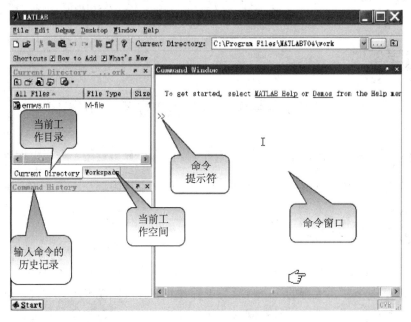

图 1-21

2. **MATLAB 基础知识**

（1）基本运算符及表达式（见表 1-2）

说明：

① MATLAB 用"/"（左斜杠）或"\"（右斜杠）分别表示"左除"或"右除"运算．对数值操作时，作用相同，如 1/2 与 2\1，其结果都是 0.5；但对矩阵操作时，它们却表达了两种完全不同的操作．

表 1-2 基本运算符

数学表达式	MATLAB 运算符	MATLAB 表达式
加	+	$a+b$
减	-	$a-b$
乘	*	$a*b$
除	/或\	a/b 或 $b\backslash a$
幂	^	$a\wedge b$

② 表达式将按与常规相同的优先级自左至右执行运算．优先级的规定是：指数运算级别最高，乘除运算次之，加减运算级别最低．括号可以改变运算的次序．

[例 1-44] 用 MATLAB 计算 $\dfrac{2+3^2-4\times(1.5+2.5)}{4.5+5.5}$ 的值．

解： 输入 （2+3^2-4*（1.5+2.5））/（4.5+5.5）↙（表示按回车键，下同）

输出结果为 ans =

-0.5000

在默认情况下，MATLAB 显示小数点后 4 位小数，可以利用 format 命令改变显示格式，如 format long 显示小数点后 15 位；format shorte 显示小数点后 4 位科学计数法．[例 1-44] 中若输入 format shorte;

（2+3^2-4*（1.5+2.5））/（4.5+5.5）

输出结果为 ans =

  -5.0000e-001

（2）MATLAB 变量

①变量赋值形式．MATLAB 语句由表达式和变量组成，变量赋值通常有两种形式：

  变量=表达式

  表达式

表达式由运算符、函数和变量名组成．MATLAB 先执行右边表达式的运算，然后将运算结果存入左边变量中，并同时显示在命令后面．如果省略变量名和"="，即不指定返回变量，则名为 ans 的变量将自动建立，例如：

◎输入 A=[1 2 3.3 sin（4.）]

  系统将生成 4 维行向量 A，输出结果为：

  A =

   1.0000 2.0000 3.3000 −0.7568

◎输入 1966/310

  将生成变量 ans，输出结果为：

  ans =

   6.3419

②变量命名规则．

- 变量名必须以英文字母开头，最多可包含 31 个字符（英文、数字和下划线）．
- 变量名区分大小写，例如 A1 和 a1 是两个不同的变量．
- 变量名中不得包含空格、标点．

另外，系统还预定义了几个特殊变量（见表 1-3），使用中不应再用它们作自定义的变量名．

表 1-3

变量名	取值
pi	圆周率 π
eps	计算机最小正数
flops	浮点运算次数
i 或 j	虚数单位 $\sqrt{-1}$
Inf	无穷大
NaN	不定值

③数值变量．如果输入 x=1966/310

则输出结果为 x =

6.3419

表示将表达式 1966/310 的值赋值给变量 x，输入 0.123 也可简单输入.123．

④数组（向量）的建立．数组建立的常用方式有两种：一种是在方括号中依次输入元素，元素之间用空格或逗号分隔；另一种是利用符号"："建立等差数组．

例如，输入 a=[1 2 3 pi]

输出结果为 a =

1.0000   2.0000   3.0000   3.1416

若要使用其中某个元素，可在括号中输入列号，如取第 3 个元素，输入 a（2）输出结果为 ans =

2

用符号"："建立等差数组的格式：a =初值：步长：终值

如输入 a=1：2：5

输出结果为 a =

1   3   5

数组元素的乘、除与乘幂运算必须在运算符前加点，称为"点运算"，即

.*（"点"乘）、./（"点"除）、.^（"点"乘幂）

[例 1-45] 设 $f(x) = x\sin x - \dfrac{2}{x} + x^2$，求 $f(3)$，$f(5)$，$f(7)$．

解：输入 x=3：2：7；

f=x.*sin（x）-2./x+x.^2

输出结果为 f =

8.7567   19.8054   53.3132

这里输入第一行后面加分号"；"，不显示 x 的数值，sin（x）表示正弦函数．

⑤符号变量．可以利用 syms 命令定义一个或多个符号变量，进而建立所需的符号表达式（符号变量）．建立多个符号变量，可依次输入，中间用空格分开．如建立符号表达式 $y = ax^2 + bx + c$，可输入命令：

clear   %清除工作空间窗口中保留的变量
syms x a b c;   %定义符号变量 x，a，b，c
y=a*x^2+b*x+c

输出结果为 y =

a*x^2+b*x+c

⑥字符变量．用单引号括起来的一串字符称为字符串，字符串赋给变量，就构成字符变量．如输入'good bye'，输出结果为 ans =

good bye

（3）常用函数

MATLAB 具有大量的内部函数, 用户只要输入相应函数名就能直接调用. 常用函数如表 1-4 所示.

输入函数时要注意函数名后带括号.

表 1-4

函数名		解释	MATLAB 命令	函数名	解释	MATLAB 命令
三角函数		sinx	sin（x）	反三角函数	arcsinx	asin（x）
		cosx	cos（x）		arccosx	acos（x）
		tanx	tan（x）		arctanx	atan（x）
		cotx	cot（x）		arccotx	acot（x）
		secx	sec（x）		arcsecx	asec（x）
		cscx	csc（x）		arccscx	acsc（x）
幂函数		x^a	x^a	对数函数	lnx	log（x）
		$\sqrt{x}$	sqrt（x）		$\log_2 x$	log2（x）
指数函数		a^x	a^x		$\log_{10} x$	log10（x）
		e^x	exp（x）	绝对值函数	|x|	abs（x）

[例 1-46] 计算 $\sqrt{x}+|x|+\sin x+e^x-\ln y$, 其中 $x=0$, $y=1$.

解: 输入 x=0；y=1；

sqrt（x）+abs（x）+sin（x）+exp（x）- log（y）

则输出结果为 ans =

1

（4）MATLAB 命令行中的标点符号

在 MATLAB 中, 命令行中的标点符号有其特殊功能. 如逗号","常用做输入量与输入量之间的分隔符或数组元素分隔符；分号";"常用做不显示计算结果命令的"结尾"标志或数组的行间分隔符；注释号"%"用做由它"启首"后的所有物理行部分被看做非执行的注释符；方括号"[ ]"用于输入数组等.

值得注意的是: 以上符号一定要在**英文状态下**输入.

二、MATLAB 绘制二维图形

在二维曲线的绘制中, 最重要、最基本的命令是 plot, 其调用格式如表 1-5 所示.

二维曲线的绘制还有 ezplot 命令, 读者可自行参看有关书籍或用 help 命令学习.

图形中若要加上 x 轴、y 轴的标注和标题, 可用 xlabel, ylabel, title 命令, 图形标识命令见表 1-7.

表 1-5

命令	功能
plot（x, y, LineSpec）	x, y 是长度相同的数值数组，绘制以 x, y 元素为横、纵坐标的曲线，LineSpec 是一个字符串参数，格式为 "Color-LineStyle-Marker"，分别指定颜色、线型和标记符号，缺失即默认值，常用参数见表 1-6
plot（x1, y1, x2, y2）	在同一坐标系中同时画出函数 y1 和 y2 的图像，其中 x1, y1 确定第一条曲线，x1, x2 为相应的自变量数组，类似可画多条曲线

表 1-6 线型与颜色控制符

线型符号	线型（LineStyle）	标记符号	标记（Marker）	颜色字符	颜色（Color）
-	实线	.	点	y	黄
:	点线	o	小圆圈	m	棕色
-.	点划线	x	叉子符	c	青色
--	虚线	+	加号	r	红色
		*	星号	g	绿色
		s	方格	b	蓝色
		d	菱形	w	白色
		^	朝上三角	k	黑色
		v	朝下三角		
		>	朝右三角		
		<	朝左三角		
		p	五角星		
		h	六角星		

表 1-7

title	图形标题
xlabel	x 坐标轴标注
ylabel	y 坐标轴标注
text	标注数据点
grid	给图形加上网格
hold	保持图形窗口的图形

[例 1-47] 绘制 $y = \dfrac{\sin x}{x}$ 在 $[-3\pi, 3\pi]$ 上的图形.

解： 输入

```
x=-3*pi: 0.1: 3*pi;    %步长取 0.1，末尾";"表示不显示 x 值
x=x+eps;               %在 x=0 时为避免出现 0/0，在分母上加最小浮点数 eps
y=sin（x）./x;          %在计算函数数组 y 时，凡涉及数组与数组运算，都要用"点"运算
plot（x，y，'r：x'）      %参数 r：x 分别表示红色、点线、叉号
grid                   %给图形加上网格
title（'y=sinx/x 的图像'）  %图形标题为"y=sinx/x 的图像"
```

输出图形如图 1-22 所示．

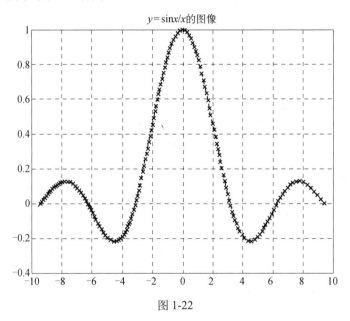

图 1-22

[例 1-48] 在同一坐标系中绘制下列图形：
$$y = e^x, -1 \leq x \leq 1; y = x, -1 \leq x \leq e; y = \ln x, \ e^{-1} \leq x \leq e\ .$$

解： 命令如下：（注意 x₁ 要输入为 x1）

```
>> x1=-1: 0.1: 1;
>> x2=-1: 0.1: exp（1）;
>> x3=exp（-1）: 0.1: exp（1）;
>> y1=exp（x1）;
>> y2=x2;
>> y3=log（x3）;
>> plot（x1，y1，x2，y2，x3，y3）
```

图形如图 1-23 所示．

[例 1-49] 绘制 $4x^2 + 9y^2 = 36$ 的图形．

解： 输入命令（注意命令中不需要用"点"运算）

```
syms  x  y
```

ezplot（4*x^2+9*y^2-36,[-4,4,-3,3]）

或 ezplot('4*x^2+9*y^2=36',[-4,4,-3,3]）或 ezplot('4*x^2+9*y^2-36',[-4,4,-3,3]）

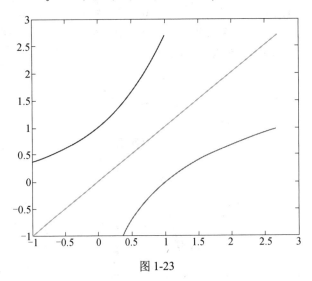

图 1-23

输出图形如图 1-24 所示.

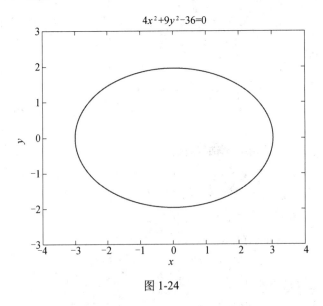

图 1-24

MATLAB 还提供了绘制三维曲线图形的函数，其功能和使用方法类似于绘制二维图形的函数，主要是 plot3（x，y，z），有兴趣的读者可参考 MATLAB 的帮助文档进行学习.

三、极限运算

在 MATLAB 中用 limit 命令来求极限，其用法如表 1-8 所示.

表 1-8

数学表达式	命令	备注
$\lim\limits_{x \to a} f(x)$	limit（f, x, a）	系统默认自变量为 x，命令可简写为 limit（f, a），若 a=0，命令简写为 limit（f）
$\lim\limits_{x \to a^+} f(x)$	limit（f, x, a, 'right'）	x 从右边趋近于 a，即求右极限
$\lim\limits_{x \to a^-} f(x)$	limit（f, x, a, 'left'）	x 从左边趋近于 a，即求左极限
$\lim\limits_{x \to \infty} f(x)$	limit（f, x, inf）	求 $\lim\limits_{x \to +\infty} f(x)$ 也是此命令
$\lim\limits_{x \to -\infty} f(x)$	limit（f, x, -inf）	inf 是个特殊变量，表示无穷大

[例 1-50] 用 MATLAB 软件求下列极限.

（1）$\lim\limits_{x \to 1} \ln x$ （2）$\lim\limits_{x \to \infty}(1+\dfrac{k}{x})^x$

（3）$\lim\limits_{x \to 0^+} \dfrac{1}{x}$ （4）$\lim\limits_{x \to 0} \dfrac{1}{\sin x}$

解： 为方便理解，输入命令和输出结果见表 1-9.

表 1-9

序号	MATLAB 输入命令	输出结果	备注
（1）	syms x limit（log（x），1）	ans = 0	命令改为 syms x； limit（log（x），x，1）结果一样
（2）	syms x k limit（(1+k/x)^x, x, inf）	ans = exp（k）	结果即 e^k
（3）	syms x limit（1/x, x, 0, 'right'）	ans = Inf	结果为 +∞
（4）	syms x limit（1/sin（x））	ans = NaN	表示极限不存在

思考题 1.7

用 MATLAB 能求代数方程的解吗？

练习题 1.7

1. 用 MATLAB 计算.

（1）$\sin\dfrac{3\pi}{5}+\log_3 21-0.23^4+\sqrt[3]{452}-\sqrt{43}$

（2）$4\cos\dfrac{4\pi}{7}+\dfrac{3\times 2.1^8}{\sqrt{645}}-\ln 2$

（3）设向量 $x=(1, 2, 3, 4, 5)$，求 $y=\sin x+2x$.

2. 用 MATLAB 绘图.

（1）绘制 $y=x\sin\dfrac{1}{x}$，$x\in(-1, 1)$ 的图形.

(2) 在同一坐标系中绘制函数 $y=x^2$ 与 $y=x^3$，$x\in[-3,3]$ 的图形，并用不同颜色表示.

3. 用 MATLAB 计算下列极限.

(1) $\lim\limits_{x\to 0}\dfrac{e^{2x}-1}{x}$

(2) $\lim\limits_{x\to\infty}\left(\dfrac{2x+3}{2x-1}\right)^{x+1}$

(3) $\lim\limits_{x\to 0^+}\left(\dfrac{1}{x}\right)^{\tan x}$

(4) $\lim\limits_{x\to 0}\dfrac{\sin mx}{\tan nx}$.

 知识应用

1.8 函数、极限与连续的应用

【引例】 无限长的曲线可以围住一块有限的面积吗？

有趣的科赫（Koch）雪花曲线就可以！在我们学习了极限知识后就可以理解，在下面的 [例 1-54] 中将给予证明.

函数、极限与连续有许多应用，这一节我们将学习之.

[例 1-51] **古墓年代推算**. 放射性物质的含量是时间 t（单位：年）的函数 $N(t)=N_0 e^{-\lambda t}$，其中 N_0 为放射性物质的初始含量，λ 为衰变系数. 通过测量放射性物质的衰变，可对文物的年代进行推算. 现在在某地的古墓发掘中，测得墓中木制品内的 C^{14}（碳 14，一种放射性物质）含量是初始值的 78%，已知 C^{14} 的半衰期（该物质衰变到只有原来的一半量时所经过的时间）是 5568 年，试求 C^{14} 的衰变系数并估算该古墓的年代.

解： 由已知条件可知 $N(5568)=N_0 e^{-5568\lambda}=\dfrac{N_0}{2}$，故 $-5568\lambda=\ln\dfrac{1}{2}$，衰变系数

$$\lambda=\dfrac{1}{5568}\ln 2 \approx 0.000\,124\,488.$$

当 $N(t)=0.78N_0$ 时，有 $N_0 e^{-\lambda t}=0.78N_0$，故 $-\lambda t=\ln 0.78$，所以

$$t=-\dfrac{1}{\lambda}\ln 0.78=-\dfrac{5568}{\ln 2}\ln 0.78 \approx 1996.$$

即该古墓的年代约距今 1996 年前.

[例 1-52] **理财模型**. 张三老人最近以 100 万元的价格卖掉自己的房屋搬进了敬老院. 有人向他建议用 100 万元去投资，并将投资回报用于支付各种保险. 经过再三考虑，他决定用其中的一部分去购买公司债券，剩余部分存入银行. 公司债券的年回报率是 5.5%，银行的存款年利率是 3%.

(1) 假设老人购买了 x 万元的公司债券，试建立他的年收入模型；

(2) 如果他希望获得 45 000 元的年收入，则他至少要购买多少公司债券？

解： 1. 模型假设与变量说明

(1) 假设不考虑投资公司债券的风险.

(2) 假设公司债券的红利与银行的利息都按年支付，且利率是固定的.

（3）假设老人将 100 万元全部用于购买公司债券或存入银行，没有闲置．

（4）设老人的年收入为 I（万元），购买公司债券的金额为 x 万元，则存入银行的金额为 $(100-x)$ 万元，公司债券的年回报率为 r_1，银行存款的年利率为 r_2．

2. 模型的分析、建立与求解

问题（1）：张三老人的年收入为 I（单位：万元）为购买公司债券的红利收入 xr_1 与银行存款的利息收入 $(100-x)r_2$ 之和．因此建立模型如下

$$I=xr_1+(100-x)r_2 \quad (0\leq x\leq 100)，即 I=(r_1-r_2)x+100r_2$$

将问题中的已知数据代入模型，得

$$I=(5.5\%-3\%)x+100\times 3\%=2.5\%x+3 \quad (0\leq x\leq 100)$$

问题（2）：由问题（1）建立的模型可以看出，老人的年收入 I 与购买公司债券的金额 x 万元有关．已知年收入 $I=4.5$ 万元，要求投资公司债券的金额 x 万元．将年收入 4.5 万元代入模型，得 $4.5=2.5\%x+3$．解之得 $x=60$（万元）．

所以如果张三老人希望获得 45 000 元的年收入，则至少要购买 60 万元的公司债券．

如今，理财已逐步走进千家万户，在花样繁多的理财产品中，有的风险大，投资时间长，收入高；有的风险小，投资时间短，收入低……．如果不考虑投资风险、投资时间等因素，且预期收益明确，就可以利用初等数学的方法，建立数学模型，通过计算和比较，在这些理财产品中做出明确选择，以确保预期收益．

[**例 1-53**] **常用经济函数**．设 P 是某种商品的价格，它的市场需求量 Q 可以看成是价格 P 的一元函数——**需求函数**，记为 $Q=Q(p)$．需求函数的反函数就是**价格函数**，记为 $p=p(Q)$．供给量 S 也可看成价格 P 的函数——**供给函数**，记为 $S=S(P)$．使某种商品的市场需求量与供给量相等的价格 p_0 称为**均衡价格**．成本、收入、利润这些经济变量都是产品的产量或销售量 q 的函数，分别称为**总成本函数**，记为 $C(q)$，其中 $C(q)=C_1$（固定成本）$+C_2(q)$（可变成本）；**收入函数**，记为 $R(q)$，其中 $R(q)=pq$；**利润函数**，记为 $L(q)$，其中 $L(q)=R(q)-C(q)$．

现已知某产品的成本函数 $C(q)=2q^2-4q+81$，需求函数为 $q=32-p$（P 为价格），求该产品的利润函数，并说明该产品的盈亏情况．

解： 由题意得收入函数为 $R(q)=pq=(32-q)q=32q-q^2$，所以利润函数为

$$L(q)=R(q)-C(q)=-3q^2+36q-81=-3(q^2-12q+27)．$$

又由 $L(q)=0$，可得盈亏平衡点 $q=3$，$q=9$．容易看出，当 $q>9$ 或 $q<3$ 时，$L(q)<0$，说明亏损；当 $3<q<9$ 时，$L(q)>0$，说明盈利．

[**例 1-54**] **科赫（Koch）雪花**．Koch 雪花可由一个正三角形生成，即将正三角形的每一边三等分后将中间一段向外凸起成一个以该段长度为边长的正三角形（去掉底边），然后对每一段直线又再重复上述过程，这样无休止地重复下去即得 Koch 雪花（因大自然雪花大多为六角形而得名），如图 1-25 所示．

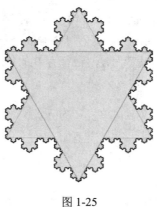

图 1-25

试用极限知识说明 Koch 雪花曲线周长无限而它所围成的平面图形面积有限.

解： 设正三角形的边长为 a，如图 1-26 所示，则其周长为 $P_0 = 3a$，面积为 $A_0 = \dfrac{\sqrt{3}}{4}a^2$. 按科赫方法第一次生成的六角形如图 1-27 所示，每一条边生成四条新边，新边长为原来的 $\dfrac{1}{3}$，同时生成 3 个新正三角形，每个新正三角形与原正三角形相似，且相似比是 $\dfrac{1}{3}$，故每个新正三角形面积为原正三角形面积的 $\dfrac{1}{9}$，所以六角形周长为 $P_1 = \dfrac{4}{3}P_0$，面积为 $A_1 = A_0 + 3 \times \dfrac{1}{9} \times A_0$. 为求通项 P_n 和 A_n 的表达式，我们先看一条边的变化情况，如图 1-28 所示.

图 1-26   图 1-27

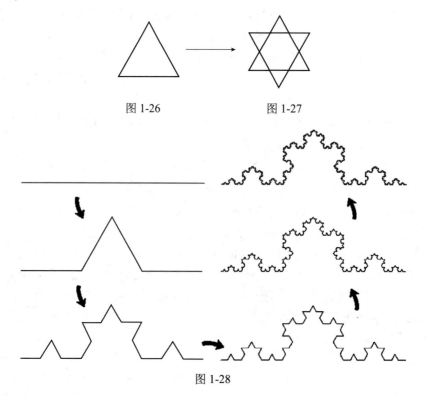

图 1-28

注意到：

（1）每一条边生成四条新边，且边长缩短率为 $\frac{1}{3}$.

（2）下一步，四条新边共生成 4 个新的小三角形，且面积缩小率为 $\frac{1}{9}$，得到，$P_2 = \frac{4}{3} P_1$，$A_2 = A_1 + 4 \times \frac{1}{9} \times (3 \times \frac{1}{9} \times A_0) = A_1 + \frac{4}{9} \times \frac{A_0}{3}$，$\cdots$，

$P_n = \frac{4}{3} P_{n-1} = \cdots = (\frac{4}{3})^n P_0$，$A_n = A_{n-1} + (\frac{4}{9})^{n-1} \times \frac{A_0}{3} = A_0 + [1 + \frac{4}{9} + (\frac{4}{9})^2 + \cdots + (\frac{4}{9})^{n-1}] \times \frac{A_0}{3} = [1 + \frac{3}{5}(1 - (\frac{4}{9})^n)] A_0$，$n = 1, 2, \cdots$.

所以

$$\lim_{n \to \infty} P_n = \lim_{n \to \infty} (\frac{4}{3})^n P_0 = +\infty,$$

$$\lim_{n \to \infty} A_n = \lim_{n \to \infty} [1 + \frac{3}{5}(1 - (\frac{4}{9})^n)] A_0 = \frac{8}{5} A_0 = \frac{2\sqrt{3}}{5} a^2.$$

由上结论可知，对同一国家的国境线，测量时划分得越细，则测出的国境线越长，如果分得无限细，那么测出的国境线的长度为无穷大，但国土面积是一定值.

Koch 曲线是由瑞典数学家 Helge von Koch 最先于 1904 年提出来的. Koch 曲线属于数学上的分形几何问题，是最早提出的分形图形之一. 我们仔细观察一下这条特别的曲线. 它有一个很强的特点：你可以把它分成若干部分，每一个部分都和原来一样（只是大小不同）. 这样的图形叫做"自相似"图形（self-similar），它是分形图形（fractal）最主要的特征. 自相似往往都和递归、无穷之类的东西联系在一起. 比如，自相似图形往往是用递归法构造出来的，可以无限地分解下去. 一条 Koch 曲线中包含有无数大小不同的 Koch 曲线. 你可以对这条曲线的尖端部分不断放大，但你所看到的始终和最开始的一样. 它的复杂性不随尺度减小而消失. 另外值得一提的是，这条曲线是一条连续的，但处处不光滑的曲线. 曲线上的任何一个点都是尖点.

分形图形是一门艺术. 把不同大小的 Koch 雪花拼接起来可以得到很多美丽的图形. 下面这些图片[①]（图 1-29）或许会让你眼前一亮.

[例 1-55] **连续复利**. 设银行某种定期储蓄的年利率是 r，本金是 A_0，按年计算复利，那么 t 年后，本金与利息合计值 $A_t(1)$ 应为多少？若改为每半年计息一次，t 年后的本利和为多少？若改为每月计息一次，t 年后的本利和为多少？若每时每刻都计利息（即连续复利，也称瞬时复利），t 年后的本利和为多少？

解： 若按年计息一次，则 $A_1 = A_0 + rA_0 = (1+r)A_0$，$A_2 = A_1 + rA_1 = (1+r)A_1 = (1+r)^2 A_0$，$\cdots$，所以 t 年后本金与利息合计值 $A_t(1)$ 应为

[①] 图片来源于 http://www.matrix67.com/blog/archives/243

$$A_t(1)=A_0(1+r)^t$$

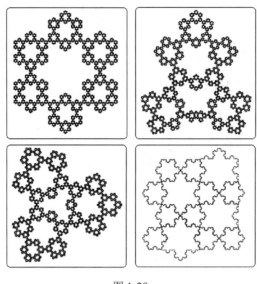

图 1-29

若每半年计息一次，每月的利率是 $\frac{r}{2}$，共计息 $2t$ 次，所以 t 年后的本利和为

$$A_t(2)=A_0(1+\frac{r}{2})^{2t}$$

若每月计息一次，每月的利率是 $\frac{r}{12}$，共计息 $12t$ 次，所以 t 年后的本利和为

$$A_t(3)=A_0(1+\frac{r}{12})^{12t}$$

若每年计息 n 次，则每次的利率是 $\frac{r}{n}$，共计息 nt 次，所以 t 年后的本利和为

$$A_t(n)=A_0(1+\frac{r}{n})^{nt}$$

当 $n \to \infty$ 时，即得瞬时复利 t 年后的本利和为

$$A_t = \lim_{n\to\infty} A_t(n) = \lim_{n\to\infty} A_0(1+\frac{r}{n})^{nt} = A_0 \lim_{n\to\infty}[(1+\frac{r}{n})^{\frac{n}{r}}]^{rt} = A_0 e^{rt}.$$

假设 $r=1$，$t=1$，这时 $A_1(1)=A_0(1+1)^1=2A_0$，

$$A_1(2)=A_0(1+\frac{1}{2})^2=2.25A_0,$$

$$A_1(3)=A_0(1+\frac{1}{12})^{12} \approx 2.61304 A_0,$$

$$A_1 = A_0 e \approx 2.71828 A_0.$$

这表明瞬时复利的储蓄方式并未使储户的本利和大幅增加．数学知识告诉我们，如果按此种方式你向银行存入 10 万元，一年后也不可能成为百万富翁，它仅仅是银行的吸储策略而已．但复利在计算货币的时间价值上有着重要的应用．

思考题 1.8

你能举出函数、极限与连续在现实生活中应用的一些例子吗？

练习题 1.8

1. **"割圆术"求圆周率 π**. 刘徽在《九章算术注》中创造了"割圆术"来计算圆周率 π 的方法，即用圆的内接正多边形无限逼近于圆的方法求 π. 根据几何学知识，我们有半径为 R 的圆内接正边形的边长 $\alpha(n)$ 和周长 $l(n)$ 分别为：

$$\alpha(n) = 2R\sin\left(\frac{2\pi}{2n}\right), \quad l(n) = n \times \alpha(n) = 2nR\sin\left(\frac{\pi}{n}\right).$$

刘徽认为当 n 越来越大时，$l(n)$ 渐渐稳定在一个值上，这个值就是圆周长 $2\pi R$. 请你用学过的极限知识说明之，即说明 $\lim_{n\to\infty} l(n) = 2\pi R$.

也就是说，当 $n \to \infty$ 时，正 n 边形的周长 $l(n)$ 与圆的周长相等. 要计算圆周率 π 的近似值，只要适当选取 n 的值即可. 如取 $n = 10$，正十边形的周长与圆半径可测量出，则可近似求出圆周率 π 的值.

刘徽还用此方法求圆面积，读者同样可以说明之.

2. **斐波那契（Fibonacci）数列与黄金分割**. 意大利数学家斐波那契（Fibonacci L.）在 1202 年所著的"算法之书"中有一个生兔子的问题，得到一个数列：

1，1，2，3，5，8，13，21，34，55，89，144，233.

这是一个有限项数列，按上述规律写出的无限项数列就叫做斐波那契数列. 若设 $F_0 = 1, F_1 = 1, F_2 = 2, F_3 = 3, F_4 = 5, F_5 = 8, \cdots$，则此数列有下面的递推关系：

$$F_{n+2} = F_{n+1} + F_n (n = 0, 1, 2, \cdots).$$（可用数学归纳法证明）

法国数学家比内（Binet）给出了其通项 $F_n = \frac{1}{\sqrt{5}}\left[\left(\frac{1+\sqrt{5}}{2}\right)^{n+1} - \left(\frac{1-\sqrt{5}}{2}\right)^{n+1}\right]$.

请用 MATLAB 软件验证 $\lim_{n\to\infty}\frac{F_n}{F_{n+1}} = \frac{\sqrt{5}-1}{2} \approx 0.618$ 或者 $\lim_{n\to\infty}\frac{F_{n+1}}{F_n} = \frac{\sqrt{5}+1}{2} \approx 1.618$.

斐波那契数列已引起广泛研究，因为自然、社会及生活中的许多现象的解释，最后往往都归结到该数列上来. 这是因为黄金分割点的位置恰好是数列 $\left\{\frac{F_n}{F_{n+1}}\right\}$ 当 $n \to \infty$ 时的极限 $\frac{\sqrt{5}-1}{2} \approx 0.618$，而许多事物按黄金分割比例关系分配后，用在建筑上能使建筑物更美观；放在音乐里，音调更加和谐悦耳，等等.

3. **细菌繁殖问题**. 由实验知，某种细菌繁殖速度在培养基充足等条件满足时，与当时已有的数量 A_0 成正比，即 $v = kA_0 (k > 0$, k 为比例常数$)$，问经过时间 t 以后细菌的数量是多少？（提示：由于细菌的繁殖可看做是连续变化的，为计算出 t 时刻的细菌数量，可将时间间隔 $[0, t]$ 分成 n 等分，在很短的一段时间内细菌数量的变化很小，繁殖速度可近似地看做不变. 可得 t 时刻的细菌总数近似地为 $A_0(1+k\dfrac{t}{n})^n$, 令 $n \to \infty$, 则近似值的极限值就是细菌总数的精确值.)

4. 方桌问题. 请你用学过的连续函数的性质知识说明: 在一块不平的地面上, 一定能找到一个适当的位置将一张方桌的四脚同时着地 (假设方桌的 4 个脚构成平面上的严格的正方形且地面高度不会出现间断即不会出现台阶式地面).

习题 A

1. 求函数 $y = \ln \sin^2 x$ 的复合过程.

2. 设圆锥底面直径和母线都为 $2R$, 在该圆锥内作内接圆柱 (如图 1-30 所示), 试将圆柱体积 V 表示成圆柱底面半径 R 的函数.

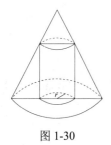

图 1-30

3. 求下列极限.

(1) $\lim\limits_{x \to 1} \dfrac{x^2 - 2x + 1}{x^2 - 1}$ (2) $\lim\limits_{x \to \infty} \dfrac{x^2 + x - 2}{x^2 + 5x + 6}$

(3) $\lim\limits_{x \to 0} \dfrac{\sin 2x}{\sin 3x}$ (4) $\lim\limits_{x \to 0}(1+x)^{\frac{2}{x}}$

(5) $\lim\limits_{x \to 0^+} \sqrt[x]{1 + 2x}$ (6) $\lim\limits_{x \to 0} \sqrt{|x|} \cdot \cos^2 x$

(7) $\lim\limits_{x \to 0} \dfrac{1 - \cos 2x}{x \sin x}$ (8) $\lim\limits_{x \to 0} \sqrt{2 - \dfrac{\sin x}{x}}$

4. 设 $f(x) = x^2$, 求 $\lim\limits_{h \to 0} \dfrac{f(x+h) - f(x)}{h}$.

5. 已知 $f(x) = \begin{cases} 1, & x < -1 \\ x, & -1 \leqslant x \leqslant 1 \\ 1, & x > 1 \end{cases}$ 讨论 $f(x)$ 在 $x = 1$ 处和在 $x = -1$ 处的连续性.

6. 用 MATLAB 求 $\lim\limits_{x \to 0} \ln(1 + 2x)$.

7. 当 $x \to 0$ 时, 比较 $2x \sin x$ 与 $2 \sin^2 x$ 的阶.

8. 小王用分期付款的方式从银行贷款 50 万元用于购买商品房, 设贷款期限为 10 年, 年利率为 4%. 按连续复利计息, 10 年末他还款的本利和为多少?

9. 试证方程 $e^x - 2 = x$ 在区间 $(0, 2)$ 内至少有一个根.

10. 求函数 $f(x) = \dfrac{x+1}{x-1}$ 曲线的水平渐近线和垂直渐近线.

习题 B

1. 求下列极限.

(1) $\lim\limits_{x\to 0}\dfrac{\sqrt{1+x}-\sqrt{1-x}}{x}$ （2） $\lim\limits_{x\to+\infty} x[\ln(x+1)-\ln x]$

(3) $\lim\limits_{x\to\infty}\left(\dfrac{2x+3}{2x+1}\right)^{2x}$ （4） $\lim\limits_{x\to 0}\dfrac{\sin 2x^2}{3x}$

2. 已知 $\lim\limits_{x\to 0}\dfrac{\sqrt{ax+b}-2}{x}=1$，求常数 a、b 之值.

3. 设 $f(x)=\begin{cases} 1+e^x, & x<0 \\ x+2a, & x\geqslant 0 \end{cases}$，问常数 a 为何值时，函数 $f(x)$ 在 $(-\infty,+\infty)$ 内连续？

4. 求函数 $f(x)=\dfrac{x^2+3x+2}{x^2-1}$ 的连续区间和间断点，并指出间断点的类型.

5. 用 MATLAB 绘制函数 $y=e^{\frac{1}{x}}+1$ 的图形并用 MATLAB 求它在 $x\to\infty$ 时的极限.

6. 小明为观日出早上 8 时从山下一宾馆出发沿一条路径上山，下午 5 时到达山顶并留宿于山顶一宾馆，次日观日出后于早上 8 时沿同一路径下山，下午 5 时回到山下宾馆，则小明在两天中同一时刻经过途中同一地点，请问为什么？

7. 求函数 $f(x)=\ln(x-1)$ 曲线的水平渐近线和垂直渐近线.

第 2 章　导数与微分

 数学文化——导数的起源与牛顿简介

导数（Derivative）是微积分中的重要基础概念．它是当自变量的增量趋于零时，因变量的增量与自变量的增量之商的极限．在一个函数存在导数时，称这个函数可导或者可微分．可导的函数一定连续，不连续的函数一定不可导．导数实质上就是一个求极限的过程，导数的四则运算法则来源于极限的四则运算法则．

（1）早期导数概念——特殊的形式

大约在 1629 年，法国数学家费马研究了作曲线的切线和求函数极值的方法．1637 年左右，他写一篇手稿《求最大值与最小值的方法》．在作切线时，他构造了差分 $f(A+E)-f(A)$，所发现因子 E 就是我们现在所说的导数 $f'(A)$．

（2）17 世纪——广泛使用的"流数术"

17 世纪生产力的发展推动了自然科学和技术的发展，在前人创造性研究的基础上，大数学家牛顿、莱布尼茨等从不同的角度开始系统地研究微积分．牛顿的微积分理论被称为"流数术"，他称变量为流量，称变量的变化率为流数，相当于我们所说的导数．牛顿的有关"流数术"的主要著作是《求曲边形面积》、《运用无穷多项方程的计算法》和《流数术和无穷级数》．流数理论的实质概括为：它的重点在于一个变量的函数而不在于多变量的方程；在于自变量的变化与函数的变化量的比值的构成；在于决定这个比值当变化趋于零时的极限．

（3）19 世纪导数——逐渐成熟的理论

1750 年达朗贝尔在法国科学家院出版的《百科全书》第四版写的"微分"条目中提出了关于导数的一种观点，可以用现代符号简单表示：$\dfrac{dy}{dx}=\lim\limits_{\Delta x\to 0}\dfrac{\Delta y}{\Delta x}$．1823 年，柯西在他的《无穷小分析概论》中定义导数：如果函数 $y=f(x)$ 在变量 x 的两个给定的界限之间保持连续，并且我们为这样的变量指定一个包含在这两个不同界限之间的值，那么就会使变量得到一个无穷小增量．19 世纪 60 年代以后，魏尔斯特拉斯创造了 $\varepsilon-\delta$ 语言，对微积分中出现的各种类型的极限重加表达，导数的定义也就获得了今天常见的形式．

牛顿（Newton，1643 年 1 月 4 日—1727 年 3 月 31 日），1643 年 1 月 4 日诞生在英格兰的一个自耕农家族．萨克•牛顿爵士（Sir Isaac Newton）是历史上曾出现过的最伟大、最有影响的科学家，同时也是物理学家、数学家和哲学家，晚年醉心于炼金术与神学．他是近代科学的开创者，他的三大成就——光学分析、万有引力定律和微积分，为现代科学的发展奠定了基础．他在 1687 年 7 月 5 日发表的不朽著作《自然哲学的数学原理》里用数学方法证明了宇宙中最基本的法则——万有引力定律和三大运动定律．这四条定律构成了一个统一的体系，被认为是"人类智慧史上最伟大的一个成就"，由此奠定了之后三个世纪中物理世界的科学观点，并成为现代工程学的基础．牛顿为人类建立起"理性主义"的旗帜，开启工业革命的大门．他通过论证开普勒行星运动定律与他的引力理论间的一致性，展示了地面物体与天体的运动都遵循着相同的自然定律，从而消除了对太阳中心说的最后一丝疑虑，并推动了科学革命．在数学上，牛顿与莱布尼茨分享了发展出微积分学的荣誉，为近代科学发展提供了最有力的工具，开辟了数学史上的一个新纪元．他也证明了广义二项式定理，提出了"牛顿法"以趋近函数的零点，并为幂级数的研究作出了贡献．

牛顿有一句名言：如果说我比别人看得更远些，那是因为我站在了巨人的肩上．

 基础理论知识

2.1 导数的概念

本节我们通过两个经典实例（变速直线运动的速度和平面曲线切线斜率）引出导数定义，结合具体例子介绍用定义求导数的方法并介绍几个具体变化的变化率模型，进而给出导数的几何意义，最后研究可导与连续的关系．

【引例1】 变速直线运动的瞬时速度．

对于匀速运动来说，我们有速度公式

$$速度 = \frac{距离}{时间}$$

但是，在实际问题中，运动往往是非匀速的，因此，上述公式只是表示物体走完某一段路程的平均速度，而没有反映出在任何时刻物体运动的快慢．要想精确地刻画出物体运动中的这种变化，就需要进一步讨论物体在运动过程中任一时刻的速度，即所谓瞬时速度．

设一物体作变速直线运动，以它的运动直线为数轴，则在物体运动的过程中，对每一时刻 t，物体的相应位置可以用数轴上的一个坐标 s 表示，即 s 与 t 之间存在函数关系：$s = s(t)$，这个函数习惯上叫做位置函数．现在我们来考察该物体在时刻 t_0 的瞬时速度．

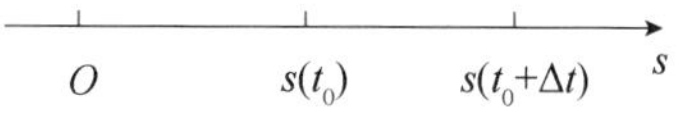

设在时刻 t_0 物体的位置为 $s(t_0)$．当自变量 t 获得增量 Δt 时，物体的位置函数 s 相应地有增量如图 2-1 所示．

图 2-1

$$\Delta s = s(t_0 + \Delta t) - s(t_0)$$

于是比值

$$\frac{\Delta s}{\Delta t} = \frac{s(t_0 + \Delta t) - s(t_0)}{\Delta t}$$

就是物体在时刻 t_0 到 $t_0 + \Delta t$ 这段时间内的平均速度，记为 $\bar{v}$，即

$$\bar{v} = \frac{\Delta s}{\Delta t} = \frac{s(t_0 + \Delta t) - s(t_0)}{\Delta t}$$

由于变速运动的速度通常是连续变化的,所以从整体来看,运动是变速的,但从局部来看,在一段很短的时间 Δt 内,速度变化不大,可以近似地看做是匀速的,因此当 $|\Delta t|$ 很小时,$\bar{v}$ 可作为物体在时刻 t_0 的瞬时速度的近似值.

很明显,$|\Delta t|$ 越小,$\bar{v}$ 就越接近物体在时刻 t_0 的瞬时速度,$|\Delta t|$ 无限小时,$\bar{v}$ 就无限接近于物体在时刻 t_0 的瞬时速度,即

$$v(t_0) = \lim_{\Delta t \to 0} \bar{v} = \lim_{\Delta t \to 0} \frac{\Delta s}{\Delta t} = \lim_{\Delta t \to 0} \frac{s(t_0 + \Delta t) - s(t_0)}{\Delta t},$$

就是说,物体运动的瞬时速度是位置函数的增量和时间的增量之比值当时间增量趋于零时的极限.

【引例2】 平面曲线的切线斜率.

在平面几何里,圆的切线被定义为"与圆只相交于一点的直线",对一般曲线来说,不能把与曲线只相交于一点的直线定义为曲线的切线. 不然,像曲线 $y = x^2$ 上任何一点处,都可有数条交线,如图 2-2 所示但切线只有一条. 而图 2-3 中的直线由于跟曲线相交于两点,所以就认为不是曲线的切线了! 这是显然不合理的. 因此,需要给曲线在一点处的切线下一个普遍适用的定义.

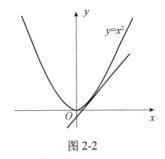
图 2-2

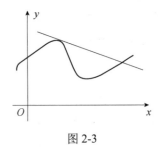
图 2-3

下面给出一般曲线的切线定义. 在曲线 L 上点 M 附近,再取一点 M_1,作割线 MM_1,当点 M_1 沿曲线 L 移动而趋向于点 M 时,割线 MM_1 的极限位置 MT 就定义为曲线 L 在点 M 处的切线.

设函数 $y = f(x)$ 的图像为曲线 L(如图 2-4 所示),$M(x, f(x))$ 和 $M_1(x_1, f(x_1))$ 为曲线 L 上的两点,它们到 x 轴的垂足分别为 A 和 B,作 MN 垂直 BM_1 于 N,则

$$MN = \Delta x = x_1 - x,$$
$$NM_1 = \Delta y = f(x_1) - f(x)$$

而比值

$$\frac{\Delta y}{\Delta x} = \frac{f(x_1) - f(x)}{x_1 - x} = \frac{f(\Delta x + x) - f(x)}{\Delta x}$$

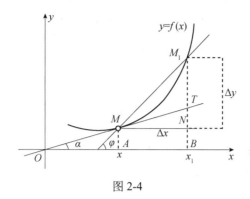

图 2-4

便是割线 MM_1 的斜率 $\tan\varphi$，可见，Δx 越小，割线斜率越接近于切线斜率，当 Δx 无限小时，割线斜率就无限接近于切线斜率．因此，当 $\Delta x \to 0$ 时（M_1 沿曲线 L 趋于 M）我们就得到切线的斜率

$$\tan\alpha = \lim_{\Delta x \to 0} \tan\varphi = \lim_{\Delta x \to 0} \frac{\Delta y}{\Delta x} = \lim_{\Delta x \to 0} \frac{f(\Delta x + x) - f(x)}{\Delta x},$$

由此可见，曲线 $y = f(x)$ 在点 M 处的纵坐标 y 的增量 Δy 与横坐标 x 的增量 Δx 之比，当 $\Delta x \to 0$ 时的极限即为曲线在点 M 处的切线斜率．

一、导数的概念

上面我们研究了变速直线运动的速度和平面曲线的切线斜率，虽然它们的具体意义各不相同，但从数学结构上看，却具有完全相同的形式．在自然科学和工程技术领域内，还有许多其他的量，如电流强度、线密度等都具有这种形式，即函数的增量与自变量增量之比当自变量增量趋于零时的极限．事实上，研究这种形式的极限不仅是由于解决科学技术中的各种实际问题的需要，而且对数学中的很多问题在作理论性的探讨时也是不可缺少的．为此，我们把这种形式的极限定义为函数的导数．

1. 导数的定义

定义 2-1 设函数 $y = f(x)$ 在点 x_0 的某一邻域内有定义，当自变量 x 在点 x_0 处有增量 Δx（$\Delta x \neq 0$，$x_0 + \Delta x$ 仍在该邻域内）时，相应地函数有增量 $\Delta y = f(x_0 + \Delta x) - f(x_0)$，如果 Δy 与 Δx 之比为 $\dfrac{\Delta y}{\Delta x}$，当 $\Delta x \to 0$ 时，极限

$$\lim_{\Delta x \to 0} \frac{\Delta y}{\Delta x} = \lim_{\Delta x \to 0} \frac{f(x_0 + \Delta x) - f(x_0)}{\Delta x}$$

存在，则称函数 $y = f(x)$ 在点 x_0 处可导，并称这个极限值为函数 $y = f(x)$ 在点 x_0 处的**导数**．记为 $f'(x_0)$，也可记为 $y'|_{x=x_0}$，$\left.\dfrac{\mathrm{d}f(x)}{\mathrm{d}x}\right|_{x=x_0}$ 或 $\left.\dfrac{\mathrm{d}y}{\mathrm{d}x}\right|_{x=x_0}$，即

$$f'(x_0) = \lim_{\Delta x \to 0} \frac{\Delta y}{\Delta x} = \lim_{\Delta x \to 0} \frac{f(x_0 + \Delta x) - f(x_0)}{\Delta x};$$

如果极限不存在，我们说函数 $y=f(x)$ 在点 x_0 处**不可导**.

如果固定 x_0，令 $x_0+\Delta x=x$，则当 $\Delta x\to 0$ 时，有 $x\to x_0$，故函数在点 x_0 处的导数 $f'(x_0)$ 也可表示为

$$f'(x_0)=\lim_{x\to x_0}\frac{f(x)-f(x_0)}{x-x_0}$$

有了导数这个概念，前面两个问题可以重述为

- 变速直线运动在时刻 t_0 的瞬时速度 $v(t_0)$，就是位置函数 $s=s(t)$ 在 t_0 处对时间 t 的导数，即

$$v(t_0)=s'(t_0)=\frac{ds}{dt}\bigg|_{t=t_0}$$

- 平面曲线上点 (x_0,y_0) 处的切线斜率 k 是曲线纵坐标 y 在该点对横坐标 x 的导数，即

$$k=f'(x_0)=\frac{dy}{dx}\bigg|_{x=x_0}$$

既然导数是比值 $\dfrac{\Delta y}{\Delta x}$ 当 $\Delta x\to 0$ 时的极限，那么，下面两极限

$$\lim_{\Delta x\to 0^-}\frac{\Delta y}{\Delta x}=\lim_{\Delta x\to 0^-}\frac{f(x_0+\Delta x)-f(x_0)}{\Delta x},$$

$$\lim_{\Delta x\to 0^+}\frac{\Delta y}{\Delta x}=\lim_{\Delta x\to 0^+}\frac{f(x_0+\Delta x)-f(x_0)}{\Delta x}$$

分别叫做函数 $f(x)$ 在点 x_0 处的**左导数**和**右导数**，且分别记为 $f'_-(x_0)$ 和 $f'_+(x_0)$.

根据左、右极限的性质我们有下面定理：

定理 2-1　函数 $y=f(x)$ 在点 x_0 处的左、右导数存在且相等是 $f(x)$ 在点 x_0 处可导的充分必要条件.

[例 2-1] 求 $f(x)=\begin{cases}\ln(1+x), & x\geq 0 \\ x, & x<0\end{cases}$ 在 $x=0$ 处的导数.

解： 因为 $f'(0)=\lim\limits_{x\to 0}\dfrac{f(x)-f(0)}{x-0}=\lim\limits_{x\to 0}\dfrac{f(x)-f(0)}{x}$，

所以 $f'_-(0)=\lim\limits_{x\to 0^-}\dfrac{x-0}{x}=1$，

$f'_+(0)=\lim\limits_{x\to 0^+}\dfrac{\ln(1+x)-0}{x}=\lim\limits_{x\to 0^+}\ln(1+x)^{\frac{1}{x}}=\ln e=1$，

因此 $f'(0)=1$，

注意： 求分段函数在分界点处的导数时，应求左右导数并用定理 2-1 判断.

如果函数 $y=f(x)$ 在区间 (a,b) 内每一点都可导，称 $y=f(x)$ 在区间 (a,b) 内可导.

如果 $f(x)$ 在 (a,b) 内可导，那么对应于 (a,b) 中的每一个确定的 x 值，对应着一个确定

的导数值 $f'(x)$，这样就确定了一个新的函数，此函数称为函数 $y=f(x)$ 的**导函数**．记为 $f'(x)$，y'，$\dfrac{\mathrm{d}y}{\mathrm{d}x}$ 或 $\dfrac{\mathrm{d}f(x)}{\mathrm{d}x}$，显然

$$f'(x)=\lim_{\Delta x\to 0}\frac{\Delta y}{\Delta x}=\lim_{\Delta x\to 0}\frac{f(x+\Delta x)-f(x)}{\Delta x}$$

在不致发生混淆的情况下，导函数也简称导数.

显然，函数 $y=f(x)$ 在点 x_0 处的导数 $f'(x_0)$ 就是导函数 $f'(x)$ 在点 $x=x_0$ 处的函数值，即

$$f'(x_0)=f'(x)\big|_{x=x_0}$$

2. 用定义求导数举例

[**例 2-2**] 求函数 $y=x^2$ 在任意点 x 处的导数．

解： 在 x 处给自变量一个增量 Δx，相应地函数增量为

$$\Delta y=f(x+\Delta x)-f(x)=(x+\Delta x)^2-x^2=2x\Delta x+(\Delta x)^2,$$

于是

$$\frac{\Delta y}{\Delta x}=2x+\Delta x,$$

则

$$\lim_{\Delta x\to 0}\frac{\Delta y}{\Delta x}=\lim_{\Delta x\to 0}(2x+\Delta x)=2x$$

即

$$(x^2)'=2x$$

[**例 2-3**] 求函数 $f(x)=C$（C 为常数）的导数．

解： $f'(x)=\lim\limits_{\Delta x\to 0}\dfrac{f(x+\Delta x)-f(x)}{\Delta x}=\lim\limits_{\Delta x\to 0}\dfrac{C-C}{\Delta x}=0$，

即 $(C)'=0$．

[**例 2-4**] 求 $f(x)=\dfrac{1}{x}$ 的导数．

解： $f'(x)=\lim\limits_{\Delta x\to 0}\dfrac{f(x+\Delta x)-f(x)}{\Delta x}=\lim\limits_{\Delta x\to 0}\dfrac{\dfrac{1}{x+\Delta x}-\dfrac{1}{x}}{\Delta x}$

$=\lim\limits_{\Delta x\to 0}\dfrac{-\Delta x}{\Delta x(x+\Delta x)x}=-\lim\limits_{\Delta x\to 0}\dfrac{1}{(x+\Delta x)x}=-\dfrac{1}{x^2}$．

[**例 2-5**] 求 $f(x)=\sqrt{x}$ 的导数．

解： $f'(x)=\lim\limits_{\Delta x\to 0}\dfrac{f(x+\Delta x)-f(x)}{\Delta x}=\lim\limits_{\Delta x\to 0}\dfrac{\sqrt{x+\Delta x}-\sqrt{x}}{\Delta x}$

$=\lim\limits_{\Delta x\to 0}\dfrac{\Delta x}{\Delta x(\sqrt{x+\Delta x}+\sqrt{x})}=\lim\limits_{\Delta x\to 0}\dfrac{1}{\sqrt{x+\Delta x}+\sqrt{x}}=\dfrac{1}{2\sqrt{x}}$．

[**例 2-6**] 求函数 $f(x)=x^n$（n 为正整数）在 $x=a$ 处的导数．

解： $f'(a) = \lim\limits_{x \to a} \dfrac{f(x)-f(a)}{x-a} = \lim\limits_{x \to a} \dfrac{x^n - a^n}{x-a} = \lim\limits_{x \to a}(x^{n-1}+ax^{n-2}+\cdots+a^{n-1}) = na^{n-1}$.

把以上结果中的 a 换成 x 得 $f'(x) = nx^{n-1}$，即 $(x^n)' = nx^{n-1}$.

更一般地，对于幂函数 $y = x^\mu$ 的导数，有如下公式 $(x^\mu)' = \mu x^{\mu-1}$，其中 μ 为任意常数.

[例 2-7] 求函数 $f(x) = \sin x$ 的导数.

解：
$$f'(x) = \lim_{\Delta x \to 0} \dfrac{f(x+\Delta x) - f(x)}{\Delta x} = \lim_{\Delta x \to 0} \dfrac{\sin(x+\Delta x) - \sin x}{\Delta x}$$
$$= \lim_{\Delta x \to 0} \dfrac{1}{\Delta x} \cdot 2\cos\left(x+\dfrac{\Delta x}{2}\right)\sin\dfrac{\Delta x}{2}$$
$$= \lim_{\Delta x \to 0} \cos\left(x+\dfrac{\Delta x}{2}\right) \cdot \dfrac{\sin\dfrac{\Delta x}{2}}{\dfrac{\Delta x}{2}} = \cos x$$

即 $(\sin x)' = \cos x$.

用类似的方法，可求得 $(\cos x)' = -\sin x$.

[例 2-8] 求函数 $f(x) = a^x$（$a > 0$，$a \neq 1$）的导数.

解：
$$f'(x) = \lim_{\Delta x \to 0} \dfrac{f(x+\Delta x) - f(x)}{\Delta x} = \lim_{\Delta x \to 0} \dfrac{a^{x+\Delta x} - a^x}{\Delta x}$$
$$= a^x \lim_{\Delta x \to 0} \dfrac{a^{\Delta x} - 1}{\Delta x} \xlongequal{\text{令} a^{\Delta x}-1=t} a^x \lim_{t \to 0} \dfrac{t}{\log_a(1+t)}$$
$$= a^x \dfrac{1}{\log_a e} = a^x \ln a.$$

特别地有 $(e^x)' = e^x$.

[例 2-9] 求函数 $f(x) = \log_a x$（$a > 0$，$a \neq 1$）的导数.

解：
$$f'(x) = \lim_{\Delta x \to 0} \dfrac{f(x+\Delta x) - f(x)}{\Delta x} = \lim_{\Delta x \to 0} \dfrac{\log_a(x+\Delta x) - \log_a x}{\Delta x}$$
$$= \lim_{\Delta x \to 0} \dfrac{1}{\Delta x} \log_a\left(\dfrac{x+\Delta x}{x}\right) = \dfrac{1}{x} \lim_{\Delta x \to 0} \dfrac{x}{\Delta x} \log_a\left(1+\dfrac{\Delta x}{x}\right) = \dfrac{1}{x} \lim_{\Delta x \to 0} \log_a\left(1+\dfrac{\Delta x}{x}\right)^{\frac{x}{\Delta x}}$$
$$= \dfrac{1}{x} \log_a e = \dfrac{1}{x \ln a}.$$

即 $(\log_a x)' = \dfrac{1}{x \ln a}$.

特别地有 $(\ln x)' = \dfrac{1}{x}$.

[例 2-10] 求 $y = x\sqrt{x}$ 在 $x = 0$ 处的导数.

解： 由导数的定义知
$$f'(0) = \lim_{\Delta x \to 0} \dfrac{f(0+\Delta x) - f(0)}{\Delta x} = \lim_{\Delta x \to 0} \dfrac{\Delta x \sqrt{\Delta x} - 0}{\Delta x} = \lim_{\Delta x \to 0} \sqrt{\Delta x} = 0.$$

二、导数的几何意义

由前面的讨论可知,函数 $y=f(x)$ 在点 x_0 处的导数等于函数所表示的曲线 L 在相应点 (x_0, y_0) 处的切线斜率,这就是导数的几何意义.

有了曲线在点 (x_0, y_0) 处的切线斜率,就很容易写出曲线在该点处的切线方程,事实上,若 $f'(x_0)$ 存在,则曲线 L 上点 $M(x_0, y_0)$ 处的切线方程就是

$$y - y_0 = f'(x_0)(x - x_0).$$

若 $f'(x_0) = \infty$,则切线垂直于 x 轴,切线方程就是 x 轴的垂线 $x = x_0$.

若 $f'(x_0) \neq 0$,则过点 $M(x_0, y_0)$ 的法线方程是

$$y - y_0 = -\frac{1}{f'(x_0)}(x - x_0)$$

而当 $f'(x_0) = 0$ 时,法线为 x 轴的垂线 $x = x_0$.

[**例 2-11**] 求抛物线 $y = x^2$ 在点(1,1)处的切线方程和法线方程.

解: 因为 $y' = (x^2)' = 2x$,由导数的几何意义可知,曲线 $y = x^2$ 在点(1,1)处的切线斜率为 $y'|_{x=1} = 2x|_{x=1} = 2$,所以,所求的切线方程为

$$y - 1 = 2(x - 1),$$

即

$$2x - y - 1 = 0$$

法线方程为

$$y - 1 = -\frac{1}{2}(x - 1),$$

即

$$x + 2y - 3 = 0.$$

三、可导与连续的关系

定理 2-2 若函数 $y = f(x)$ 在点 x 处可导,则 $y = f(x)$ 在点 x 处一定连续. 但反过来不一定成立,即在点 x 处连续的函数未必在点 x 处可导.

[**例 2-12**] 讨论函数 $f(x) = |x|$ 在 $x = 0$ 处的可导性.

解: 因为 $f(x) = |x| = \begin{cases} x, & x \geq 0, \\ -x, & x < 0, \end{cases}$ 如图 2-5 所示. 函数 $f(x)$

$$\lim_{x \to 0^-} \frac{f(x) - f(0)}{x - 0} = \lim_{x \to 0^-} \frac{-x - 0}{x} = -1,$$

$$\lim_{x \to 0^+} \frac{f(x) - f(0)}{x - 0} = \lim_{x \to 0^+} \frac{x - 0}{x} = 1,$$

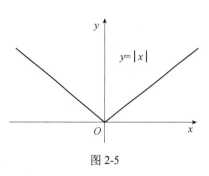

图 2-5

左、右导数存在但不相等，故函数 $f(x)=|x|$ 在 $x=0$ 处不可导．但函数 $f(x)$ 显然在 $x=0$ 处连续．

思考题 2.1

函数 $y=\sqrt[3]{x}$ 在 $x=0$ 处连续，但可导吗？

练习题 2.1

1. 函数 $f(x)=\begin{cases}\dfrac{2}{3}x^3, & x\leqslant 1\\ x^2, & x>1\end{cases}$ 在 $x=1$ 处（ ）．

   A．左右导数均存在　　　　　　　　B．左导数存在，右导数不存在

   C．左导数不存在，右导数存在　　　D．左、右导数均不存在

2. 已知 $f(x)=\begin{cases}x^2, & x\geqslant 0\\ -x, & x<0\end{cases}$，求 $f'_+(0)$ 及 $f'_-(0)$ 并判断 $f'(0)$ 是否存在．

3. 设 $f(x)=\sqrt[3]{x}$，求 $f'(8)$．

4. 如果 $y=ax(a>0)$ 是 $y=x^2+1$ 的切线，则 $a=$ _____．

5. 设 $f(x)$ 在 $x=a$ 可导，求极限 $\lim\limits_{x\to 0}\dfrac{f(a+x)-f(a-x)}{x}$．

2.2　导数的基本公式与运算法则

按照导数定义计算导数通常比较复杂或不太可行．本节主要介绍导数的基本公式与运算法则来方便求导，证明从略，有兴趣读者可参看相关书籍．

一、基本初等函数的导数公式

基本初等函数的导数在初等函数的求导中起着十分重要的作用，为了便于计算，归纳如表 2-1 所示．

表 2-1

$c'=0$　（c 为常数）	$(x^\mu)'=\mu x^{\mu-1}$（μ 为实数）
$(a^x)'=a^x\ln a$	$(e^x)'=e^x$
$(\log_a x)'=\dfrac{1}{x\ln a}$	$(\ln x)'=\dfrac{1}{x}$
$(\sin x)'=\cos x$	$(\cos x)'=\sin x$
$(\tan x)'=\sec^2 x$	$(\cot x)'=-\csc^2 x$
$(\sec x)'=\sec x\tan x$	$(\csc x)'=-\csc x\cot x$
$(\arcsin x)'=\dfrac{1}{\sqrt{1-x^2}}$	$(\arccos x)'=-\dfrac{1}{\sqrt{1-x^2}}$
$(\arctan x)'=\dfrac{1}{1+x^2}$	$(\text{arccot}\, x)'=-\dfrac{1}{1+x^2}$

二、导数的运算法则

由导数的定义可得求导的运算法则，利用求导公式和运算法则可简化求导运算.

定理 2-3　若 $u(x)$，$v(x)$ 在点 x 处可导，则 $u(x) \pm v(x)$，$u(x)v(x)$，$\dfrac{u(x)}{v(x)}$ 在点 x 处可导，并且有

（1）$[u(x) \pm v(x)]' = u'(x) \pm v'(x)$.

（2）$[u(x)v(x)]' = u'(x)v(x) + u(x)v'(x)$，特别地 $[c \cdot u(x)]' = c \cdot u'(x)$（$c$ 为常数）.

（3）$\left[\dfrac{u(x)}{v(x)}\right]' = \dfrac{u'(x)v(x) - u(x)v'(x)}{v^2(x)}$　$(v(x) \neq 0)$，特别地有

$\left[\dfrac{1}{v(x)}\right]' = -\dfrac{v'(x)}{v^2(x)}$　$(v(x) \neq 0)$.

说明：

1. （1）、（2）、（3）分别可简单地表示为 $(u \pm v)' = u' \pm v'$，$(uv)' = u'v + uv'$，$\left(\dfrac{u}{v}\right)' = \dfrac{u'v - uv'}{v^2}$.

2. 定理中的（1）、（2）可推广到任意有限个可导函数的情形．例如，设 $u=u(x)$、$v=v(x)$、$w=w(x)$ 均可导，则有：

$$(u+v-w)' = u'+v'-w'.$$
$$(uvw)' = u'vw+uv'w+uvw'.$$

[例 2-13]　设 $f(x) = 2x^3 + x^2 + 1$ 求 $f'(x)$.

解：$f'(x) = 2(x^3)' + (x^2)' + 0 = 6x^2 + 2x$.

[例 2-14]　求 $f(x) = e^x + 2x$ 的导数.

解：$f'(x) = (e^x)' + (2x)' = e^x + 2$.

[例 2-15]　求 $f(x) = e^x \sin x$ 的导数.

解：$f'(x) = (e^x)' \sin x + e^x (\sin x)' = e^x \sin x + e^x \cos x = e^x (\sin x + \cos x)$.

[例 2-16]　已知 $f(x) = x^3 + 4\cos x - \sin \dfrac{\pi}{2}$，求 $f'(x)$ 及 $f'(\dfrac{\pi}{2})$.

解：$f'(x) = (x^3)' + (4\cos x)' - (\sin \dfrac{\pi}{2})' = 3x^2 - 4\sin x$，

$f'(\dfrac{\pi}{2}) = \dfrac{3}{4}\pi^2 - 4$.

[例 2-17]　已知 $y = e^x(\sin x + \cos x)$，求 y'.

解：$y' = (e^x)'(\sin x + \cos x) + e^x(\sin x + \cos x)'$

$= e^x(\sin x + \cos x) + e^x(\cos x - \sin x)$

$= 2e^x \cos x$.

[例 2-18]　设 $f(x) = \dfrac{x - \sqrt{x} - \sqrt[3]{x} + 1}{\sqrt[3]{x}}$，求 $f'(x)$.

解： $f(x) = \dfrac{x - \sqrt{x} - \sqrt[3]{x} + 1}{\sqrt[3]{x}} = x^{\frac{2}{3}} - x^{\frac{1}{6}} - 1 + x^{-\frac{1}{3}}$,

$f'(x) = \dfrac{2}{3}x^{-\frac{1}{3}} - \dfrac{1}{6}x^{-\frac{5}{6}} - \dfrac{1}{3}x^{-\frac{4}{3}}$.

说明： 通常遇到较烦琐的式子求导时，若能简化，一般先简化，再求导．

思考题 2.2

你能用导数定义证明 $(u \pm v)' = u' \pm v'$ 吗？

练习题 2.2

1．求下列函数的导数．

(1) $y = x^3 + 3x - \dfrac{1}{x} + \ln 5$ (2) $y = \sin x - 2^x + 7\mathrm{e}^x$

(3) $y = x\mathrm{e}^x$ (4) $y = (x+2)\left(\dfrac{1}{\sqrt{x}} - 3\right)$

(5) $y = \ln x \cdot \tan x$ (6) $y = \dfrac{\cos x}{x^2}$

(7) $y = \dfrac{1 - \ln x}{1 + \ln x}$

2．求曲线 $y = \dfrac{1}{x} + 1$ 在点 (1, 2) 处的切线斜率．

2.3 复合函数和隐函数的导数

在上一节，我们给出了一些基本初等函数的导数公式和导数的四则运算法则．虽然应用该法则可求出较复杂的初等函数的导数，但是，产生初等函数的方法，除了四则运算还有函数的复合运算，因而复合函数的求导法则是求初等函数的导数所不可缺少的工具．

一、复合函数的导数

关于复合函数的求导，我们有下面定理．

定理 2-4 如果函数 $u = g(x)$ 在点 x 处可导，而函数 $y = f(u)$ 在对应的 u 处可导，则复合函数 $y = f(g(x))$ 在点 x 处可导，且有

$$\dfrac{\mathrm{d}y}{\mathrm{d}x} = \dfrac{\mathrm{d}y}{\mathrm{d}u} \cdot \dfrac{\mathrm{d}u}{\mathrm{d}x} \text{ 或 } \dfrac{\mathrm{d}y}{\mathrm{d}x} = f'(u) \cdot g'(x) \text{ 或 } y'_x = y'_u \cdot u'_x.$$

上述定理说明：复合函数对自变量的导数等于复合函数对中间变量的导数乘以中间变量对自变量的导数．同时，结论也可以推广到多个中间变量的情况．这种求导法则也称为"链式法则"．

[例 2-19] 设 $y = \ln(x + \sqrt{x})$，求 y'．

解： 设 $y = \ln u$, $u = x + \sqrt{x}$

利用复合函数求导法则，得

$$y'_x = y'_u \cdot u'_x = \frac{1}{u} \cdot (x + \sqrt{x})' = \frac{1}{u} \cdot (1 + \frac{1}{2\sqrt{x}})$$

$$= \frac{1}{x + \sqrt{x}} \cdot \frac{2\sqrt{x} + 1}{2\sqrt{x}} = \frac{2\sqrt{x} + 1}{2x(\sqrt{x} + 1)}$$

注意： 对于复合函数，在较熟练地掌握复合函数求导法则后，可以不必写出中间变量，根据复合结构，逐层求导，直到最内层求完，简单地说就是"由外向内，逐层求导"，也形象地可以比喻为"脱衣服"。把括号层次分析清楚，对掌握复合函数的求导是有帮助的。

[例 2-20] 求下列函数的导数。

（1） $y = \ln \sin x$ （2） $y = (3x + 8)^{100}$

（3） $y = \arctan 2x$ （4） $y = \sin^2(2x - 1)$

（5） $y = \ln \sqrt{\dfrac{x-1}{x+1}}$

解： （1） $y' = \dfrac{1}{\sin x}(\sin x)' = \dfrac{\cos x}{\sin x} = \cot x$

（2） $y' = 100(3x+8)^{99}(3x+8)' = 300(3x+8)^{99}$

（3） $y' = (\arctan 2x)' = \dfrac{1}{1 + 4x^2}(2x)' = \dfrac{2}{1 + 4x^2}$

（4） $y' = 2\sin(3x-1)(\sin(3x-1))'$

$\qquad = 2\sin(3x-1)\cos(3x-1)(3x-1)'$

$\qquad = 6\sin(3x-1)\cos(3x-1)$

$\qquad = 3\sin(6x-2)$

（5）因为 $y = \dfrac{1}{2}\ln(x-1) - \dfrac{1}{2}\ln(x+1)$，所以

$$y' = \frac{1}{2}\frac{1}{x-1} - \frac{1}{2}\frac{1}{x+1} = \frac{1}{x^2 - 1}$$

二、隐函数的导数

对于两个变量之间的对应关系，可以用不同的方式表达。其中，一种表达方式 $y = f(x)$，即因变量 y 可由自变量 x 的数学解析式表示出来的函数，称为**显函数**。另外一种表达方式中因变量 y 与自变量 x 之间的对应关系由方程 $F(x, y) = 0$ 来确定。即当 x 在某一区间内取定任一值时，相应地总有满足方程的 y 值存在，此时，称 $F(x, y) = 0$ 在该区间（集合）内确定了一个 y 关于 x 的**隐函数**。把一个隐函数化成显函数，称为隐函数显化。但有的隐函数显化是很困难的，一般而言，隐函数不一定能化成显函数的形式。

对隐函数，不显化如何求它的导数呢？可把方程 $F(x, y) = 0$ 中的 y 看成是 x 的函数，并按照复合函数的求导法则，方程两边对 x 求导，就可求出隐函数的导数。

[例2-21] 求 $x^2+y^2=a$ 的导数 y'（a 为常数）.

解： 方程两端对 x 求导，得
$$2x+2yy'=0,$$
故
$$y'=-\frac{x}{y}(y\neq 0).$$

[例2-22] 求由方程 $y^5+2y-x-3x^7=0$ 所确定的隐函数 $y=f(x)$ 在 $x=0$ 处的导数 $y'|_{x=0}$.

解： 把方程两边分别对 x 求导数得
$$5y^4\cdot y'+2y'-1-21x^6=0,$$
由此得 $y'=\frac{1+21x^6}{5y^4+2}$.

因为当 $x=0$ 时，从原方程得 $y=0$，所以
$$y'|_{x=0}=\frac{1+21x^6}{5y^4+2}\bigg|_{x=0}=\frac{1}{2}.$$

[例2-23] 求椭圆 $\frac{x^2}{16}+\frac{y^2}{9}=1$ 在 $(2,\frac{3}{2}\sqrt{3})$ 处的切线方程.

解： 把椭圆方程的两边分别对 x 求导，得
$$\frac{x}{8}+\frac{2}{9}y\cdot y'=0,$$
从而 $y'=-\frac{9x}{16y}$，

当 $x=2$ 时，$y=\frac{3}{2}\sqrt{3}$，代入上式得所求切线的斜率
$$k=y'|_{x=2}=-\frac{\sqrt{3}}{4}.$$

所求的切线方程为
$$y-\frac{3}{2}\sqrt{3}=-\frac{\sqrt{3}}{4}(x-2),$$
即 $\sqrt{3}x+4y-8\sqrt{3}=0$.

[例2-24] 已知 $\arctan\frac{x}{y}=\ln\sqrt{x^2+y^2}$，求 y'.

解： 两端对 x 求导，得 $\frac{1}{1+(\frac{x}{y})^2}\cdot(\frac{x}{y})'=\frac{1}{\sqrt{x^2+y^2}}(\sqrt{x^2+y^2})'$,

$$\frac{y^2}{x^2+y^2}\cdot\frac{y-xy'}{y^2}=\frac{1}{\sqrt{x^2+y^2}}\cdot\frac{2x+2y\cdot y'}{2\sqrt{x^2+y^2}},$$

整理得 $(y+x)y'=y-x$，故 $y'=\frac{y-x}{y+x}$,

注意： 在对隐函数求导数时，可将 y 写在 y' 中，因为 y 不一定能求出来．

思考题 2.3

如何求函数 $y = x^x$ 的导数 y'？

（**提示**：两边取对数，得 $\ln y = x \ln x$，再利用隐函数求导方法求导，这种方法称为"**取对数求导法**"．）

练习题 2.3

1. 求下列函数的导数．

   （1） $y = (3x+1)^{10}$ 　　　（2） $y = e^{x^2}$

   （3） $y = x\sqrt{x} - \cos 2^x$　　（4） $y = \cos(2x+5)$

   （5） $y = e^{\sin\frac{1}{x}}$　　　　（6） $y = \ln(x^2+1)$

2. 设函数 $y = y(x)$ 是由方程 $x - y + \dfrac{1}{2}\sin y = 0$ 确定的，求 $\dfrac{dy}{dx}$．

3. 设 $f(t) = \lim\limits_{x\to\infty} t\left(1+\dfrac{1}{x}\right)^{2tx}$，求 $f'(t)$．

2.4　函数的微分

【**引例**】正方形面积测量的误差问题．如图 2-6 所示，设正方形的实际边长为 x_0，由于测量不可能绝对准确，设边长测量的最大误差为 Δx，试问由于边长测量不准造成的面积误差 ΔA 大概有多大？

$$\Delta A = (x_0 + \Delta x)^2 - x_0^2 \\ = 2x_0\Delta x + (\Delta x)^2$$

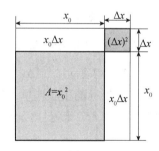

图 2-6

即面积误差由两部分组成．

- 第一部分：$2x_0\Delta x$ 是 Δx 的线性部分．
- 第二部分：$(\Delta x)^2$ 是 Δx 的高阶无穷小，所以 $\Delta A \approx 2x_0\Delta x$．这是面积误差的主要部分，即面积误差 ΔA 大概有 $2x_0\Delta x$．因为 $A'(x_0) = 2x_0$，所以 $\Delta A \approx A'(x_0)\Delta x$．这个近似值就是本节要研究的函数的微分．

一、微分的概念

引例的结论 $\Delta A \approx A'(x_0)\Delta x$ 对于一般的可导函数也是成立的，事实上：

由导数定义　　$f'(x_0) = \lim\limits_{\Delta x \to 0} \dfrac{f(x_0 + \Delta x) - f(x_0)}{\Delta x}$

利用前面讲过的极限与无穷小量之间的关系，上式可写为

$$\Delta y = f(x_0 + \Delta x) - f(x_0) = f'(x_0)\Delta x + o(\Delta x)$$

即函数在 x_0 处的改变量 Δy 可表示成两部分：

Δx 的线性部分 $f'(x_0)\Delta x$ 与 Δx 的高阶无穷小部分 $o(\Delta x)$.

当 Δx 充分小时，函数的改变量可由第一部分近似代替
$$\Delta y \approx f'(x_0)\Delta x$$
由此我们给出微分的定义.

1. 微分的定义

定义 2-2 设函数 $y=f(x)$ 在点 x_0 处可导，在点 x_0 处自变量 x 有改变量 Δx，则称 $f'(x_0)\Delta x$ 为函数 $f(x)$ 在点 x_0 处的微分，记为 $dy|_{x=x_0}$ 或 $dy|_{x=x_0} = f'(x_0)\Delta x$.

此时称函数 $y=f(x)$ 在点 x_0 **可微**.

一般地，若函数 $y=f(x)$ 在点 x 处可导，则称 $f'(x)\Delta x$ 为函数 $y=f(x)$ 在 x 处的微分，简称函数的**微分**. 记为：

$$dy = f'(x)\Delta x \text{ 或 } df(x) = f'(x)\Delta x.$$

显然，若 $y=x$，则 $dx = dy = y'\Delta x = x'\Delta x = \Delta x$，说明自变量 x 的微分 dx 就等于它的增量 Δx，因此函数的微分可写成

$$dy = f'(x)dx \text{ 或 } df(x) = f'(x)dx$$

从而有

$$\frac{dy}{dx} = f'(x)$$

即函数的导数等于函数的微分与自变量的微分的商，所以导数又称为"**微商**".

2. 微分的几何意义

如图 2-7 所示，当 Δy 是曲线 $y=f(x)$ 上的点的纵坐标的增量时，微分 dy 就是曲线的切线上点纵坐标的相应增量. 当 $|\Delta x|$ 很小时，$|\Delta y - dy|$ 比 $|\Delta x|$ 小得多，因此在点 M 的邻近，我们可以用切线段 MT 来近似代替曲线段 MM_1.

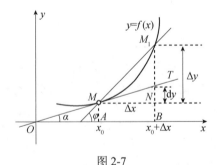

图 2-7

二、微分的基本公式和运算法则

从函数的微分的表达式

$$dy = f'(x)dx$$

可以看出，要计算函数的微分，只要计算函数的导数，再乘以自变量的微分. 因此，可

得如下的微分公式和微分运算法则.

1. 基本初等函数的微分公式

导数公式：

$(x^\mu)' = \mu x^{\mu-1}$

$(\sin x)' = \cos x$

$(\cos x)' = -\sin x$

$(\tan x)' = \sec^2 x$

$(\cot x)' = -\csc^2 x$

$(\sec x)' = \sec x \tan x$

$(\csc x)' = -\csc x \cot x$

$(a^x)' = a^x \ln a$

$(e^x) = e^x$

$(\log_a x)' = \dfrac{1}{x \ln a}$

$(\ln x)' = \dfrac{1}{x}$

$(\arcsin x)' = \dfrac{1}{\sqrt{1-x^2}}$

$(\arccos x)' = -\dfrac{1}{\sqrt{1-x^2}}$

$(\arctan x)' = \dfrac{1}{1+x^2}$

$(\operatorname{arccot} x)' = -\dfrac{1}{1+x^2}$

微分公式：

$d(x^\mu) = \mu x^{\mu-1} dx$

$d(\sin x) = \cos x \, dx$

$d(\cos x) = -\sin x \, dx$

$d(\tan x) = \sec^2 x \, dx$

$d(\cot x) = -\csc^2 x \, dx$

$d(\sec x) = \sec x \tan x \, dx$

$d(\csc x) = -\csc x \cot x \, dx$

$d(a^x) = a^x \ln a \, dx$

$d(e^x) = e^x \, dx$

$d(\log_a x) = \dfrac{1}{x \ln a} dx$

$d(\ln x) = \dfrac{1}{x} dx$

$d(\arcsin x) = \dfrac{1}{\sqrt{1-x^2}} dx$

$d(\arccos x) = -\dfrac{1}{\sqrt{1-x^2}} dx$

$d(\arctan x) = \dfrac{1}{1+x^2} dx$

$d(\operatorname{arccot} x) = \dfrac{1}{1+x^2} dx$

2. 函数的和、差、积、商的微分法则

求导法则：

$(u \pm v)' = u' \pm v'$

$(Cu)' = Cu'$

$(u \cdot v)' = u'v + uv'$

$\left(\dfrac{u}{v}\right)' = \dfrac{u'v - uv'}{v^2} (v \neq 0)$

微分法则：

$d(u \pm v) = du \pm dv$

$d(Cu) = Cdu$

$d(u \cdot v) = vdu + udv$

$d\left(\dfrac{u}{v}\right) = \dfrac{vdu - udv}{v^2} (v \neq 0)$

3. 复合函数的微分法则

设 $y = f(u)$ 及 $u = \varphi(x)$ 都可导，则复合函数 $y = f[\varphi(x)]$ 的微分为
$$dy = y'_x dx = f'(u) \varphi'(x) dx.$$
由于 $\varphi'(x) dx = du$，所以复合函数 $y = f[\varphi(x)]$ 的微分公式也可以写成
$$dy = f'(u) du \text{ 或 } dy = y'_u du$$
由此可见，无论 u 是自变量还是另一个变量的可微函数，微分形式 $dy = f'(u) du$ 保持不

变. 这一性质称为**一阶微分形式不变性**. 这性质表示, 当变换自变量时, 微分形式 dy=$f'(u)$du 并不改变.

[例 2-25] $y=\sin(2x+1)$, 求 dy.

解: 把 $2x+1$ 看成中间变量 u, 则

$$dy = d(\sin u) = \cos u du = \cos(2x+1) d(2x+1)$$
$$= \cos(2x+1) \cdot 2dx = 2\cos(2x+1) dx.$$

说明: 熟练后, 在求复合函数的微分时, 可以不写出中间变量.

[例 2-26] $y = \ln(1+e^{x^2})$, 求 dy.

解:
$$dy = d\ln(1+e^{x^2}) = \frac{1}{1+e^{x^2}} d(1+e^{x^2})$$
$$= \frac{1}{1+e^{x^2}} \cdot e^{x^2} d(x^2) = \frac{1}{1+e^{x^2}} \cdot e^{x^2} \cdot 2xdx = \frac{2xe^{x^2}}{1+e^{x^2}} dx.$$

[例 2-27] $y=e^{1-3x}\cos x$, 求 dy.

解: 应用积的微分法则, 得

$$dy = d(e^{1-3x}\cos x) = \cos x d(e^{1-3x}) + e^{1-3x} d(\cos x)$$
$$= (\cos x) e^{1-3x} (-3dx) + e^{1-3x} (-\sin x dx)$$
$$= -e^{1-3x} (3\cos x + \sin x) dx.$$

[例 2-28] 在括号中填入适当的函数, 使等式成立.

(1) d( ) = xdx;

(2) d( ) = $\cos \omega t$ dt.

解: (1) 因为 d(x^2) = $2x$dx, 所以

$$xdx = \frac{1}{2}d(x^2) = d(\frac{1}{2}x^2), \quad 即 \, d(\frac{1}{2}x^2) = xdx$$

一般地, 有 $d(\frac{1}{2}x^2 + C) = xdx$ (C 为任意常数).

(2) 因为 d$(\sin \omega t)$ = $\omega \cos \omega t dt$, 所以

$$\cos \omega t dt = \frac{1}{\omega} d(\sin \omega t) = d(\frac{1}{\omega}\sin \omega t)$$

因此
$$d(\frac{1}{\omega}\sin \omega t + C) = \cos \omega t dt \quad (C \text{ 为任意常数}).$$

三、微分在近似计算中的应用

在工程问题中, 经常会遇到一些复杂的计算公式. 如果直接用这些公式进行计算, 那是很费力的. 利用微分往往可以把一些复杂的计算公式改用简单的近似公式来代替.

由微分的定义 $\Delta y \approx dy + o(\Delta x)$ 当 Δx 充分小时

$$\Delta y \approx dy \quad 即 \quad f(x_0 + \Delta x) \approx f(x_0) + f'(x_0)\Delta x$$

这后一式中的近似号若换成等号就是过 $(x_0, f(x_0))$ 点的切线方程, 所以这种近似计算的实质是"以直代曲". 用这种方法近似计算时, 要注意它的前提: **Δx 应充分小!**

如果函数 $y=f(x)$ 在点 x_0 处的导数 $f'(x_0)\neq 0$，且 $|\Delta x|$ 很小时，我们有

$$\Delta y\approx \mathrm{d}y=f'(x_0)\Delta x,$$

$$\Delta y=f(x_0+\Delta x)-f(x_0)\approx \mathrm{d}y=f'(x_0)\Delta x,$$

$$f(x_0+\Delta x)\approx f(x_0)+f'(x_0)\Delta x.$$

若令 $x=x_0+\Delta x$，即 $\Delta x=x-x_0$，那么又有

$$f(x)\approx f(x_0)+f'(x_0)(x-x_0).$$

特别当 $x_0=0$ 时，有 $f(x)\approx f(0)+f'(0)x$.

这些都是近似计算公式.

[例 2-29] 有一批半径为 1cm 的球，为了提高球面的光洁度，要镀上一层铜，厚度定为 0.01cm. 估计一下每只球需用铜多少 g（铜的密度是 8.9g/cm³）？

解： 已知球体体积为 $V=\dfrac{4}{3}\pi R^3$，$R_0=1\text{cm}$，$\Delta R=0.01\text{cm}$.

镀层的体积为

$$\Delta V=V(R_0+\Delta R)-V(R_0)\approx V'(R_0)\Delta R=4\pi R_0^2\Delta R=4\times 3.14\times 1^2\times 0.01=0.13\ (\text{cm}^3).$$

于是镀每只球需用的铜约为

$$0.13\times 8.9=1.16\ (\text{g}).$$

[例 2-30] 利用微分计算 $\sin 30°30'$ 的近似值.

解： 已知 $30°30'=\dfrac{\pi}{6}+\dfrac{\pi}{360}$，$x_0=\dfrac{\pi}{6}$，$\Delta x=\dfrac{\pi}{360}$

$$\sin 30°30'=\sin(x_0+\Delta x)\approx \sin x_0+\Delta x\cos x_0$$

$$=\sin\frac{\pi}{6}+\cos\frac{\pi}{6}\cdot\frac{\pi}{360}$$

$$=\frac{1}{2}+\frac{\sqrt{3}}{2}\cdot\frac{\pi}{360}\approx 0.5076$$

即 $\sin 30°30'\approx 0.5076$.

思考题 2.4

1. "导数就是微分，微分就是导数"，这句话对吗？

2. "可导函数一定可微，可微函数一定可导"，这句话对吗？

练习题 2.4

1. 求下列函数的微分.

（1）$y=x^2\sin x$ （2）$y=\mathrm{e}^{\cos x}$

（3）$y=\ln\cos x-\ln(x^2-1)$ （4）$y=x+x^x$

2. 求下列近似值.

（1）$\sqrt{1.02}$ （2）$\sin 31°$

知识拓展

2.5 微分中值定理、高阶导数、洛必达法则、函数的凹凸性

微分中值定理在微积分理论中占有重要地位，它们是应用导数研究函数性态的理论基础．前面我们已研究了导数及其应用，本节对这些内容作一些拓展，供学有余力的读者学习．

一、微分中值定理

微分学有三个重要的微分中值定理：罗尔（Rolle）中值定理、拉格朗日（Lagrange）中值定理、柯西（Cauchy）中值定理．我们介绍前两个定理的基本内容，不做证明．

1. 罗尔（Rolle）中值定理

如果函数 $y = f(x)$ 满足下列三个条件：

① 在闭区间 $[a, b]$ 上连续．
② 在开区间 (a, b) 内可导．
③ $f(a) = f(b)$．

则至少存在一点 $\xi \in (a, b)$，使 $f'(\xi) = 0$．

说明：

（1）罗尔中值定理的几何意义．在每一点都可导的一段连续曲线上，如果曲线的两端点高度相等，则至少存在一条水平切线，如图 2-8 所示．

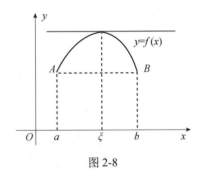

图 2-8

（2）习惯上把结论中的 ξ 称为中值，罗尔中值定理的三个条件是充分而非必要的，但缺少其中任何一个条件，定理的结论将不一定成立．

例如：$F(x) = \begin{cases} x, & |x| < 1 \\ 0, & -2 \leqslant x \leqslant -1 \\ 1, & 1 \leqslant x \leqslant 2 \end{cases}$

易见，$F(x)$ 在 $x = -1$ 处不连续，在 $x = \pm 1$ 处不可导，$F(-2) \neq F(2)$，即罗尔中值定理的三个条件均不成立，但是在 $(-2, 2)$ 内存在点 ξ，满足 $F'(\xi) = 0$．

（3）罗尔中值定理结论中的 ξ 值不一定唯一，可能有一个，几个甚至无限多个．例如：

$$f(x) = \begin{cases} x^4 \sin^2 \frac{1}{x}, & x \neq 0 \\ 0, & x = 0 \end{cases}$$ 在 [-1, 1] 上满足罗尔中值定理的条件,显然

$$f'(x) = \begin{cases} 4x^3 \sin^2 \frac{1}{x} - 2x^2 \sin \frac{1}{x} \cos \frac{1}{x} \\ 0, \quad x = 0 \end{cases}$$ 在 (-1, 1) 内存在无限多个 $c_n = \frac{1}{2n\pi}(n \in Z)$ 使得 $f'(c_n) = 0$.

2. 拉格朗日（Lagrange）中值定理

如果函数 $y = f(x)$ 满足下列两个条件：

①在闭区间 $[a, b]$ 上连续.

②在开区间 (a, b) 内可导.

则至少存在一点 $\xi \in (a, b)$，使得 $f'(\xi) = \dfrac{f(b)-f(a)}{b-a}$，或 $f(b) - f(a) = f'(\xi)(b-a)$.

说明：

（1）罗尔中值定理是拉格朗日中值定理 $f(a) = f(b)$ 时的特例.

（2）几何意义：在满足拉格朗日中值定理条件的曲线 $y = f(x)$ 上至少存在一点 $P(\xi, f(\xi))$，该曲线在该点处的切线平行于曲线两端点的连线 AB，如图 2-9 所示.

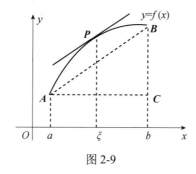

图 2-9

（3）拉格朗日中值定理的结论常称为拉格朗日公式，它有几种常用的等价形式，可根据不同问题的特点，在不同场合灵活采用：

$$f(b) - f(a) = f'(\xi)(b-a), \quad \xi \in (a, b)$$
$$f(b) - f(a) = f'[a + \theta(b-a)](b-a), \quad \theta \in (0, 1)$$
$$f(a+h) - f(a) = f'(a + \theta h)h, \quad \theta \in (0, 1)$$

由拉格朗日中值定理可推导得到下面的推论：

推论 1 函数 $f(x)$ 在区间 I 上可导且 $f'(x) \equiv 0$，则 $f(x)$ 在 I 上恒等于一个常数.

推论 2 函数 $f(x)$ 和 $g(x)$ 在区间 I 上可导且 $f'(x) \equiv g'(x)$，则 $f(x) = g(x) + c$（c 为常数）.

二、高阶导数

二阶导数： 函数 $y = f(x)$ 的一阶导数 $y' = f'(x)$ 仍然是 x 的函数，则将一阶导数 $f'(x)$ 的

导数 $(f'(x))'$ 称为函数 $y=f(x)$ 的二阶导数,记为 $f''(x)$ 或 y'' 或 $\dfrac{d^2y}{dx^2}$,即

$$y''=(y')' \text{ 或 } \dfrac{d^2y}{dx^2}=\dfrac{d}{dx}\left(\dfrac{dy}{dx}\right).$$

n 阶导数:$(n-1)$ 阶导数的导数称为 n 阶导数($n=3$,4,$\cdots$,$n-1$,n)分别记为

$$f'''(x),\ f^{(4)}(x),\ \cdots,\ f^{(n-1)}(x),\ f^{(n)}(x),$$

或 y''', $y^{(4)}$, $\cdots$, $y^{(n-1)}$, y^n,

或 $\dfrac{d^3y}{dx^3}$, $\dfrac{d^4y}{dx^4}$, $\cdots$ $\dfrac{d^{n-1}y}{dx^{n-1}}$, $\dfrac{d^ny}{dx^n}$,

二阶及二阶以上的导数称为**高阶导数**.

[**例 2-31**] 设函数 $y=e^x+x^2$,求 y'' 和 $y''(0)$.

解:$y'=e^x+2x$,$y''=e^x+2$,$y''(0)=e^0+2=3$.

[**例 2-32**] 求 $y=x^n$ 的 n 阶导数(n 为正整数).

解:$y'=nx^{n-1}$,$y''=(nx^{n-1})'=n(n-1)x^{n-2}$,$\cdots$,一般地,$y^{(n)}=n!$,即有 $(x^n)^{(n)}=n!$.

三、洛必达法则

当分子分母都是无穷小或都是无穷大时,两个函数之比的极限可能存在也可能不存在,即使极限存在也不能用"商的极限等于极限的商"这一运算法则. 这种极限称为**未定式**.

定义 2-3 如果 $x\to a$(或 $x\to\infty$)时,两个函数 $f(x)$ 与 $g(x)$ 都趋于零或者无穷大,那么极限 $\lim\limits_{\substack{x\to a\\(x\to\infty)}}\dfrac{f(x)}{g(x)}$ 称为 $\dfrac{0}{0}$ 或 $\dfrac{\infty}{\infty}$ 型未定式.

例如:$\lim\limits_{x\to 0}\dfrac{\tan x}{x}$ 和 $\lim\limits_{x\to 0}\dfrac{\ln\sin ax}{\ln\sin bx}$.

定理 2-5 (**洛必达法则**)设函数 $f(x)$ 与 $g(x)$ 都在 x_0 的一个空心邻域内可导,如果

① $\lim\limits_{x\to x_0}f(x)=0$,$\lim\limits_{x\to x_0}g(x)=0$.

② 函数 $f(x)$ 与 $g(x)$ 在 x_0 某个邻域内(点 x_0 可除外)可导,且 $g'(x)\neq 0$.

③ $\lim\limits_{x\to x_0}\dfrac{f'(x)}{g'(x)}=A$($A$ 为有限数,也可为 ∞,$+\infty$ 或 $-\infty$),则

$$\lim_{x\to x_0}\dfrac{f(x)}{g(x)}=\lim_{x\to x_0}\dfrac{f'(x)}{g'(x)}=A.$$

注意:上述定理对于 $x\to\infty$ 等其他类型时的 $\dfrac{0}{0}$ 型未定式同样适用,对于 $x\to x_0$ 或 $x\to\infty$ 等其他类型时的 $\dfrac{\infty}{\infty}$ 型未定式也有相应的法则.

[例2-33] 求极限 $\lim\limits_{x\to 1}\dfrac{x^3-3x+2}{x^3-x^2-x+1}$.

解: 当 $x\to 1$ 时，原式是 $\dfrac{0}{0}$ 型的未定式，用洛必达法则有

$$\lim_{x\to 1}\frac{x^3-3x+2}{x^3-x^2-x+1}=\lim_{x\to 1}\frac{3x^2-3}{3x^2-2x-1}=\lim_{x\to 1}\frac{6x}{6x-2}=\frac{3}{2}$$

注意: 若 $\lim\limits_{x\to x_0}\dfrac{f'(x)}{g'(x)}$ 还是未定式，且 $f'(x)$，$g'(x)$ 满足定理中对 $f(x)$，$g(x)$ 所要求的条件，则可继续使用法则，直到不再是未定式为止，即

$$\lim_{x\to x_0}\frac{f(x)}{g(x)}=\lim_{x\to x_0}\frac{f'(x)}{g'(x)}=\lim_{x\to x_0}\frac{f''(x)}{g''(x)}=\cdots$$

但是注意，如果所求的极限不是未定式，则不能用洛必达法则，否则会产生错误的结果.

[例2-34] 求极限 $\lim\limits_{x\to 0}\dfrac{e^x-e^{-x}-2x}{x-\sin x}$

解: 这是 $\dfrac{0}{0}$ 型未定式，可用洛必达法则，

$$\lim_{x\to 0}\frac{e^x-e^{-x}-2x}{x-\sin x}=\lim_{x\to 0}\frac{e^x+e^{-x}-2}{1-\cos x}=\lim_{x\to 0}\frac{e^x-e^{-x}}{\sin x}=\lim_{x\to 0}\frac{e^x+e^{-x}}{\cos x}=2.$$

注意: 在反复使用法则时，要时刻注意检查是否为未定式，若不是未定式，不可使用法则.

[例2-35] 求极限 $\lim\limits_{x\to +\infty}\dfrac{\dfrac{\pi}{2}-\arctan x}{\dfrac{1}{x}}$.

解: 这是 $\dfrac{0}{0}$ 型未定式，可用洛必达法则.

$$原式=\lim_{x\to +\infty}\frac{-\dfrac{1}{1+x^2}}{-\dfrac{1}{x^2}}=\lim_{x\to +\infty}\frac{x^2}{1+x^2}=1.$$

[例2-36] 求极限 $\lim\limits_{x\to 0^+}\dfrac{\ln\tan x}{\ln x}$.

解: 原式是 $\dfrac{\infty}{\infty}$ 型的未定式，用洛必达法则有

$$\lim_{x\to 0^+}\frac{\ln\tan x}{\ln x}=\lim_{x\to 0^+}\frac{\frac{1}{\tan x}\sec^2 x}{\frac{1}{x}}=\lim_{x\to 0^+}\frac{\frac{1}{\tan x}\frac{1}{\cos^2 x}}{\frac{1}{x}}$$

$$=\lim_{x\to 0^+}\frac{x}{\sin x\cos x}=\lim_{x\to 0^+}\frac{x}{\sin x}\cdot\lim_{x\to 0^+}\frac{1}{\cos x}=1$$

除 $\frac{0}{0}$ 或 $\frac{\infty}{\infty}$ 型未定式外,还有 $0\cdot\infty$,$\infty-\infty$,0^0,1^∞,∞^0 型等未定式,它们往往通过适当的变换转化为 $\frac{0}{0}$ 或 $\frac{\infty}{\infty}$ 型后,再使用洛必达法则求极限.

1. $0\cdot\infty$ 型

步骤:$0\cdot\infty\Rightarrow\frac{1}{\infty}\cdot\infty\Rightarrow\frac{\infty}{\infty}$,或 $0\cdot\infty\Rightarrow 0\cdot\frac{1}{0}\Rightarrow\frac{0}{0}$.

[例 2-37] 求极限 $\lim_{x\to 0^+}x^2\ln x$.

解:当 $x\to 0^+$ 时原式是 $0\cdot\infty$ 型的未定式,则

$$\lim_{x\to 0^+}x^2\ln x=\lim_{x\to 0^+}\frac{\ln x}{x^{-2}}=\lim_{x\to 0^+}\frac{\frac{1}{x}}{-2x^{-3}}=\lim_{x\to 0^+}\frac{x^2}{-2}=0$$

2. $\infty-\infty$ 型

步骤:$\infty-\infty\Rightarrow\frac{1}{0}-\frac{1}{0}\Rightarrow\frac{0-0}{0\cdot 0}$.

[例 2-38] 求极限 $\lim_{x\to 0}(\frac{1}{\sin x}-\frac{1}{x})$.

解:原式 $=\lim_{x\to 0}\frac{x-\sin x}{x\cdot\sin x}=\lim_{x\to 0}\frac{1-\cos x}{\sin x+x\cos x}=\lim_{x\to 0}\frac{\sin x}{\cos x+\cos x-x\sin x}=0$.

3. 0^0,1^∞,∞^0 型

步骤:$\left.\begin{array}{c}0^0\\1^\infty\\\infty^0\end{array}\right\}\xrightarrow{\text{取对数}}\left\{\begin{array}{c}0\cdot\ln 0\\\infty\cdot\ln 1\\0\cdot\ln\infty\end{array}\right\}\Rightarrow 0\cdot\infty$.

[例 2-39] 求极限 $\lim_{x\to 0^+}x^x$.

解:原式 $=\lim_{x\to 0^+}e^{x\ln x}=e^{\lim_{x\to 0^+}x\ln x}=e^{\lim_{x\to 0^+}\frac{\ln x}{\frac{1}{x}}}=e^{\lim_{x\to 0^+}\frac{\frac{1}{x}}{-\frac{1}{x^2}}}=e^0=1$。

说明:

(1)如果所求极限不是 $\frac{0}{0}$ 或 $\frac{\infty}{\infty}$ 这样的未定型,则不能用洛必达法则.

(2)如果 $\lim\frac{f'(x)}{g'(x)}$ 不存在,并不表明 $\lim\frac{f(x)}{g(x)}$ 不存在,只表明洛必达法则对此题失效,

可以用其他方法求极限.

例如，求极限 $\lim\limits_{x\to+\infty}\dfrac{x-\sin x}{x+\sin x}$，如用洛必达法则

$$\lim_{x\to+\infty}\frac{x-\sin x}{x+\sin x}=\lim_{x\to+\infty}\frac{1-\cos x}{1+\cos x}$$

极限不存在，但 $\lim\limits_{x\to+\infty}\dfrac{x-\sin x}{x+\sin x}=\lim\limits_{x\to+\infty}\dfrac{1-\dfrac{\sin x}{x}}{1+\dfrac{\sin x}{x}}=\dfrac{1-0}{1+0}=1$.

四、函数的凹凸性

定义 2-4　设函数 $y=f(x)$ 在区间 I 上连续，如果函数的曲线位于其上任意一点的切线的上方，则称该曲线在区间 I 上是凹的（如图 2-10 所示）；如果函数的曲线位于其上任意一点的切线的下方，则称该曲线在区间 I 上是凸的（如图 2-11 所示）.

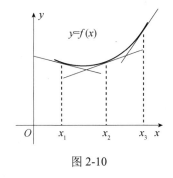
图 2-10

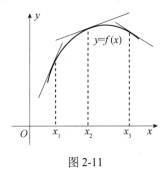
图 2-11

定理 2-6　（曲线凹凸性的判定定理）设 $f(x)$ 在 $[a,b]$ 上连续，在 (a,b) 内具有一阶和二阶导数，那么
(1) 若在 (a,b) 内 $f''(x)>0$，则 $f(x)$ 在 $[a,b]$ 上的图形是凹的.
(2) 若在 (a,b) 内 $f''(x)<0$，则 $f(x)$ 在 $[a,b]$ 上的图形是凸的.
连续曲线 $y=f(x)$ 上凹弧与凸弧的分界点称为这曲线的**拐点**.

确定曲线 $y=f(x)$ 的凹凸区间和拐点的步骤：
(1) 确定函数 $y=f(x)$ 的定义域.
(2) 求出二阶导数 $f''(x)$.
(3) 求使二阶导数为零的点和使二阶导数不存在的点.
(4) 判断或列表判断，确定出曲线凹凸区间和拐点.

注意： 根据具体情况步骤（1）、（3）有时省略.

[例 2-40]　判断曲线 $y=\ln x$ 的凹凸性.

解： $y'=\dfrac{1}{x}$，$y''=-\dfrac{1}{x^2}$.

因为在函数 $y=\ln x$ 的定义域 $(0,+\infty)$ 内，$y''<0$，所以曲线 $y=\ln x$ 是凸的．

[**例 2-41**] 判断曲线 $y=x^3$ 的凹凸性．

解： 因为 $y'=3x^2$，$y''=6x$，令 $y''=0$ 得 $x=0$．

当 $x<0$ 时，$y''<0$，所以曲线在 $(-\infty,0]$ 内为凸的．

当 $x>0$ 时，$y''>0$，所以曲线在 $[0,+\infty)$ 内为凹的．

[**例 2-42**] 求曲线 $y=2x^3+3x^2-12x+14$ 的拐点．

解： $y'=6x^2+6x-12$，$y''=12x+6=6(2x+1)$，令 $y''=0$，得 $x=-\dfrac{1}{2}$．

因为当 $x<-\dfrac{1}{2}$ 时，$y''<0$，当 $x>-\dfrac{1}{2}$ 时，$y''>0$，所以点 $\left(-\dfrac{1}{2},20\dfrac{1}{2}\right)$ 是曲线的拐点．

[**例 2-43**] 求曲线 $y=3x^4-4x^3+1$ 的拐点及凹、凸的区间．

解： （1）函数 $y=3x^4-4x^3+1$ 的定义域为 $(-\infty,+\infty)$．

（2）$y'=12x^3-12x^2$，$y''=36x^2-24x=36x\left(x-\dfrac{2}{3}\right)$．

（3）解方程 $y''=0$，得 $x_1=0$，$x_2=\dfrac{2}{3}$．

（4）列表（表 2-2）判断．

表 2-2

	$(-\infty,0)$	0	$\left(0,\dfrac{2}{3}\right)$	$\dfrac{2}{3}$	$\left(\dfrac{2}{3},+\infty\right)$
$f''(x)$	+	0	−	0	+
$f(x)$	∪	1	∩	$\dfrac{11}{27}$	∪

函数在区间 $(-\infty,0]$ 和 $\left[\dfrac{2}{3},+\infty\right)$ 上曲线是凹的，在区间 $\left[0,\dfrac{2}{3}\right]$ 上曲线是凸的．点 $(0,1)$ 和 $\left(\dfrac{2}{3},\dfrac{11}{27}\right)$ 是曲线的拐点．

[**例 2-44**] 问曲线 $y=x^4$ 是否有拐点？

解： $y'=4x^3$，$y''=12x^2$．

当 $x\neq 0$ 时，$y''>0$，在区间 $(-\infty,+\infty)$ 内曲线是凹的，因此曲线无拐点．

[**例 2-45**] 求曲线 $y=\sqrt[3]{x}$ 的拐点．

解： （1）函数的定义域为 $(-\infty,+\infty)$．

（2）$y'=\dfrac{1}{3\sqrt[3]{x^2}}$，$y''=-\dfrac{2}{9x\sqrt[3]{x^2}}$．

（3）函数无二阶导数为零的点，二阶导数不存在的点为 $x=0$．

（4）判断：当 $x<0$ 时，$y''>0$；当 $x>0$ 时，$y''<0$．

因此，点 $(0,0)$ 是曲线的拐点．

思考题 2.5

洛必达法则适用的条件是什么？

练习题 2.5

1. 函数 $y = \ln(x+1)$ 在区间 $[0, 1]$ 上满足拉格朗日中值定理的 $\xi = $ _____．
2. 证明：当 $x > 0$ 时，$\ln(1+x) < x$．
3. 求函数 $y = \ln x$ 的 n 阶导数．
4. 利用洛必达法则求下列极限．

   (1) $\lim\limits_{x \to \frac{\pi}{2}} \dfrac{\ln \sin x}{(\pi - 2x)^2}$

   (2) $\lim\limits_{x \to 0^+} \dfrac{\ln x}{\cot x}$

   (3) $\lim\limits_{x \to 0}(\dfrac{1}{x} - \dfrac{1}{e^x})$

   (4) $\lim\limits_{x \to +\infty} x^3 e^{-2x}$

数学实验

2.6 实验——用 MATLAB 求导数

上面我们讲了函数求导方法，但有些函数的导数比较难求．本节我们介绍用数学软件 MATLAB 来求导．

MATLAB 的求导数命令是 diff，其调用格式如下：

（1）diff（f，x）表示对 f（这里 f 是一个函数表达式）求关于符号变量 x 的一阶导数．若 x 默认，则表示求 f 对预设独立变量（默认变量）的一阶导数．

（2）diff（f，x，n）或 diff（f，n，x）都表示对 f 求关于符号变量 x 的 n 阶导数．若 x 默认，则表示求 f 对预设独立变量（默认变量）的 n 阶导数．

若计算函数在某一点处的导数，则用 subs 命令，其使用格式为

subs（s，old，new）

其中 s 表示一个表达式，新值 new 用来替换旧值 old．比如输入命令：

syms　a b;

subs（a+b，a，4）

输出结果为：ans=

4+b

当然也可以同时替换多个变量．

[例 2-46] 设 $f(x) = e^{x^2}$，求 $\dfrac{df}{dx}$．

解： 输入命令：

syms x

diff（exp（x^2））

输出结果为：

ans =

    2*x*exp（x^2）

[例 2-47] 求 $y=\sin x+e^x$ 的三阶导数.

解： 输入命令：

diff（sin（x）+exp（x），3）

输出结果为：

ans =

    -cos（x）+exp（x）

[例 2-48] 求函数 $f(x)=e^{x^2}$ 在 $x=1$ 处的导数值.

解： 输入命令：

syms x

y=exp（x^2）；

dy=diff（y）；

subs（dy，x，1）

输出结果为：

ans =

    5.4366

思考题 2.6

diff（f，x）命令中 f 可否为其他表达式（如矩阵）？

练习题 2.6

用 MATLAB 求下列函数的导数.

（1）$y=e^x\cos x$ （2）$y=\sqrt{1+\ln^2 x}$

（3）$y=(2+3x)(4-7x)$ （4）$y=x\sin^2 x$

知识应用

2.7 导数的应用

在中学阶段，我们已研究过函数的单调性和求最大（小）值等问题，直接根据定义确定函数的单调性及求最值是比较困难的，本节我们利用导数来方便地解决这些问题.

【引例】 作直线运动的物体，若其速度 $v(t)=\dfrac{ds}{dt}>0$，则运动时间越长，物体运动的位移 $s(t)$ 越大，即函数 $s(t)$ 是单调增加的.

一、函数的单调性

如图 2-12 所示，可以看出，如果函数 $y=f(x)$ 在区间 (a,b) 内单调增加，那么它的图像是一条沿 x 轴正向上升的曲线，这时曲线上各点切线的倾斜角都是锐角，因此它们斜率 $f'(x)$ 都是正的，即 $f'(x)>0$．同样，由图 2-13 可以看出，如果函数 $y=f(x)$ 在区间 (a,b) 内单调减少，那么它的图像是沿 x 轴正向下降的曲线，这时曲线上各点切线的倾斜角都是钝角，因此它们斜率 $f'(x)$ 都是负的，即 $f'(x)<0$．

图 2-12   图 2-13

由此可见，函数 $f(x)$ 的单调性与其导数 $f'(x)$ 的正负之间存在着必然的关系．下面给出函数单调性的判定方法．

定理 2-7   设函数 $f(x)$ 在 $[a,b]$ 上连续，在 (a,b) 内可导，
（1）如果在 (a,b) 内 $f'(x)>0$，则函数 $f(x)$ 在 $[a,b]$ 上单调增加．
（2）如果在 (a,b) 内 $f'(x)<0$，则函数 $f(x)$ 在 $[a,b]$ 上单调减少．

说明： 上述定理中函数的定义域为闭区间 $[a,b]$ 若为开区间 (a,b) 或无穷区间，结论也成立．

[例 2-49] 中国的人口总数为 P（以 10 亿为单位），在1993—1995年间可近似地用方程 $P=1.15\times(1.014)^t$ 来计算，其中 t 是以1993年为起点的年数，根据这一方程，说明中国人口总数在这段时间是增长还是减少？

解： 中国人口总数在1993—1995年间的增长率为

$$\frac{\mathrm{d}P}{\mathrm{d}t}=1.15\times(1.014)^t\ln 1.014,$$

因为 $t>0$，所以 $\dfrac{\mathrm{d}P}{\mathrm{d}t}>0$，因此中国的人口总数在1993—1995年间是增长的．

注意： 有的可导函数在某区间内的个别点处，导数等于零，但函数在该区间内仍为单调增加（或单调减少），例如，幂函数 $y=x^3$ 的导数为 $y'=3x^2$，当 $x=0$ 时，$y'=0$，但它在 $(-\infty,+\infty)$ 内是单调增加的．

[例 2-50] 讨论函数 $f(x)=\sqrt[3]{x^2}$ 的单调性．

解： 函数的定义域为 $(-\infty,+\infty)$，因为 $f'(x)=\dfrac{2}{3\sqrt[3]{x}}$，$x\in(-\infty,+\infty)$，所以 $x=0$ 是函

数的不可导点. 当 $x<0$ 时, $f'(x)<0$; 当 $x>0$ 时, $f'(x)>0$, 所以 $f(x)$ 在 $(-\infty,0)$ 上单调减少, 在 $(0,+\infty)$ 上单调增加.

该例表明导数不存在的点也可能是函数单调区间的分界点.

[例 2-51] 求函数 $f(x)=2x^3-6x^2-18x-7$ 的单调区间.

解： 函数 $f(x)$ 的定义域为 $(-\infty,+\infty)$, 而
$$f'(x)=6x^2-12x-18=6(x-3)(x+1),$$
令 $f'(x)=0$, 得 $x_1=-1$, $x_2=3$ 列表讨论见表 2-3 (表中 "↗"、"↘" 分别表示函数在相应区间上单调增加、单调减少).

表 2-3

x	$(-\infty,-1)$	-1	$(-1,3)$	3	$(3,+\infty)$
$f'(x)$	$+$	0	$-$	0	$+$
$f(x)$	↗		↘		↗

所以, 函数 $f(x)$ 单调增区间为 $(-\infty,-1)$ 和 $(3,+\infty)$, 函数 $f(x)$ 单调减区间为 $(-1,3)$.

上例表明, 导数为零的点可能是函数单调增加区间和单调减少区间的分界点.

从以上例子可以看出, 有些函数在它的定义区间上不是单调的, 但用导数等于零的点 (称为**驻点**) 和导数不存在的点 (称为**尖点**) 划分函数的定义区间后, 就可以使函数在各个部分区间上单调. 因此, 确定函数单调性的一般步骤如下：

（1）确定函数的定义域, 并求出函数的驻点和尖点.

（2）用驻点和尖点把定义域分成若干子区间.

（3）确定 $f'(x)$ 在各个子区间内的符号, 从而判断 $f(x)$ 的单调性.

二、函数的极值

如图 2-14 所示, 函数 $y=f(x)$ 的图像在点 x_1, x_3 处的函数值 $f(x_1)$, $f(x_3)$ 比其左右近旁各点的函数值都大, 而在点 x_2, x_4 处的函数值 $f(x_2)$, $f(x_4)$ 比其左右近旁各点的函数值都小, 对于这种性质的点和对应的函数值, 给出如下的定义.

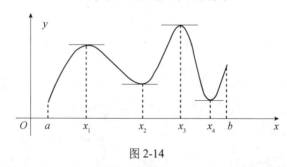

图 2-14

定义 2-5 设函数 $y=f(x)$ 在点 x_0 的邻域内定义, 如果对点 x_0 邻域内任意的 x 总有 $f(x)<f(x_0)$ $(f(x)>f(x_0))$, 则称 $f(x_0)$ 为函数的**极大值**（**极小值**）, x_0 称为函数 $f(x)$ **极大值**

点（极小值点）.

函数的极大值与极小值统称**极值**，极大值点和极小值点统称为**极值点**.

容易看出，在函数取得极值处，曲线的切线是水平的，即该切线的斜率等于零. 但在曲线上有水平切线的地方，函数不一定取得极值.

定理 2-8　（极值存在的必要条件）如果函数 $f(x)$ 在点 x_0 处有极值 $f(x_0)$，且 $f'(x_0)$ 存在，则 $f'(x_0)=0$.

定理 2-8 表明：可导函数 $f(x)$ 的极值点必定是它的驻点，反之，函数的驻点却不一定是极值点. 例如 $x=0$ 是 $y=x^3$ 的驻点，但不是极值点，函数 $y=x^3$ 在整个定义区间没有极值.

注意：定理的条件是 $f(x)$ 在 x_0 可导，但是，在导数不存在的点，函数也可能有极值，例如 $f(x)=x^{\frac{2}{3}}$，$f'(x)=\dfrac{2}{3\sqrt[3]{x}}$，$f'(0)$ 不存在，但在 $x=0$ 处函数有极小值 $f(0)=0$.

总之，函数的极值只可能在驻点或尖点取得，那么如何判断驻点或尖点处是否有极值，或驻点和尖点是否为极值点呢？

定理 2-9　（极值存在的第一充分条件）设函数 $f(x)$ 在点 x_0 的某一空心领域 $(x_0-\delta, x_0) \cup (x_0, x_0+\delta)$ 内可导，当 x 由小增大经过 x_0 时，如果

（1）$f'(x)$ 由正变负，那么 x_0 是极大值点.

（2）$f'(x)$ 由负变正，那么 x_0 是极小值点.

（3）$f'(x)$ 不变号，那么 x_0 不是极值点.

[**例 2-52**]　求函数 $f(x)=\dfrac{1}{3}x^3-x^2-3x+3$ 的极值.

解：函数 $f(x)$ 的定义域为 $(-\infty, +\infty)$，$f'(x)=x^2-2x-3=(x+1)(x-3)$

令 $f'(x)=0$，得驻点 $x_1=-1$，$x_2=3$. 列表讨论如表 2-4 所示.

表 2-4

x	$(-\infty,-1)$	-1	$(-1,3)$	3	$(3,+\infty)$
$f'(x)$	+	0	—	0	+
$f(x)$	↗	极大值 $f(-1)=\dfrac{14}{3}$	↘	极小值 $f(3)=-6$	↗

[**例 2-53**]　求函数 $f(x)=\dfrac{3}{2}x^{\frac{2}{3}}-x$ 的极值.

解：函数 $f(x)$ 的定义域为 $(-\infty, +\infty)$，

$$f'(x)=x^{-\frac{1}{3}}-1=\dfrac{1-\sqrt[3]{x}}{\sqrt[3]{x}}$$

令 $f'(x)=0$，得驻点 $x=1$，又当 $x=0$ 时 $f'(x)$ 不存在，列表讨论如表 2-5 所示.

表 2-5

x	$(-\infty,0)$	0	$(0,1)$	1	$(1,+\infty)$
$f'(x)$	—	不存在	+	0	—
$f(x)$	↘	极小值 $f(0)=0$	↗	极大值 $f(1)=\dfrac{1}{2}$	↘

因此，函数的极小值为 $f(0)=0$，极大值为 $f(1)=\dfrac{1}{2}$.

定理 2-10 （极值存在的第二充分条件）设 $f(x)$ 在点 x_0 处具有二阶导数且 $f'(x_0)=0$，$f''(x_0)\neq 0$，
（1）如果 $f''(x_0)<0$，则 $f(x)$ 在点 x_0 取得极大值.
（2）如果 $f''(x_0)>0$，则 $f(x)$ 在点 x_0 取得极小值.
注意： 若 $f''(x_0)=0$，不能用第二充分条件，这时仍需用第一充分条件讨论.

上述 [例 2-52] 利用第二充分条件来求也可以，先对函数 $f(x)=\dfrac{1}{3}x^3-x^2-3x+3$ 求一阶导数，得到驻点 $x_1=-1$，$x_2=3$. 再求出二阶导数 $f''(x)=2x-2$，然后将得到的驻点 $x_1=-1$，$x_2=3$ 代入二阶导数，得 $f''(-1)=-4<0$，则 $f(-1)=\dfrac{14}{3}$ 是极大值；$f''(3)=4>0$，则 $f(3)=-6$ 是极小值.

综上所述，下面给出求极值的一般步骤：
（1）确定函数的定义域，并求出函数的驻点和尖点（可能极值处）.
（2）用定理判断这些点是否为极值点.
（3）求出极值点处的函数值，就得函数在所求定义区间上的极值.

三、函数的最值与优化问题

函数的最值可在区间内部（极值点处）取得，也可在区间端点取得，于是求函数最大（小）值的步骤如下：
（1）求出所有可能极值点（驻点和尖点）.
（2）求出这些点和端点处的函数值.
（3）将这些函数值进行比较，其中最大（小）者即为最大（小）值.

特别地，若函数在区间内只有一个极值，则该极大（小）值即为函数在区间内的最大（小）值；若函数在区间上单调增加（减少），则最值在区间端点取得.

[例 2-54] 求函数 $f(x)=\dfrac{x^2}{1+x}$ 在区间 $\left[-\dfrac{1}{2},1\right]$ 上的最大值与最小值.

解： $f'(x) = \dfrac{x(2+x)}{(1+x)^2}$，由 $f'(x) = 0$ 得 $x_1 = 0$，$x_2 = -2$．因为 $x_2 = -2$ 不在区间 $\left[-\dfrac{1}{2}, 1\right]$ 内，应舍去，由 $f\left(-\dfrac{1}{2}\right) = \dfrac{1}{2}$，$f(0) = 0$，$f(1) = \dfrac{1}{2}$ 比较得函数 $f(x)$ 最大值为 $\dfrac{1}{2}$，最小值为 0．

[例 2-55] 如图 2-15 所示，工厂铁路线上 AB 段的距离为 100km，工厂 C 距 A 处为 20km，AC 垂直于 AB．为了运输需要，要在 AB 线上选定一点 D 向工厂修筑一条公路．已知铁路每公里货运的运费与公路上每公里货运的运费之比 3∶5，为了使货物从供应站 B 运到工厂 C 的运费最省，问 D 点应选在何处？

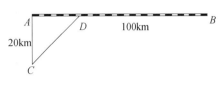

图 2-15

解： 设 $AD = x$(km)，则

$$DB = (100-x)(\text{km}), \quad CD = \sqrt{20^2 + x^2} = \sqrt{400 + x^2}(\text{km})$$

再设从 B 点到 C 点需要的总运费为 y，那么 $y = 5k \cdot CD + 3k \cdot DB$（$k$ 是某个正数），即
$y = 5k\sqrt{400 + x^2} + 3k(100 - x)$ $(0 \leqslant x \leqslant 100)$．

于是问题归结为：x 在 $[0, 100]$ 内取何值时目标函数 y 的值最小？

先求 y 对 x 的导数：$y' = k\left(\dfrac{5x}{\sqrt{400 + x^2}} - 3\right)$，解方程 $y' = 0$ 得 $x = 15$(km)．

由于 $y|_{x=0} = 400k$，$y|_{x=15} = 380k$，$y|_{x=100} = 500k\sqrt{1 + \dfrac{1}{5^2}}$，其中以 $y|_{x=15} = 380k$ 为最小，因此当 $AD = x = 15$(km) 时总运费最省．

[例 2-56] 某房地产公司有 50 套公寓要出租，当租金定为每月 180 元时，公寓会全部租出去．当租金每月增加 10 元时，就有一套公寓租不出去，而租出去的房子每月需花费 20 元的整修维护费．试问房租定为多少可获得最大收入？

解： 设房租为每月 x 元，租出去的房子有 $\left(50 - \dfrac{x - 180}{10}\right)$ 套

每月总收入为 $R(x) = (x - 20)\left(50 - \dfrac{x - 180}{10}\right)$

$$R(x) = (x-20)\left(68 - \dfrac{x}{10}\right), \quad R'(x) = \left(68 - \dfrac{x}{10}\right) + (x-20)\left(-\dfrac{1}{10}\right) = 70 - \dfrac{x}{5}$$

令 $R'(x) = 0$，得到 $x = 350$（唯一驻点），因为 $R''(x) = -\dfrac{1}{5} < 0$，所以在 $x = 350$ 时取得极大值，故每月每套租金为 350 元时收入最高．最大收入为 $R(x) = (350 - 20)\left(68 - \dfrac{350}{10}\right) = 10890$(元)．

四、用 MATLAB 求极值和最值

1. MATLAB 求函数的极值

在 MATLAB 中求函数的极值可以用 fminbnd 命令，其调用格式如下：

[x, fv] =fminbnd（f, a, b）

功能：求一元函数 f 在区间（a, b）内的极小值, f 为字符串, 输出 x 为极小值点, fv 为极小值.

[例 2-57] 求函数 $f(x) = x^2 + 5x$ 在（-3, 1）内的极小值.

解： 输入命令：

f='x^2+5*x';

[x, fv]=fminbnd（f, -3, 1）

输出结果为：

x =

 -2.5000

fv =

 -6.2500

2. MATLAB 求函数的最小值

在 MATLAB 中求函数的最小值可以用 fminbnd 命令，其调用格式如下：

[x, vfal] =fminbnd（f, x1, x2）

功能：返回函数 f 在区间 [x1, x2] 上的最小值点 x 和最小值 vfal.

[例 2-58] 求函数 $f(x) = (x-1)^2 - 5$ 在 [0, 2] 上的最小值.

解： 输入命令：

[x, fval]=fminbnd（'（x-1）^2-5', 0, 2）

输出结果为：

x =

 1.0000

fval =

 -5

说明：

（1）MATLAB 没有提供计算在给定区间上函数 $y = f(x)$ 的最大值的命令，要求最大值，可对函数作变换：令 $z = -y$，即 $z = -f(x)$，则求函数 $y = f(x)$ 的最大值问题转化为求函数 z 的最小值问题.

（2）如果结果出现更复杂的情况，可参看相关书籍或在 MATLAB 软件中寻求帮助.

五、导数的应用案例

1. 经济应用——边际分析

在经济工作中进行定量分析和决策时，经常用到"边际"这个概念来描述一个经济变量相对于另一个经济变量的变化情况．设产量（或销售量）为 x，按第 1 章成本函数、收入函数、利润函数定义，我们称 $C'(x), R'(x), L'(x)$ 分别为**边际成本函数、边际收入函数、边际**

利润函数. 考虑边际成本函数,当产量在 x_0 水平上有改变量 Δx 时,总成本函数的改变量 $\Delta C \approx dC\big|_{x=x_0} = C'(x_0)\Delta x$,特别地,若取 $\Delta x=1$,则有 $\Delta C \approx C'(x_0)$. 因此,在产量为 x_0 水平上的边际成本值表示为在产量为 x_0 水平上每增加一个单位产量所需要增加的成本的近似值. 边际收入值、边际利润值含义类似.

[**例 2-59**] 某种产品的成本 C (万元) 是产量 x (万件) 的函数 $C(x) = 0.02x^3 - 0.4x^2 + 6x + 100$ (万元). 试问当生产 $x=10$ (万件) 时,从降低单位成本的角度看,继续提高产品的产量是否得当?

解: $x=10$ 时的总成本为 $C(10) = 0.02 \times 10^3 - 0.4 \times 10^2 + 6 \times 10 + 100 = 100$ (万元),此时平均成本 $\overline{C}(10) = \dfrac{C(10)}{10} = 10$ (元/件),当 $x=10$ 时的边际成本 $C'(10) = (0.02x^3 - 0.4x^2 + 6x + 100)'\big|_{x=10} = 4$ (元/件). 比较 $x=10$ 时的平均成本和边际成本可以看出,继续提高产量,可以降低产品的单位成本.

2. 经济应用——弹性分析

弹性概念是经济学中的另一个重要概念,用来定量地描述一个经济变量对另一个经济变量变化的灵敏程度. 我们定义需求函数 $Q=Q(P)$ 对销售价格 P 的相对变化率称为**需求弹性函数**,记为 $\eta(P) = \dfrac{Q'(P)}{Q(P)} P$.

类似地可定义供给弹性函数和收益弹性函数.

根据这个定义,需求函数在销售价格 P_0 水平上对销售价格的相对变化率 $\eta(P_0)$ 称为需求函数在销售价格 P_0 水平上的需求弹性值. 该定义还说明,在销售价格 P_0 水平上,若销售价格的变动幅度为 1%,则需求函数的变动幅度为 $|\eta(P_0)|\%$.

[**例 2-60**] 某商品的需求函数 $Q=Q(P)=100e^{-\frac{P}{5}}$,求在销售价格为 10 的水平上的需求弹性值.

解: 需求弹性函数为 $\eta(P) = \dfrac{Q'(P)}{Q(P)} P = \dfrac{-20e^{-\frac{P}{5}}}{100e^{-\frac{P}{5}}} P = -\dfrac{P}{5}$

所以在销售价格为 10 的水平上的需求弹性值为 $\eta(10) = -\dfrac{10}{5} = -2$.

上述计算结果说明,在商品销售价格为 10 的水平上,若降价 1%,则需求量增加 2%. 负号表示需求量为销售价格的单调减少函数.

3. 计算机中应用

[**例 2-61**] 日常生活中我们习惯采用十进制数,但计算机为何采用二进制数表示和存储数据信息呢?

我们先来研究不同数制表示数的"能力". 一种数制表示数的能力,可由当位数固定时其所能表示的数的个数以及所需的"设备状态"个数来衡量.

一般地,n 位 x 进制数字能表示 $0 \sim x^n - 1$ 这 x^n 个数字,而其实现则需要 nx 个设备状态.

现在来研究两个问题:

(1) 要表示 $0 \sim K-1$ 这 K 个数,当设备状态数 N 给定时,应该用几进制表示数,才能使所表示的数的范围最大?

(2) 要表示 $0 \sim K-1$ 这 K 个数,应该用几进制表示数,才能使实现时所需的设备状态数 N 为最少?

解: (1) 设用 x 进制,用 n 位数,则 $N = nx$,因此 $n = \dfrac{N}{x}$. 这时能表示的数字的个数 $K = x^n = x^{\frac{N}{x}}$. 要使表示的数的范围最大,即使 K 为最大,应有 $\dfrac{dK}{dx} = 0$,即 $\dfrac{dK}{dx} = (x^{\frac{N}{x}})' = (e^{\frac{N}{x}\ln x})' = Nx^{\frac{N}{x}} \dfrac{(1-\ln x)}{x^2} = 0$

于是 $x = e$ 时, K 为最大,或者说 e 进制为最佳.

(2) 设用 x 进制,若用 n 位数字,则能表示 $0 \sim x^n - 1$ 这 x^n 个数字,因此设 $K = x^n = x^{\frac{N}{x}}$,即 $n = \dfrac{\ln K}{\ln x}$, 这时 $N = nx$, 即 $N = \dfrac{x \ln K}{\ln x}$, 要使 N 为最小,应有 $\dfrac{dN}{dx} = 0$, 即 $\dfrac{dN}{dx} = (\dfrac{x\ln K}{\ln x})' = \dfrac{\ln K(\ln x - 1)}{\ln^2 x} = 0$,

于是 $x = e$ 时, N 为最小,还是 e 进制为最佳.

但 e 是个无理数,不是整数,故 e 进制不实用. 与 e 最接近的整数是 3, 2 也很接近,因此三进制为最佳,二进制为次佳. 但采用三进制时每位数字需要三种状态,采用二进制时每位数字需要两种状态,后者实现更容易,如开关的开与关等都是设备的两种状态. 因此,权衡在能力强弱和实现难易方面的利弊,人们选择采用二进制.

4. 水果的最佳采摘时间模型

[例 2-62] 在苹果成熟季节,老王为采摘和出售苹果的时间犯愁. 如果本周采摘,每棵树可采摘约 10kg 苹果,此时,批发商的收购价格为 3 元/kg,如果每推迟一周,则每棵树的产量会增加 1kg,但批发商收购苹果的价格会减少为 0.2 元/kg,8 周后,苹果会因熟透而开始腐烂. 问老王第几周采摘,收入最高?

解: (1) 模型准备

此题是求第几周采摘,老王每棵苹果树的收入最高,其中收入=产量×单价.

(2) 模型假设与变量说明

① 假设采摘按整周考虑,不考虑分期采摘情形.

② 假设老王采摘苹果后立即卖给批发商.

③ 假设本周每棵树可采摘苹果 10kg,且最近 8 周内每推迟一周,一棵苹果树会多长出等质的苹果 1kg.

④ 假设第 x 周采摘时每棵树的收入为 $R(x)$ 元, $x = 0$ 对应本周.

(3) 模型分析与建立

第 x 周采摘时每棵树可采摘的苹果数量为 $Q(x) = 10 + x$,此时,苹果的销售单价为

$p(x)=3-0.2x$,所以第 x 周采摘时老王所得收入为
$$R(x)=Q(x)p(x)=(10+x)(3-0.2x)=30+x-0.2x^2.$$

（4）模型求解

$R'(x)=1-0.4x$,令 $R'(x)=0$,得 $x=2.5$,得最大收入 $R=31.25$ 元.

也可用 MATLAB 求解,为确定 $R(x)$ 取最值的大致区间,我们先画出 $R(x)$ 的图像,输入:

```
>> syms x
>> y=30+x-0.2*x^2；
>> ezplot(y,[-10, 20])
```

得 $R(x)$ 的图像如图 2-16 所示.

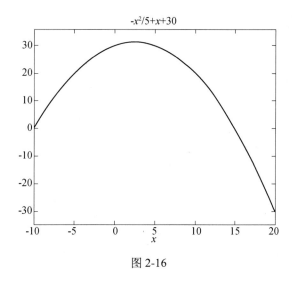

图 2-16

显然从图中可以看到,最大值在 [−5,10] 中可取到,输入命令:

```
[x, fval]=fminbnd('-30-x+0.2*x^2', -5, 10)
```

得到输出:

```
x =
    2.5000
fval =
    -31.2500
```

由于 fminbnd 命令只能求最小值,所以我们把 $R(x)$ 转换成 $-R(x)=-30-x+0.2x^2$. 由于假设 x 只能取整数,因 $R(2)=R(3)=31.25$（元）,故在第 2 周或第 3 周采摘获利最佳,此时每棵苹果树的收入为 31.25 元.

思考题 2.7

函数的极大（小）值与最大（小）值区别在哪里？

练习题 2.7

1. 下列函数在指定区间 $(-\infty, +\infty)$ 上单调减小的是（　　）.
   A. $\sin x$　　　　B. e^x　　　　C. x^2　　　　D. $3-x$

2. 下列结论正确的有（　　）.
   A. x_0 是 $f(x)$ 的极值点，且 $f'(x_0)$ 存在，则必有 $f'(x_0)=0$
   B. x_0 是 $f(x)$ 的极值点，则 x_0 必是 $f(x)$ 的驻点
   C. 若 $f'(x_0)=0$，则 x_0 必是 $f(x)$ 的极值点
   D. 使 $f'(x)$ 不存在的点 x_0，一定是 $f(x)$ 的极值点

3. 函数 $y=(x+1)^2$ 的单调增加区间为_____．

4. 函数 $y=3(x-1)^2$ 的驻点是_____．

5. 求函数 $y=\dfrac{x^4}{4}-x^3$ 的单调区间与极值.

6. 某厂生产一批产品，其固定成本为 2000 元，每生产一吨产品的成本为 60 元，对这种产品的市场需求规律为 $q=1000-10p$（q 为需求量，p 为价格）．试求：
   （1）成本函数，收入函数；
   （2）产量为多少吨时利润最大？

7. 试证当 $x\neq 1$ 时，$e^x > ex$．

8. 设某产品的价格 P 与销售量 x 的关系为 $P=10-\dfrac{x}{5}$，求销售量为 30 时的总收益、平均收益与边际收益.

9. 某高档商品因出口需要，拟用提价的办法压缩国内销售量 20%，该商品的需要弹性系数为 $-2 \sim -1.5$，问应提价多少？

习题 A

一、判断题（对的打"√"，错的打"×"）

1. 若函数 $f(x)$ 在 x_0 点可导，则 $f'(x_0)=[f(x_0)]'$．（　　）

2. 若 $f(x)$ 在 x_0 处可导，则 $\lim\limits_{x\to x_0} f(x)$ 一定存在．（　　）

3. 函数 $f(x)=|x|$ 在其定义域内可导．（　　）

4. 若 $f(x)$ 在 $[a,b]$ 上连续，则 $f(x)$ 在 (a,b) 内一定可导．（　　）

5. 已知 $y=e^{f(x)}$，则 $y''=e^{f(x)}f''(x)$．（　　）

6. 函数 $f(x)=\begin{cases} 2x^2, & x\geq 1 \\ \ln\dfrac{x}{4}, & 0<x<1 \end{cases}$ 在 $x=1$ 处可导．（　　）

7. 若 $f(x)=x^n$，则 $f^{(n)}(0)=n!$．（　　）

8. $d(ax^2+b)=2ax$. （　　）
9. 若 $f(x)$ 在 x_0 点不可导，则 $f(x)$ 在 x_0 不连续.（　　）
10. 函数 $f(x)=x|x|$ 在点 $x=0$ 处不可导.（　　）

二、填空题

1. $f(x)=\ln\sqrt{1+x^2}$，则 $f'(0)=$ _____.
2. 曲线 $y=x^3$ 在点 $(1,1)$ 处的切线方程是_____.
3. 设 $y=x^e+e^x+\ln x+e^e$，则 $y'=$ _____.
4. $y=\sin(e^x+1)$，$dy=$ _____.
5. 设 $y=x^2 2^x+e^{\sqrt{2}}$，则 $y'=$ _____.
6. 设 $y=x^n+e$，则 $y^{(n)}=$ _____.
7. 曲线 $y=x+e^x$ 在点 $(0,1)$ 的处的切线方程是_____.
8. 若 $u(x)$ 与 $v(x)$ 在 x 处可导，则 $[\dfrac{u(x)}{v(x)}]'=$ _____.
9. 设 $f(x)$ 在 x_0 处可导，且 $f'(x_0)=A$，则 $\lim\limits_{h\to 0}\dfrac{f(x_0+2h)-f(x_0-3h)}{h}$ 用 A 的代数式表示为_____.
10. 导数的几何意义为_____.
11. 曲线 $y=\dfrac{1}{\sqrt{x}}$ 在 $(1,1)$ 处的切线方程是_____.
12. 函数 $y=x^3\sin(x^2+1)$ 的微分 $dy=$ _____.
13. $y=x^n$（n 是正整数）的 n 阶导数是_____.

三、选择题

1. 设 $f(x)$ 在点 x_0 处可导，则下列命题中正确的是（　　）.

   A. $\lim\limits_{x\to x_0}\dfrac{f(x)-f(x_0)}{x-x_0}$ 存在　　B. $\lim\limits_{x\to x_0}\dfrac{f(x)-f(x_0)}{x-x_0}$ 不存在

   C. $\lim\limits_{x\to x_0^+}\dfrac{f(x)-f(x_0)}{x}$ 存在　　D. $\lim\limits_{\Delta x\to 0}\dfrac{f(x)-f(x_0)}{\Delta x}$ 不存在

2. 设 $f(x)$ 在点 x_0 处可导且 $\lim\limits_{x\to 0}\dfrac{x}{f(x_0-2x)-f(x_0)}=\dfrac{1}{4}$，则 $f'(x_0)$ 等于（　　）.

   A. 4　　　　B. -4　　　　C. 2　　　　D. -2

3. 设 $f(x)=\begin{cases}x^2+1, & -1<x\leqslant 0\\ 1, & 0<x\leqslant 2\end{cases}$，则 $f(x)$ 在点 $x=0$ 处（　　）.

   A. 可导　　B. 连续但不可导　　C. 不连续　　D. 无定义

4. 设 $f(0)=0$，且 $\lim\limits_{x\to 0}\dfrac{f(x)}{x}$ 存在，则 $\lim\limits_{x\to 0}\dfrac{f(x)}{x}=$（　　）.

   A. $f'(x)$　　B. $f'(0)$　　C. $f(0)$　　D. $\dfrac{1}{2}f'(0)$

5. 函数 $y=e^{f(x)}$，则 $y''=$（　　）.

   A. $e^{f(x)}$　　B. $e^{f(x)}f''(x)$

   C. $e^{f(x)}[f'(x)]^2$　　D. $e^{f(x)}\{[f'(x)]^2+f''(x)\}$

6. 函数 $f(x)=(x-1)^x$ 的导数为（　　）.

   A. $x(x-1)^x$　　B. $(x-1)^{x-1}$　　C. $x^x\ln x$　　D. $(x-1)^x\left[\dfrac{x}{x-1}+\ln(x-1)\right]$

7. 函数 $f(x)$ 在 $x=x_0$ 处连续，是 $f(x)$ 在 x_0 处可导的（　　）.

   A. 充分不必要条件　　B. 必要不充分条件

   C. 充分必要条件　　D. 既不充分也不必要条件

8. 已知 $y=x\ln x$，则 $y^{(10)}=$（　　）.

   A. $-\dfrac{1}{x^9}$　　B. $\dfrac{1}{x^9}$　　C. $\dfrac{8!}{x^9}$　　D. $-\dfrac{8!}{x^9}$

9. 函数 $f(x)=\dfrac{|x|}{x}$ 在 $x=0$ 处（　　）.

   A. 连续但不可导　　B. 连续且可导

   C. 极限存在但不连续　　D. 不连续也不可导

10. 函数 $f(x)=\begin{cases}1,&x\geq 0\\-1,&x<0\end{cases}$，在 $x=0$ 处（　　）.

    A. 左连续　　B. 右连续　　C. 连续　　D. 左、右皆不连续

11. 设 $y=e^x+e^{-x}$，则 $y''=$（　　）.

    A. e^x+e^{-x}　　B. e^x-e^{-x}　　C. $-e^x-e^{-x}$　　D. $-e^x+e^{-x}$

12. 设 $f(x+2)=\dfrac{1}{x+1}$，则 $f'(x)=$（　　）.

    A. $-\dfrac{1}{(x-1)^2}$　　B. $-\dfrac{1}{(x+1)^2}$　　C. $\dfrac{1}{x+1}$　　D. $-\dfrac{1}{x-1}$

13. 已知函数 $y=\ln x^2$，则 $dy=$（　　）.

    A. $\dfrac{2}{x}dx$　　B. $\dfrac{2}{x}$　　C. $\dfrac{1}{x^2}$　　D. $\dfrac{1}{x^2}dx$

14. 设 $f(x)=\begin{cases}x\cos\dfrac{1}{x},&x<0\\0,&x=0\\\dfrac{1}{x}\tan x^2,&x>0\end{cases}$，则 $f(x)$ 在 $x=0$ 处（　　）.

    A. 极限不存在　　B. 极限存在，但不连续

    C. 连续但不可导　　D. 可导

15. 已知 $y = \sin x$，则 $y^{(10)} = $（　　　）．

　　A．$\sin x$　　　　B．$\cos x$　　　　C．$-\sin x$　　　　D．$-\cos x$

四、计算题

1. 求下列函数的导数 y'．

　　(1) $y = \cos^2 3x$　　　　　　　　　　(2) $y = x\ln(x + \sqrt{1+x^2})$

　　(3) $y = \ln(x + \sqrt{x^2 - a^2})$　　　　(4) $y = (1+x^2)\arctan x + \dfrac{1}{2}\cos x$

2. 设 $f(x) = \sqrt{x^2 - a^2} - a$，求 $f'(-2a)$．

3. 设 $y = \ln(xy)$ 确定 y 是 x 的函数，求 $\dfrac{dy}{dx}$．

4. 方程 $e^y - e^x + xy = 0$ 确定 y 是 x 的函数，求 y'．

5. 设 $2y - 2x - \sin y = 0$，求 y'．

6. 求下列函数的微分 dy

　　(1) $y = \ln\dfrac{1}{x} + \cos\dfrac{1}{x}$　　　　　　(2) $y = \ln(\ln\sqrt{x})$

　　(3) $y = e^{1-3x}\cos x$　　　　　　　　(4) $y = e^{\cos 2x}$

　　(5) $y = x^3\cos x + e^{\cos x}$　　　　　　(6) $y = \dfrac{e^{2x}}{x}$

7. $y = \ln\tan\dfrac{x}{2}$，求 y' 及 dy．

8. $y = \ln 5 + \cos x^2 - \dfrac{1}{x^2}$，求 y' 及 dy．

9. $y = x\ln x$，求 y''．

10. 已知 $f(x) = \sin 3x$，求 $f''(\dfrac{\pi}{2})$．

11. 求函数 $y = x^4 - 8x^2 + 2$ 在 $[-1, 3]$ 上的单调区间和极值．

12. 求函数 $f(x) = \dfrac{2}{3}x - (x-1)^{\frac{2}{3}}$ 的单调区间和极值．

五、应用题

1. 某车间靠墙壁盖一间长方形小屋，现有存砖只够砌 20 米长的墙壁，问应围成怎样的长方形才能使这间小屋的面积最大？

2. 设某产品的需求函数为 $q = 100 - 5p$，求边际收入函数，以及 $q = 20$、50 和 70 时的边际收入．

习题 B

一、选择题

1. 设 $y = \arctan(-2x)$，则 $y' = $（　　）.

   A. $\dfrac{1}{1+4x^2}$　　B. $-\dfrac{1}{1+4x^2}$　　C. $\dfrac{2}{1+4x^2}$　　D. $-\dfrac{2}{1+4x^2}$

2. 设 $y = x^2 \ln x$，则 $y''(x) = $（　　）.

   A. $2\ln x$　　B. $2\ln x + 1$　　C. $2\ln x + 2$　　D. $2\ln x + 3$

3. 若 $f(x) = \arcsin(2x)$ 则 $f'(x) = $（　　）.

   A. $\cos(2x)$　　B. $2\cos(2x)$　　C. $-\dfrac{2}{\sqrt{1-4x^2}}$　　D. $\dfrac{2}{\sqrt{1-4x^2}}$

4. 若 $f(x) = \ln\cos x$ 则 $f''(x) = $（　　）.

   A. $-\tan x$　　B. $\cot x$　　C. $\sec^2 x$　　D. $-\sec^2 x$

5. 设 $y = \cos e^x$，则 $y''(0) = $（　　）.

   A. $\sin 1 + \cos 1$　　B. $-\sin 1 + \cos 1$　　C. $\sin 1 - \cos 1$　　D. $-\sin 1 - \cos 1$

6. 设 $m \neq 0$，$\lim\limits_{x \to 0} \dfrac{\sin^2 mx}{x^2} = $（　　）.

   A. 0　　B. $\dfrac{1}{m^2}$　　C. 1　　D. m^2

7. 设 $y = e^{\cos x}$，求 $y'(0) = $（　　）.

   A. 0　　B. 1　　C. e　　D. $e-1$

8. $f(x) = x^3 + 3x^2 - 9x - 4$，则 $f(x)$ 的极大值点是（　　）.

   A. $x = -1$　　B. $x = 3$　　C. $x = 1$　　D. $x = -3$

9. $f''(x_0) \neq 0$ 是 $f(x)$ 在 x_0 取得极值的（　　）.

   A. 必要条件　　B. 充分条件　　C. 充分必要条件　　D. 都不是

10. $f(x) = \begin{cases} 1-x & x \leq 0 \\ e^{-x} & x > 0 \end{cases}$，则 $f(x)$ 在 $x = 0$（　　）.

    A. 间断　　B. 连续但不可导　　C. $f'(x) = -1$　　D. $f'(x) = 1$

11. 函数 $f(x) = \sqrt[3]{x^2}$ 在 $x_0 = 0$ 点（　　）.

    A. 连续不可导　　B. 连续可导　　C. 不连续但可导　　D. 不连续不可导

12. $f(x) = \sqrt{1-x^2}$，则 $f''(0) = $（　　）.

    A. 0　　B. 1　　C. -1　　D. 不存在

13. $f(x) = \dfrac{1}{3}x^3 + x^2 - 1$ 在 $[-2, 2]$ 上的最小值是（　　）.

    A. $f(0)$　　B. $f(-2)$　　C. $f(2)$　　D. 无最小值

14. 设 $f(x)=2^{x-x^2}+3$，$f(x)$ 单调增加区间（   ）.

   A. $(-\infty, 0)$ B. $(0, +\infty)$ C. $(-\infty, 2)$ D. $\left(-\infty, \dfrac{1}{2}\right)$

15. 设 $f(x)=\begin{cases} x^2\sin\dfrac{1}{x}, & x\neq 0 \\ 0, & x=0 \end{cases}$，则 $f(x)$ 在点 $x=0$ 处（   ）.

   A. 极限不存在   B. 极限存在但不连续   C. 连续但不可导   D. 可导

16. 设 $y=x\cos 2x$，则 $y'(x)=$（   ）.

   A. $\cos 2x+2x\sin 2x$ B. $\cos 2x-2x\sin 2x$
   C. $\cos 2x-x\sin 2x$ D. $\cos 2x+x\sin 2x$

17. 设 $f(x)=x\ln x$，则下列结论中正确的是（   ）.

   A. $f(x)$ 在 $(0,+\infty)$ 单调增大   B. $f(x)$ 在 $(0,+\infty)$ 单调减小
   C. $f(x)$ 在 $(0,+\infty)$ 有极大值   D. $f(x)$ 在 $(0,+\infty)$ 有极小值

18. 设 $f(x)$ 在 $x=x_0$ 可导，下列各式中等于 $f'(x_0)$ 的是（   ）.

   A. $\lim\limits_{\Delta x\to 0}\dfrac{f(x_0-\Delta x)-f(x_0)}{\Delta x}$ B. $\lim\limits_{\Delta x\to 0}\dfrac{f(x_0+2\Delta x)-f(x_0)}{\Delta x}$
   C. $\lim\limits_{\Delta x\to 0}\dfrac{f(x_0)-f(x_0+\Delta x)}{\Delta x}$ D. $\lim\limits_{\Delta x\to 0}\dfrac{f(x_0+\Delta x)-f(x_0)}{\Delta x}$

19. 已知 $f(x)=\begin{cases} e^x & x<0 \\ 0 & x=0, \\ 2x+1 & x>0 \end{cases}$ 则 $f(x)$ 为（   ）.

   A. 当 $x\to 0$ 时，极限不存在   B. 当 $x\to 0$ 时，极限存在
   C. 当 $x=0$ 处，连续   D. 当 $x=0$ 处，可导

20. 函数 $f(x)=\ln(1+x^2)$ 单调增加区间（   ）.

   A. $(-\infty, 0)$ B. $(1, +\infty)$ C. $(0, +\infty)$ D. $(-\infty, -1)$

21. 设 $y=\sin^3\dfrac{x}{3}$，则 $y'=$（   ）.

   A. $\sin^2\dfrac{x}{3}$ B. $3\sin^2\dfrac{x}{3}$ C. $\sin^2\dfrac{x}{3}\cos\dfrac{x}{3}$ D. $3\sin^2\dfrac{x}{3}\cos\dfrac{x}{3}$

22. 设 $y=e^{-\frac{1}{x}}$，则 $dy=$（   ）.

   A. $e^{-\frac{1}{x}}dx$ B. $e^{\frac{1}{x}}dx$ C. $-\dfrac{1}{x^2}e^{-\frac{1}{x}}dx$ D. $\dfrac{1}{x^2}e^{-\frac{1}{x}}dx$

二、填空题

1. 函数 $f(x)=\arctan 2x^2$，则 $f'(x)=$ _____.

2. 函数 $f(x)=\sqrt{1+x^2}$，则 $f'(x)=$ _____.

3. $y=\ln x+\dfrac{1}{x}-x^e$，则 $y'=$ _____.

4. 数 $f(x) = \ln(1+x^2)$ 的驻点为 $x =$ _____.

5. 函数 $f(x) = \arctan x$，则 $f'(x) =$ _____.

6. $\lim\limits_{x \to 0} \dfrac{\sin 3x}{\tan 2x} =$ _____.

7. 已知 $y = \arctan \dfrac{1}{x}$，则 $y'|_{x=-1} =$ _____.

8. 若函数 $y = x^4$，则 $y^{(4)} =$ _____.

9. 若 $f'(x) = \lim \dfrac{f(x+\Delta x) - f(x)}{\Delta x}$，则 $\lim \dfrac{f(x+\Delta x) - f(x-\Delta x)}{\Delta x} =$ _____.

三、计算题

1. 求抛物线 $y = x^2$ 在点（2，4）处的切线方程.

2. 求下列函数的导数 y'.

   （1）$y = \ln \sin \sqrt{x}$ 　　　　　　　　（2）$y = \sin \sqrt{\dfrac{1-x}{1+x}}$

   （3）$y = (1+x^3)^{\cos x}$ 　　　　　　　　（4）$y = e^x \ln x - \dfrac{e^x}{x}$

   （5）$y = e^{\cos^2 x}$

3. 已知 $f(x) = 2e^x(\sqrt{x} - 1)$，求 $f'(x)$，$f''(x)$.

4. 设 $f(x) = \begin{cases} ax+1, & x \leq 2 \\ x^2+b, & x > 2 \end{cases}$，问 a,b 为何值时，$f(x)$ 在 $x=2$ 处可导.

5. 已知隐函数 $y = y(x)$ 由方程 $\sin y + xe^y = 0$ 确定，求 dy.

6. 设 $f(x) = x + \dfrac{1}{x-1}$，求 $f(x)$ 在区间 $\left[\dfrac{3}{2}, 10\right]$ 的最大值和最小值.

7. 求下列极限.

   （1）$\lim\limits_{x \to 0} \dfrac{\ln(1+x)}{e^x - 1}$ 　　　　　　　　（2）$\lim\limits_{x \to 0}(\dfrac{1}{x} - \dfrac{1}{e^x - 1})$

8. 讨论函数 $f(x) = x^2 e^{-x}$ 的单调区间和极值.

9. 求函数 $f(x) = \ln(x + \sqrt{x^2 + 1})$ 的单调区间及其极值.

四、应用题

1. 在直角边分别为 a，b 的直角三角形中内接一个矩形，求最大的矩形面积.

2. 设某商品的需求函数为 $Q(p) = 12 - \dfrac{p}{2}$，求：

   （1）需求弹性函数；

   （2）当 $p = 6$ 时的需求弹性，并说明其经济意义.

第3章 不定积分与定积分

 数学文化——莱布尼茨的故事

戈特弗里德·威廉·凡·莱布尼茨，德国最重要的自然科学家、数学家、物理学家、历史学家和哲学家，一位举世罕见的科学天才，和牛顿同为微积分的创建人．他的研究成果还遍及力学、逻辑学、化学、地理学、解剖学、动物学、植物学、气体学、航海学、地质学、语言学、法学、哲学、历史、外交等．"世界上没有两片完全相同的树叶"就是出自他之口，他还是最早研究中国文化和中国哲学的德国人，对丰富人类的科学知识宝库做出了不可磨灭的贡献．

17世纪下半叶，欧洲科学技术迅猛发展，由于生产力的提高和社会各方面的迫切需要，经各国科学家的努力与历史的积累，建立在函数与极限概念基础上的微积分理论应运而生了．

微积分思想，最早可以追溯到希腊由阿基米德等人提出的计算面积和体积的方法．1665年牛顿创始了微积分，莱布尼茨在1673—1676年间也发表了微积分思想的论著．

以前，微分和积分作为两种数学运算、两类数学问题，是分别加以研究的．卡瓦列里、巴罗、沃利斯等人得到了一系列求面积（积分）、求切线斜率（导数）的重要结果，但这些结果都是孤立的，不连贯的．

只有莱布尼茨和牛顿将积分和微分真正沟通起来，明确地找到了两者内在的直接联系：微分和积分是互逆的两种运算．而这是微积分建立的关键所在．只有确立了这一基本关系，才能在此基础上构建系统的微积分学，并从对各种函数的微分和求积公式中，总结出共同的算法程序，使微积分方法普遍化，发展成用符号表示的微积分运算法则．因此，微积分"是牛顿和莱布尼茨大体上完成的，但不是由他们发明的"．

然而关于微积分创立的优先权，在数学史上曾掀起了一场激烈的争论．实际上，牛顿在微积分方面的研究虽早于莱布尼茨，但莱布尼茨成果的发表则早于牛顿．

莱布尼茨1684年10月在《教师学报》上发表的论文《一种求极大极小的奇妙类型的计算》，是最早的微积分文献．这篇仅有六页的论文，内容并不丰富，说理也颇含糊，但却有着划时代的意义．

牛顿在三年后，即1687年出版的《自然哲学的数学原理》的第一版和第二版也写道："十年前在我和最杰出的几何学家莱布尼茨的通信中，我表明我已经知道确定极大值和极小值的方法、作切线的方法以及类似的方法，但我在交换的信件中隐瞒了这方法，……这位最卓越的科学家在回信中写道，他也发现了一种同样的方法．他并诉述了他的方法，它与我的方法几乎没有什么不同，除了他的措词和符号之外．"（但在第三版及以后再版时，这段话被删掉了）．

因此，后来人们公认牛顿和莱布尼茨是各自独立地创建微积分的.

牛顿从物理学出发，运用集合方法研究微积分，其应用上更多地结合了运动学，造诣高于莱布尼茨. 莱布尼茨则从几何问题出发，运用分析学方法引进微积分概念，得出运算法则，其数学的严密性与系统性是牛顿所不及的.

莱布尼茨认识到好的数学符号能节省思维劳动，运用符号的技巧是数学成功的关键之一. 因此，他所创设的微积分符号远远优于牛顿的符号，这对微积分的发展有极大影响. 1713 年，莱布尼茨发表了《微积分的历史和起源》一文，总结了自己创立微积分学的思路，说明了自己成就的独立性.

基础理论知识

微分学中所研究问题的做法是从已知函数 $f(x)$ 出发求其导数 $f'(x)$，即所谓的微分运算. 微分运算的重要意义已经通过列举许多应用给予说明. 但是我们也应该看到，许多实际问题不是要寻找某一函数的导数，而是恰恰相反，从已知的某一函数的导数 $f'(x)$ 出发求其本身 $f(x)$，这便是所谓的积分运算. 显然，积分运算是微分运算的逆运算. 另外积分运算也为后面定积分的运算奠定了基础.

本章主要介绍一元函数积分学. 一元函数积分学主要包括两部分内容：不定积分与定积分. 主要知识有不定积分概念、性质、求不定积分的基本方法以及定积分的概念、计算及应用.

3.1 不定积分概念与性质

【引例】 设曲线上任一点 $M(x, y)$ 处，其切线的斜率为 $2x$，若这曲线过原点，求这曲线方程.

我们已经知道曲线的切线的斜率就是它的导数，那引例问题就是已知一个函数的导数，求这个函数的问题. 这类问题就是本节要介绍的不定积分. 本节将介绍不定积分的概念、性质与求不定积分的最简单方法——直接积分法.

一、不定积分概念

1. 原函数

定义 3-1 在某区间 I 上，若有
$$F'(x) = f(x) \quad \text{或} \quad dF(x) = f(x)dx$$
则称函数 $F(x)$ 是函数 $f(x)$ 在该区间上的一个**原函数**.

例如，在区间 $(-\infty, +\infty)$ 内，因为 $(x^2)' = 2x$，所以 x^2 是 $2x$ 在 $(-\infty, +\infty)$ 内的一个原函数. 又如 $\frac{1}{5}x^5$ 是函数 x^4 在区间 $(-\infty, +\infty)$ 上的一个原函数，因为 $(\frac{1}{5}x^5)' = x^4$，$x \in (-\infty, +\infty)$.

设 C 为任意常数，因为 $(\frac{1}{5}x^5+C)'=x^4$，所以 $\frac{1}{5}x^5+C$ 也是 x^4 的原函数，C 每取定一个实数，就得到 x^4 的一个原函数，从而原函数不是唯一的．因此，原函数有如下特性：

若函数 $F(x)$ 是函数 $f(x)$ 的一个原函数，则
（1）对任意的常数 C，函数族 $F(x)+C$ 也是 $f(x)$ 的原函数．
（2）函数 $f(x)$ 的任意两个原函数之间仅相差一个常数．

定理 3-1 设函数 $F(x)$ 是函数 $f(x)$ 在区间 I 上的一个原函数，则 $F(x)+C$ 是函数 $f(x)$ 在区间 I 上的**所有原函数**，其中 C 为任意常数．

2. 不定积分

定义 3-2 函数 $f(x)$ 的所有原函数称为 $f(x)$ 的不定积分，记为
$$\int f(x)\mathrm{d}x$$
其中符号 $\int$ 为积分号，$f(x)$ 称为被积函数，$f(x)\mathrm{d}x$ 称为积分表达式，x 称为积分变量．

如果 $F(x)$ 为 $f(x)$ 的一个原函数，则根据定义有
$$\int f(x)\mathrm{d}x = F(x)+C$$
其中 C 为任意常数，称为积分常数，不定积分与原函数是整体与个体的关系．

例如，如前所述有
$$\int 2x\mathrm{d}x = x^2+C$$
$$\int x^4\mathrm{d}x = \frac{1}{5}x^5+C$$

［例 3-1］ 求 $\int \sin x\mathrm{d}x$

解： 因为 $(-\cos x)'=\sin x$，所以 $-\cos x$ 是 $\sin x$ 的一个原函数，因此
$$\int \sin \mathrm{d}x = -\cos x+C$$

［例 3-2］ 求下列不定积分．

(1) $\int a^x\mathrm{d}x$ (2) $\int x^a\mathrm{d}x \quad (a\neq -1)$

解： （1）被积函数 $f(x)=a^x$，因为 $(a^x)'=a^x\ln a$，故
$$(\frac{a^x}{\ln a})'=\frac{1}{\ln a}a^x\ln a=a^x,$$
于是
$$\int a^x\mathrm{d}x=\frac{1}{\ln a}a^x+C$$

（2）注意到 $(x^{a+1})'=\frac{1}{a+1}x^a$，故 $(\frac{1}{a+1}x^{a+1})'=x^a$
于是

$$\int x^a dx = \frac{1}{a+1}x^{a+1} + C$$

二、不定积分的几何意义

函数 $f(x)$ 的不定积分 $\int f(x)dx$ 是一族积分曲线,这一族积分曲线可由其中任何一条沿着 y 轴平行移动而得到.在每一条积分曲线上横坐标相同的点 x 处作曲线的切线互相平行,其斜率都是 $f(x)$,如图 3-1 所示.

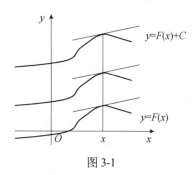

图 3-1

[**例 3-3**] 求通过点 $(1,2)$,切线斜率为 $2x$ 的曲线.

解： 设所有曲线为 $y = F(x)$,由题意知,
$$y' = F'(x) = 2x$$

因为 $(x^2)' = 2x$,所以积分曲线族为
$$y = \int 2x dx = x^2 + C$$
即
$$y = x^2 + C$$

已知所求曲线通过点 $(1,2)$,于是有 $2 = 1^2 + C$,解得 $C = 1$,故所求曲线为
$$y^2 = x^2 + 1.$$

三、不定积分的性质

性质 1 求不定积分与求导数或求微分互为逆运算,即

(1) $\dfrac{d}{dx}[\int f(x)dx] = f(x)$ 或 $d[\int f(x)dx] = f(x)dx$

(2) $\int F'(x)dx = F(x) + C$ 或 $\int dF(x) = F(x) + C$

这些等式,由不定积分定义立即可得,需要注意的是,一个函数先进行微分运算,再进行积分运算,得到的不是这一个函数,而是一族函数,必须加上一个任意常 C.

性质 2 被积函数中不为零的常数因子 k 可移到积分符号外,即
$$\int kf(x)dx = k\int f(x)dx$$

性质 3 函数代数和的不定积分等于函数的不定积分的代数和,即
$$\int [f(x) \pm g(x)]dx = \int f(x)dx \pm \int g(x)dx$$

上式可推广到有限个函数的代数和的情形,即
$$\int [f_1(x) \pm f_2(x) \pm \cdots + f_n(x)]dx = \int f_1(x)dx \pm \int f_2(x)dx \pm \cdots \int f_n(x)dx$$

四、基本积分公式

由于不定积分是求导（或微分）的逆运算,所以根据导数基本公式就可以得到对应的基本积分公式:

1. $\int k\,dx = kx + C$；

2. $\int x^a\,dx = \dfrac{1}{a+1}x^{a+1} + C$（$a \neq -1$）；

3. $\int \dfrac{1}{x}\,dx = \ln|x| + C$；

4. $\int a^x\,dx = \dfrac{a^x}{\ln a} + C$（$a > 0$ 且 $a \neq 1$）；

5. $\int e^x\,dx = e^x + C$；

6. $\int \sin x\,dx = -\cos x + C$；

7. $\int \cos x\,dx = \sin x + C$；

8. $\int \dfrac{1}{\cos^2 x}\,dx = \tan x + C$；

9. $\int \sec^2 x\,dx = \int \dfrac{1}{\cos^2 x}\,dx = \tan x + C$；

10. $\int \csc^2 x\,dx = \int \dfrac{1}{\sin^2 x}\,dx = -\cot x + C$；

11. $\int \sec x \tan x\,dx = \sec x + C$；

12. $\int \csc x \cot x\,dx = -\csc x + C$；

13. $\int \dfrac{1}{\sqrt{1-x^2}}\,dx = \arcsin x + C = -\arccos x + C$；

14. $\int \dfrac{1}{1+x^2}\,dx = \arctan x + C = -\operatorname{arccot} x + C$．

前 8 个公式是求不定积分的基础，必须熟记．利用基本积分公式和不定积分的性质，可以直接计算一些简单的不定积分，这种方法一般称为**直接积分法**．

[例 3-4] 求 $\int (3x^3 - 4x - \dfrac{1}{x} + 3)\,dx$

解： 由不定积分的性质和基本积分公式得

$$I = 3\int x^3\,dx - 4\int x\,dx - \int \dfrac{1}{x}\,dx + 3\int dx \quad (*)$$

$$= 3\dfrac{1}{1+3}x^{3+1} - 4\dfrac{1}{1+1}x^{1+1} - \ln|x| + 3x + C$$

$$= \dfrac{3}{4}x^4 - 2x^2 - \ln|x| + 3x + C$$

说明： （*）表示此处用 I 表示所求不定积分，以后均如此．

[例 3-5] 求 $\int \dfrac{(x+1)^2}{\sqrt{x}}\,dx$

解： 将被积函数化简，得

$$I = \int x^{\frac{3}{2}} dx + 2\int x^{\frac{1}{2}} dx + \int x^{-\frac{1}{2}} dx = \frac{2}{5} x^{\frac{5}{2}} + \frac{4}{3} x^{\frac{3}{2}} + 2x^{\frac{1}{2}} + C$$

直接用基本积分公式和不定积分的运算性质计算不定积分，计算范围有限．有时须先将被积函数进行恒等变形，便可求得一些函数的不定积分．

[例 3-6] 求 $\int \dfrac{2x^2+1}{x^2(1+x^2)} dx$

解： 将被积函数作恒等变形后再求积分

$$I = \int \frac{2x^2+1}{x^2(1+x^2)} dx = \int \frac{x^2 + (1+x^2)}{x^2(1+x^2)} dx = \int \frac{x^2}{x^2(1+x^2)} dx + \int \frac{1+x^2}{x^2(1+x^2)} dx$$

$$= \int \frac{1}{1+x^2} dx + \int \frac{1}{x^2} dx = \arctan x - \frac{1}{x} + C$$

[例 3-7] 求 $\int \sin^2 \dfrac{x}{2} dx$

解： 利用三角函数的降幂公式：$\sin^2 \dfrac{x}{2} = \dfrac{1}{2}(1-\cos x)$ 于是

$$I = \frac{1}{2} \int (1-\cos x) dx = \frac{1}{2} \int dx - \frac{1}{2} \int \cos x dx = \frac{1}{2} x - \frac{1}{2} \sin x + C$$

思考题 3.1

"若一个函数存在原函数，则必有无穷多个"，这句话对吗？

练习题 3.1

1. 填空题

（1）设 $f(x) = \sin x + \cos x$，则 $\int f'(x) dx = $ _____，

$\int f(x) dx = $ _____．

（2）设 $\int f(x) dx = e^x(x^2 - 2x + 2) + C$，则 $f(x) = $ _____．

（3）设 e^{-x} 是 $f(x)$ 的一个原函数，则 $\int f(x) dx = $ _____，

$\int f'(x) dx = $ _____，$\int e^x f'(x) dx = $ _____．

2. 单项选择题

（1）设 C 是不为 1 的常数，则函数 $f(x) = \dfrac{1}{x}$ 的原函数不是（　　）．

A．$\ln|x|$ B．$\ln|x| + C$ C．$\ln|Cx|$ D．$C\ln|x|$

（2）设 $f(x)$ 的一个原函数为 $\ln x$，则 $f'(x) = $（　　）．

A．$\dfrac{1}{x}$ B．$-\dfrac{1}{x^2}$ C．$x \ln x$ D．e^x

（3）设函数 $f(x)$ 的导函数是 a^x，则 $f(x)$ 的全体原函数是（　　）．

A．$\dfrac{a^x}{\ln a} + C$ B．$\dfrac{a^x}{\ln^2 a} + C$

C. $\dfrac{a^x}{\ln^2 a}+C_1 x+C_2$ D. $a^x \ln^2 a + C_1 x + C_2$

(4) $\int f(x)\mathrm{d}x$ 指的是 $f(x)$ 的（　　）．

　　A．某一个原函数　　　　　　　B．所有原函数

　　C．唯一的原函数　　　　　　　D．任意一个原函数

(5) 如果函数 $F(x)$ 是函数 $f(x)$ 的一个原函数，则（　　）．

　　A．$\int F(x)\mathrm{d}x = f(x) + C$　　　　B．$\int F'(x)\mathrm{d}x = f(x) + C$

　　C．$\int f(x)\mathrm{d}x = F(x) + C$　　　　D．$\int f'(x)\mathrm{d}x = F(x) + C$

(6) 在函数 $f(x)$ 的积分曲线族中，所有的曲线在横坐标相同的点处的切线（　　）．

　　A．平行于 x 轴　　　B．平行于 y 轴　　　C．相互平行　　　D．相互垂直

3．求下列不定积分．

(1) $\int (3 + x^3 + \dfrac{1}{x^3} + 3^x)\mathrm{d}x$　　　　(2) $\int (\sin x + \dfrac{2}{\sqrt{1-x^2}})\mathrm{d}x$

(3) $\int \dfrac{(2x-3)^2}{\sqrt{x}}\mathrm{d}x$　　　　(4) $\int \dfrac{2x^4}{1+x^2}\mathrm{d}x$

(5) $\int \dfrac{1}{x^2(1+x^2)}\mathrm{d}x$　　　　(6) $\int \dfrac{x-9}{\sqrt{x}+3}\mathrm{d}x$

(7) $\int \sin^2 \dfrac{x}{2}\mathrm{d}x$　　　　(8) $\int \dfrac{1+\cos^2 x}{1+\cos 2x}\mathrm{d}x$

4．已知某曲线在任一点处的切线斜率等于该点横坐标的倒数，且曲线通过点 $(\mathrm{e}, 2)$，试求此曲线的方程．

3.2　不定积分的积分方法

【引例】 如何求 $\int \cos 3x \mathrm{d}x$？

在基本积分公式中有 $\int \cos x \mathrm{d}x = \sin x + C$，但这里不能直接应用，因为被积函数 $\cos 3x$ 是一个复合函数．用直接积分法所能计算的不定积分是非常有限的，因此，有必要进一步研究不定积分的求法．本节主要讲述换元积分法和分部积分法这两种基本的积分方法，其中换元积分法可分为第一换元积分法与第二换元积分法．

一、第一换元积分法（凑微分法）

回到引例，求 $\int \cos 3x \mathrm{d}x$．

为了套用基本积分公式中 $\int \cos x \mathrm{d}x = \sin x + C$ 这个积分公式，先把原积分作如下变形，然后进行计算．

$$\int \cos 3x \mathrm{d}x = \dfrac{1}{3}\int \cos 3x \mathrm{d}(3x) \xlongequal{令 3x = u} \dfrac{1}{3}\int \cos u \mathrm{d}u = \dfrac{1}{3}\sin u + C$$

$$\underline{\underline{\text{回代} u = 3x}} \quad \frac{1}{3}\int \sin 3x + C$$

容易验证：$(\frac{1}{3}\sin 3x + C)' = \cos 3x$，所以以上算法是正确的.

这种积分的基本思想是先凑微分式，再作变量代换 $u = \varphi(x)$，把要计算的积分化为基本积分公式中所具有的形式，求出原函数后再换回原来变量，这种积分法通常称为**第一换元法或凑微分法**.

一般地，被积函数若具有 $f(\varphi(x))\varphi'(x)$ 形式，则可用第一换元积分法（凑微分法）.

定理 3-2 设函数 $u = \varphi(x)$ 可导，若 $\int f(u)du = F(u) + C$

则 $\int f(\varphi(x))\varphi'(x)dx = \int f(\varphi(x))d\varphi(x)$

$$\underline{\underline{\text{令}\varphi(x) = u}} \quad \int f(u)du = F(u) + C$$

$$\underline{\underline{\text{回代} u = \varphi(x)}} \quad F(\varphi(x)) + C$$

[例 3-8] 求不定积分 $\int \cos 5x dx$

解： **方法一：** 取 $u = 5x$，则 $dx = \frac{1}{5}du$ 可推出 $du = 5dx$ 所以

$$I = \int \cos 5x dx = \int \cos u \frac{1}{5} du = \frac{1}{5}\int \cos u du = \frac{1}{5}\sin u + C = \frac{1}{5}\sin 5x + C$$

方法二： $I = \int \cos 5x dx = \frac{1}{5}\int \cos 5x d(5x) \quad \underline{\underline{\text{令} 5x = u}} \quad \frac{1}{5}\int \cos u du = \frac{1}{5}\sin u + C$

$$\underline{\underline{\text{回代} u = 5x}} \quad \frac{1}{5}\sin 5x + C$$

[例 3-9] 求 $\int \frac{1}{x+2} dx$

解： **方法一：** $\int \frac{1}{x+2} dx = \int \frac{1}{x+2} d(x+2)$，取 $u = x+2$，则 $dx = du$，

所以 $I = \int \frac{1}{x+2} dx = \int \frac{1}{x+2} d(x+2) = \int \frac{1}{u} du = \ln|u| + c = \ln|x+2| + c$

方法二： $I = \int \frac{1}{x+2} dx = \int \frac{1}{x+2} d(x+2) \quad \underline{\underline{\text{令} x+2 = u}} \quad \int \frac{1}{u} du = \ln|u| + c$

$$\underline{\underline{\text{回代} u = 5x}} \quad \ln|x+2| + C$$

[例 3-10] 求 $\int \frac{1}{x^2} e^{\frac{1}{x}} dx$

解： 因 $(\frac{1}{x})' = (-\frac{1}{x^2})$，所以取 $u = \frac{1}{x}$，

于是 $I = \int \frac{1}{x^2} e^{\frac{1}{x}} dx = -\int e^{\frac{1}{x}} d(\frac{1}{x}) = -\int e^u du = -e^u + C = -e^{\frac{1}{x}} + C$

[例 3-11] 求 $\int x\sqrt{4+x^2} dx$

解： 因 $(4+x^2)'=2x$，所以取 $u=4+x^2$，

于是 $I=\dfrac{1}{2}\int\sqrt{4+x^2}\,\mathrm{d}(4+x^2)=\dfrac{1}{2}\int u^{\frac{1}{2}}\mathrm{d}u=\dfrac{1}{2}\cdot\dfrac{2}{3}u^{\frac{3}{2}}+C=\dfrac{1}{3}(4+x^2)^{\frac{3}{2}}+C$

[例 3-12] 求 $\int\dfrac{\ln^3 x}{x}\mathrm{d}x$

解： 因 $(\ln x)'=\dfrac{1}{x}$，所以取 $u=\ln x$，

于是 $I=\int\ln^3 x\dfrac{1}{x}\mathrm{d}x=\int\ln^3 x\,\mathrm{d}(\ln x)=\int u^3\mathrm{d}u=\dfrac{1}{4}u^4+c=\dfrac{1}{4}\ln^4 x+C$

[例 3-13] 求 $\int\tan x\,\mathrm{d}x$

解： 因为 $\tan x=\dfrac{\sin x}{\cos x}=-\dfrac{1}{\cos x}(\cos x)'$，所以令 $u=\cos x$，

于是 $I=-\int\dfrac{1}{\cos x}(-\sin x)\mathrm{d}x=-\int\dfrac{1}{\cos x}\mathrm{d}(\cos x)=-\int\dfrac{1}{u}\mathrm{d}u=-\ln|u|+C$

$=-\ln|\cos x|+C$

[例 3-14] 求 $\int(2-3x)^{20}\mathrm{d}x$

解： 因 $(2-3x)'=-3$，所以令 $u=2-3x$，

于是 $I=-\dfrac{1}{3}\int(2-3x)^{20}(-3)\mathrm{d}x=-\dfrac{1}{3}\int u^{20}\mathrm{d}u=-\dfrac{1}{3}\dfrac{1}{21}u^{21}+C=-\dfrac{1}{63}(2-3x)^{21}+C$

当运算熟练以后，所选新变量 $u=\varphi(x)$ 只要记在心里，不必写出来．

[例 3-15] 求 $\int\dfrac{4x+6}{x^2+3x-4}\mathrm{d}x$

解： 注意到 $(x^2+3x-4)'=2x+3=\dfrac{1}{2}(4x+6)$，于是

$$I=2\int\dfrac{2x+3}{x^2+3x-4}\mathrm{d}x=2\int\dfrac{1}{x^2+3x-4}\mathrm{d}(x^2+3x-4)=2\ln|x^2+3x-4|+C$$

[例 3-16] 求 $\int\cos^2 x\,\mathrm{d}x$

解： 因 $\cos^2 x=\dfrac{1+\cos 2x}{2}$，于是

$$I=\dfrac{1}{2}\int(1+\cos 2x)\mathrm{d}x=\dfrac{1}{2}x+\dfrac{1}{4}\int\cos 2x\,\mathrm{d}(2x)=\dfrac{1}{2}x+\dfrac{1}{4}\sin 2x+C$$

一般地，如果所遇到的不定积分能化为下列形式之一时，就可以考虑到用换元积分法进行求解．

1. $\int f(ax+b)\mathrm{d}x=\dfrac{1}{a}\int f(u)\mathrm{d}u\quad a\neq 0$ 其中 $u=ax+b$

2. $\int xf(ax^2+b)\mathrm{d}x=\dfrac{1}{2a}\int f(u)\mathrm{d}u\quad a\neq 0$ 其中 $u=ax^2+b$

3. $\int\dfrac{1}{\sqrt{x}}f(\sqrt{x})\mathrm{d}x=2\int f(u)\mathrm{d}u$ 其中 $u=\sqrt{x}$

4. $\int \frac{1}{x} f(\ln x) dx = \int f(u) du$ 其中 $u = \ln x$

5. $\int e^x f(e^x) dx = \int f(u) du$ 其中 $u = e^x$

6. $\int \cos x f(\sin x) dx = \int f(u) du$ 其中 $u = \sin x$

7. $\int \sin x f(\cos x) dx = -\int f(u) du$ 其中 $u = \cos x$

二、第二换元积分法（拆微分法）

【引例】 求 $\int \frac{\sqrt{x-1}}{x} dx$

分析 此题中，被积函数中含有根式 $\sqrt{x-1}$．若视 $\sqrt{x-1} = t$，即用 t 代换 $\sqrt{x-1}$，则被积函数中的根式可以去掉，为了将被积函数中的积分变量 x 换成 t，须先由 $\sqrt{x-1} = t$ 解出 x，得到 $x = 1 + t^2$．

对于被积函数中含有根式的某些不定积分，也可以利用换元积分法进行求解．求解这类问题的主要原则就是通过引进新的变量将被积函数中的根号去掉，此方法称为**第二换元积分法**．

引例计算过程如下．

设 $\sqrt{x-1} = t$，则 $x = 1 + t^2$，$dx = 2t dt$，于是

$I \xrightarrow{\text{换元}} \int \frac{t}{1+t^2} \cdot 2t dt$

$\xrightarrow{\text{恒等变形}} 2\int \frac{1+t^2-1}{1+t^2} dt = 2\int (1 - \frac{1}{1+t^2}) dt$

$\xrightarrow{\text{运用积分公式}} 2(t - \arctan t) + C$

$\xrightarrow{\text{回代} t=\sqrt{x-1}} 2(\sqrt{x-1} - \arctan \sqrt{x-1}) + C$

此例给出的解题思路和计算过程就是第二换元积分法．

［例 3-17］ 求 $\int \frac{1}{2(1+\sqrt{x})} dx$

解： 为将被积函数中根号去掉，取 $\sqrt{x} = t$ 则 $x = t^2$，所以 $dx = 2t dt$，于是有

$$I = \int \frac{2t}{2(1+t)} dt = \int (1 - \frac{1}{t+1}) dt = t - \ln|1+t| + c = \sqrt{x} - \ln(1+\sqrt{x}) + c$$

［例 3-18］ 求 $\int \frac{x+1}{\sqrt[3]{3x+1}} dx$

解： 为将被积函数中根号去掉，取 $\sqrt[3]{3x+1} = t$，可得 $x = \frac{t^3-1}{3}$，则 $dx = t^2 dt$．于是有

$$I = \int \frac{\frac{t^3-1}{3}+1}{t} t^2 dt = \frac{1}{3}\int (t^4 + 2t) dt = \frac{1}{3}(\frac{t^5}{5} + t^2) + C$$

$$= \frac{1}{3}[\frac{1}{5}(3x+1)^{\frac{5}{3}} + (3x+1)^{\frac{2}{3}}] + C$$

$$= \frac{1}{5}(x+2)\sqrt[3]{(3x+1)^2} + C$$

三、分部积分法

换元积分法虽然能计算很多积分,但遇到形如 $\int \ln x \, dx$, $\int x \sin x \, dx$, $\int x^n e^{ax} dx$, $\int x^n \cos x \, dx$ 等积分时,用换元积分法还是无法计算,这就需要另一种基本积分法——分部积分法. 分部积分法也是求不定积分的主要方法. 下面介绍**分部积分公式**.

设函数 $u = u(x)$,$v = v(x)$ 都有连续的导数,由微分法

$$[u(x)v(x)]' = u'(x)v(x) + u(x)v'(x)$$

两端积分得

$$u(x)v(x) = \int u'(x)v(x) dx + \int u(x)v'(x) dx$$

移项,有

$$\int u(x)v'(x)dx = u(x)v(x) - \int v(x)u'(x)dx \tag{3-1}$$

简写作

$$\int uv' dx = uv - \int u'v \, dx \tag{3-2}$$

或

$$\int u \, dv = uv - \int v \, du \tag{3-3}$$

式(3-2)或式(3-3)就是**分部积分公式**.

说明:

1. 公式的意义

对一个不易求出结果的不定积分若被积函数 $f(x)$ 可看做是两个因子的乘积

$$f(x) = u(x)v'(x)$$

则问题就转化为求另外两个因子的乘积 $f(x) = v(x)u'(x)$ 作为被积函数的不定积分,右端或者可直接计算出结果,或者较左端易于计算,这就是用分部积分公式的意义.

2. 选取 $u(x)$ 和 $v'(x)$ 的原则

若被积函数可看做是两个函数的乘积,那么其中哪一个应视为 $u(x)$,哪一个应视为 $v'(x)$ 呢?一般考虑如下:

(1)选作 $v'(x)$ 的函数,必须能求出它的原函数 $v(x)$,这是可用分部积分法的前提.

(2)选取 $u(x)$ 和 $v'(x)$,最终要使公式(3-1)式右端的积分 $\int v(x)u'(x)dx$ 较左端的积分 $\int u(x)v'(x)dx$ 易于计算,这是用分部积分法要达到的目的.

分部积分法中的关键问题是 $u(x)$ 的选取,一般情况下,如果被积函数是幂函数与指数函数(或正弦、余弦函数)的乘积时,把幂函数选作 $u(x)$;如果被积函数是幂函数与对数函数(或反三角函数)的乘积时,则应把对数函数(或反三角函数)选作 $u(x)$.

[例 3-19] 求 $\int x e^x dx$

解： 被积函数可看做两个函数 x 与 e^x 的乘积，用分部积分法计算．

设 $u = x$，$v' = e^x$，则 $u' = 1$，$v = e^x$，于是
$$I = xe^x - \int e^x \cdot 1 dx = xe^x - e^x + C$$

再看另一种情况：

若设 $u = e^x$，$v' = x$，则 $u' = e^x$，$v = \frac{1}{2}x^2$，于是
$$\int xe^x dx = \frac{1}{2}x^2 e^x - \frac{1}{2}\int x^2 e^x dx$$

此时，上式右端的积分比左端的积分更难于计算，这样选取 $u(x)$ 和 $v'(x)$ 显然是失效的．
有的积分需连续两次或更多次用分部积分法方能得到结果．

［例 3-20］ $\int x^2 e^{-x} dx$

解： 被积函数可看做 x^2 与 e^{-x} 的乘积，用分部积分法，设 $u = x^2$，$v' = e^{-x}$，则
$$u' = 2x, \quad v = -e^{-x}, \quad \text{于是} \quad I = -x^2 e^{-x} + 2\int xe^{-x} dx$$

对上式右端的不定积分再用一次分部积分公式．

设 $u = x$，$v' = e^{-x}$，则 $u' = 1$，$v = -e^{-x}$，有
$$\int xe^{-x} dx = -xe^{-x} + \int e^{-x} dx = -xe^{-x} - e^{-x} + C$$

将结果代入原不定积分，有
$$I = -x^2 e^{-x} + 2(-xe^{-x} - e^{-x}) + C$$
$$= -e^{-x}(x^2 + 2x + 2) + C$$

［例 3-21］ 求不定积分 $\int x \sin x dx$

解： 令 $u = x$，$v' = \sin x$，则 $u' = 1$，$v = -\cos x$，于是
$$I = -x\cos x + \int \cos x \cdot 1 dx = -x\cos x + \sin x + C$$

［例 3-22］ 求 $\int x \ln x dx$

解： 被积函数是 x 与 $\ln x$ 的乘积，由于尚不知道函数 $\ln x$ 的原函数，故
设 $u = \ln x$，$v' = x$，则 $u' = \frac{1}{x}$，$v = \frac{x^2}{2}$，于是
$$I = \frac{1}{2}x^2 \ln x - \int \frac{1}{x}\frac{x^2}{2} dx = \frac{1}{2}x^2 \ln x - \frac{1}{4}x^2 + C$$

在用分部积分法公式时，也可不写出 u 和 v' 而直接用公式（3-3）．

［例 3-23］ 求 $\int e^x \sin x dx$

解： $I = \int \sin x de^x = e^x \sin x - \int e^x d\sin x = e^x \sin x - \int e^x \cos x dx$
$$= e^x \sin x - \int \cos x de^x = e^x \sin x - e^x \cos x - \int e^x \sin x dx$$

可以看到连续两次用分部积分法，出现了"循环"现象，所以上式可视为关于 $\int e^x \sin x dx$ 的方程，移项得

$$2\int e^x \sin x dx = e^x \sin x - e^x \cos x + C$$

故 $$\int e^x \sin x dx = \frac{1}{2}e^x(\sin x - \cos x) + C$$

[例 3-24] 求 $\int e^{\sqrt{x}} dx$

解：令 $\sqrt{x} = t$，则 $x = t^2$，$dx = 2tdt$，于是

$$\int e^{\sqrt{x}} dx = 2\int t e^t dt = 2\int t d(e^t) = 2te^t - 2\int e^t dt$$
$$= 2te^t - 2e^t + C = 2e^t(t-1) + C = 2e^{\sqrt{x}}(\sqrt{x} - 1) + C$$

说明：在积分运算过程中，有时需要同时使用换元积分法与分部积分法．

思考题 3.2

你能说出分部积分法中选取 $u(x)$ 和 $v'(x)$ 的原则吗？

练习题 3.2

1．用换元积分法求下列不定积分．

(1) $\int (2x+1)^{50} dx$　　(2) $\int \frac{1}{(2x+3)^2} dx$

(3) $\int \frac{1}{\sqrt{4x+3}} dx$　　(4) $\int \sin(5-4x) dx$

(5) $\int \frac{x}{x^2+4} dx$　　(6) $\int \frac{x-2}{x^2-4x-5} dx$

(7) $\int \frac{e^x}{e^x+1} dx$　　(8) $\int x\sqrt{4x^2-1} dx$

(9) $\int \frac{\ln^2 x}{x} dx$　　(10) $\int \frac{1}{x\ln x} dx$

(11) $\int e^x \cos e^x dx$　　(12) $\int \frac{1}{\sqrt{x}} e^{\sqrt{x}} dx$

(13) $\int \frac{1}{9-4x^2} dx$　　(14) $\int \frac{1}{x^2} \sin \frac{1}{x} dx$

(15) $\int \cos^3 x \sin x dx$　　(16) $\int x \cos x^2 dx$

2．求下列不定积分．

(1) $\int x \cos 4x dx$　　(2) $\int x^2 \cos x dx$

(3) $\int x e^x dx$　　(4) $\int x e^{-4x} dx$

(5) $\int x^2 e^x dx$　　(6) $\int x^2 \sin x dx$

(7) $\int x^2 \ln x dx$　　(8) $\int \ln(x^2+1) dx$

(9) $\int \cos \sqrt{x} dx$　　(10) $\int e^x \cos 2x dx$

3. 已知 $f(x)$ 的原函数是 $\dfrac{\sin x}{x}$，求 $\int x f'(x) \mathrm{d}x$.

3.3 定积分的概念

【引例】 如何求曲边梯形的面积？

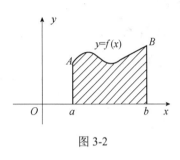

图 3-2

由连续曲线 $y = f(x)$ (≥ 0)，直线 $x = a$，$x = b$ ($a < b$) 和 $y = 0$（即 x 轴）所围成的平面图形 $aABb$ 称为**曲边梯形**，如图 3-2 所示.

这个四边形，由于有一条边为曲边，所以不能用初等数学知识计算面积. 按下述程序计算曲边梯形的面积 A.

1. 分割——分曲边梯形为 n 个小曲边梯形

任意选取分点
$$a = x_0 < x_1 < x_2 < \cdots < x_{n-1} < x_n = b$$

把区间 $[a, b]$ 分成 n 个小区间 $[x_0, x_1]$，$[x_1, x_2]$，$\cdots$，$[x_{n-1}, x_n]$，简记为 $[x_{i-1}, x_i]$，$i = 1, 2, \cdots, n$

每个小区间的长度是
$$\Delta x_i = x_i - x_{i-1}, \quad i = 1, 2, \cdots, n$$

其中最长的记为 $\Delta x = \max\limits_{1 \leq i \leq n} \{\Delta x_i\}$

过各分点作 x 轴的垂线，这样，原曲边梯形就被分成 n 个小曲边梯形（如图 3-3 所示），第 i 个小曲边梯形的面积记为 ΔA_i，$i = 1, 2, \cdots, n$.

2. 近似代替——用小矩形的面积代替小曲边梯形的面积

在每一个小区间 $[x_{i-1}, x_i]$ ($i = 1, 2, \cdots, n$) 上任选一点 ξ_i，用与小曲边梯形同底，以 $f(\xi_i)$ 为高的小矩形的面积 $f(\xi_i) \Delta x_i$ 近似代替小曲边梯形的面积（如图 3-3 所示），这时有
$$\Delta A_i \approx f(\xi_i) \Delta x_i, \quad i = 1, 2, \cdots, n$$

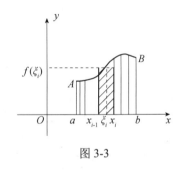

图 3-3

3. 求和——求 n 个小矩形面积之和

n 个小矩形构成的阶梯形的面积 $\sum\limits_{i=1}^{n} f(\xi_i) \Delta x_i$，是原曲边梯形面积的一个近似值，即有
$$A = \sum_{i=1}^{n} \Delta A_i \approx \sum_{i=1}^{n} f(\xi_i) \Delta x_i$$

4. 取极限——由近似值过渡到精确值

分割区间 $[a, b]$ 的点数越多，即 n 越大，且每个小区间的长度 Δx_i 越短，即分割越细，阶梯形的面积即和数 $\sum\limits_{i=1}^{n} f(\xi_i) \Delta x_i$ 与曲边梯形面积 A 的误差越小，但不管 n 多大，只要取定为有

限数，上述和数都只能是面积 A 的近似值，现将区间 $[a,b]$ 无限的细分下去，并使每个小区间的长度 Δx_i 都趋于零，这时，和数的极限就是原曲边梯形面积的精确值：

$$A = \lim_{\Delta x \to 0} \sum_{i=1}^{n} f(\xi_i) \Delta x_i$$

这就得到了曲边梯形的面积．这个面积就是本节要讲的定积分．

定积分是高等数学的重要概念之一，它是从几何、物理等学科的某些具体问题中抽象出来的，因而在各个领域中有着广泛的应用．不定积分是一个函数，定积分则是一个数值．求一个函数的原函数，叫做求它的不定积分；求一个函数相应于闭区间的一个带标志点划分的和关于这个划分的参数趋于零时的极限，叫做这个函数在这个闭区间上的定积分．由此我们引入定积分定义．

一、定积分概念

1. 定积分定义

定义 3-3 设函数 $f(x)$ 在闭区间 $[a, b]$ 上有定义，用分点
$$a = x_0 < x_1 < x_2 < \cdots < x_{n-1} < x_n = b$$
把区间 $[a, b]$ 任意分割成 n 个小区间 $[x_{i-1}, x_i]$ $\quad(i = 1, 2, \cdots, n)$

其长度 $\quad \Delta x_i = x_i - x_{i-1} \quad (i = 1, 2, \cdots, n)$

并记 $\quad \Delta x = \max\limits_{1 \leqslant i \leqslant n} \{\Delta x_i\}$

在每个小区间 $[x_{i-1}, x_i]$ 上任取一点 ξ_i，作乘积的和式
$$\sum_{i=1}^{n} f(\xi_i) \Delta x_i$$

当 $\Delta x \to 0$ 时，若上述和式的极限存在，且这极限与区间 $[a, b]$ 的分法无关，与点 ξ_i 的取法无关，则称函数 $f(x)$ 在 $[a, b]$ 上是**可积的**，并称此极限值为函数 $f(x)$ 在 $[a, b]$ 上的**定积分**，记为
$$\int_a^b f(x) \mathrm{d}x$$

即 $\quad \int_a^b f(x)\mathrm{d}x = \lim\limits_{\Delta x \to 0} \sum\limits_{i=1}^{n} f(\xi_i) \Delta x_i$

其中 $f(x)$ 称为**被积函数**，$f(x)\mathrm{d}x$ 称为**被积表达式**，x 称为**积分变量**，a 称为**积分下限**，b 称为**积分上限**，$[a, b]$ 为**积分区间**．

说明：

理解定积分的概念，应该注意以下几点：

（1）定积分 $\int_a^b f(x)\mathrm{d}x$ 表示一个数值，这个值取决于被积函数 $f(x)$ 和积分区间 $[a, b]$，而与积分变量用什么字母无关，即

$$\int_a^b f(x)dx = \int_a^b f(t)dt$$

（2）在定积分的定义中，我们总是假设 $a<b$．如果 $b<a$，则

$$\int_a^b f(x)dx = -\int_b^a f(x)dx$$

即颠倒积分上、下限时，必须改变定积分的符号，特别有

$$\int_a^a f(x)dx = 0$$

关于函数的可积性，有下述定理：

定理 3-3　如果函数 $f(x)$ 在区间 $[a, b]$ 上连续或者 $f(x)$ 在区间 $[a, b]$ 上有界且只有有限个间断点，则 $f(x)$ 在 $[a, b]$ 上可积．

如果函数 $f(x)$ 在区间 $[a, b]$ 上可积，则 $f(x)$ 在 $[a, b]$ 上有界，即无界函数一定不可积．

2. 定积分的几何意义

按定积分的定义，由连续曲线 $y = f(x) \geq 0$，直线 $x = a$，$x = b$（$a<b$）和 x 轴所围成的曲边梯形（如图 3-4 所示），其面积 A 是作为曲边的函数 $y = f(x)$ 在区间 $[a, b]$ 上的定积分．

$$A = \int_a^b f(x)dx$$

当 $f(x) \leq 0$，由曲线 $y = f(x)$，直线 $x = a$，$x = b$（$a<b$）和 x 轴所围成的平面图形是倒挂在 x 轴上的曲边梯形（如图 3-5 所示），这时定积分 $\int_a^b f(x)dx$ 在几何上表示该曲边梯形面积的负值，其面积 $A = -\int_a^b f(x)dx$．

当 $f(x)$ 在区间 $[a, b]$ 上有正有负时，如图 3-6 所示，则定积分 $\int_a^b f(x)dx$ 在几何上表示各个阴影部分面积的代数和，即面积

$$A = \int_a^c f(x)dx - \int_c^d f(x)dx + \int_d^b f(x)dx$$

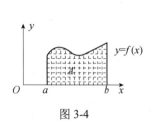
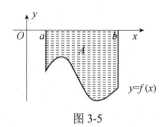
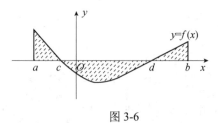

图 3-4　　　　　　　　　图 3-5　　　　　　　　　图 3-6

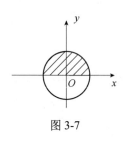

图 3-7

［例 3-25］用定积分的几何意义说明等式 $\int_{-1}^{1} \sqrt{1-x^2}dx = \dfrac{\pi}{2}$ 成立．

解：曲线 $y = \sqrt{1-x^2}$，$x \in [-1,1]$ 是单位圆在 x 轴上方的部分（如图 3-7 所示）．由定积分的几何意义可知，上半圆的面积正是函数 $y = \sqrt{1-x^2}$ 在区间 $[-1, 1]$ 上的定积分；而上半圆的面积为 $\dfrac{\pi}{2}$．故有等式 $\int_{-1}^{1} \sqrt{1-x^2}dx = \dfrac{\pi}{2}$．

对于对称区间上的奇偶函数求定积分，按定积分的几何意义，根据图像的几何对称性（见图 3-8）易得如下**结论**：

在区间 $[-a, a]$ 上，

若 $f(x)$ 是偶函数，即 $f(-x) = f(x)$，则 $\int_{-a}^{a} f(x)\mathrm{d}x = 2\int_{0}^{a} f(x)\mathrm{d}x$.

若 $f(x)$ 是奇函数，即 $f(-x) = -f(x)$，则 $\int_{-a}^{a} f(x)\mathrm{d}x = 0$.

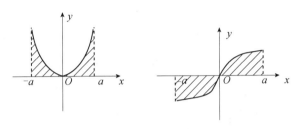

图 3-8

［例 3-26］ $\int_{-2}^{2} x^4 \sin x \mathrm{d}x$

解：因为 $x^4 \sin x$ 为奇函数，所以 $\int_{-2}^{2} x^4 \sin x \mathrm{d}x = 0$.

二、定积分的性质

以下总假设所讨论的函数在给定的区间上是可积的；在作几何说明时，又假设所给函数是非负的．

性质 1 常数因子 k 可提到积分符号前．
$$\int_{a}^{b} kf(x)\mathrm{d}x = k\int_{a}^{b} f(x)\mathrm{d}x$$

性质 2 代数和的积分等于积分的代数和．
$$\int_{a}^{b} [f(x) \pm g(x)]\mathrm{d}x = \int_{a}^{b} f(x)\mathrm{d}x \pm \int_{a}^{b} f(x)\mathrm{d}x$$

这个性质还可以推广到有限多个函数的情形．

性质 3（定积分对积分区间的可加性）

如果积分区间 $[a, b]$ 被点 c 分成两个区间 $[a, c]$ 和 $[c, b]$，则
$$\int_{a}^{b} f(x)\mathrm{d}x = \int_{a}^{c} f(x)\mathrm{d}x + \int_{c}^{b} f(x)\mathrm{d}x$$

注意：性质 3 中的点 c 在 $[a, b]$ 之外时，其结论仍成立．事实上，当 $a<b<c$，由于
$$\int_{a}^{c} f(x)\mathrm{d}x = \int_{a}^{b} f(x)\mathrm{d}x + \int_{b}^{c} f(x)\mathrm{d}x$$

于是得
$$\int_{a}^{b} f(x)\mathrm{d}x = \int_{a}^{c} f(x)\mathrm{d}x - \int_{b}^{c} f(x)\mathrm{d}x = \int_{a}^{c} f(x)\mathrm{d}x + \int_{c}^{b} f(x)\mathrm{d}x$$

当 $c<a<b$ 时，证法类似．

性质 4 如果在区间 $[a,b]$ 上，总有 $f(x)\equiv 1$

则有
$$\int_a^b 1\mathrm{d}x = \int_a^b \mathrm{d}x = b-a$$

性质 5 （比较性质）若函数 $f(x)$ 和 $g(x)$ 在区间 $[a,b]$ 上总有 $f(x)\leqslant g(x)$，则有 $\int_a^b f(x)\mathrm{d}x \leqslant \int_a^b g(x)\mathrm{d}x$

说明：若在同一积分区间比较两定积分的大小，只要比较被积函数的大小即可，特别有 $\left|\int_a^b f(x)\mathrm{d}x\right| \leqslant \int_a^b |f(x)|\mathrm{d}x (a<b)$.

性质 6 （估值定理）如果函数 $f(x)$ 在区间 $[a,b]$ 上的最大值为 M，最小值为 m，那么 $m(b-a) \leqslant \int_a^b f(x)\mathrm{d}x \leqslant M(b-a)$

性质 7 （积分中值定理）如果函数 $f(x)$ 在区间 $[a,b]$ 上连续，那么在 $[a,b]$ 上至少存在一点 ξ，使 $\int_a^b f(x)\mathrm{d}x = f(\xi)(b-a)\ (a\leqslant\xi\leqslant b)$

性质 7 的几何意义是：由曲线 $y=f(x)$，直线 $x=a$，$x=b$（$a<b$）和 x 轴所围成的曲边梯形面积等于区间 $[a,b]$ 上某个矩形面积，这个矩形的底是区间 $[a,b]$，高为区间 $[a,b]$ 内某点 ξ 处的函数值 $f(\xi)$，如图 3-9 所示.

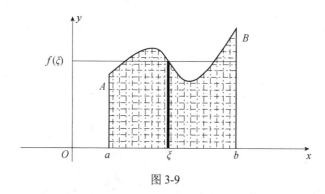

图 3-9

由定理得到的

$$f(\xi) = \frac{1}{b-a}\int_a^b f(x)\mathrm{d}x$$

称为函数 $f(x)$ 在区间 $[a,b]$ 上的**平均值**.

[例 3-27] 可以通过几何图形去验证

（1）$\int_0^1 (2+3x)\mathrm{d}x = \int_0^1 2\mathrm{d}x + \int_0^1 3x\mathrm{d}x = 2 + \frac{3}{2} = \frac{7}{2}$

（2）$\int_0^{2\pi} \sin x\mathrm{d}x = \int_0^{\pi} \sin x\mathrm{d}x + \int_{\pi}^{2\pi} \sin x\mathrm{d}x = S + (-S) = 0$

（假设 $\int_0^{\pi} \sin x\mathrm{d}x$ 所表示的积分图形面积为 S）

[例 3-28] 比较下列积分的大小.

(1) $\int_1^2 \ln x \mathrm{d}x$ 与 $\int_1^2 \ln^2 x \mathrm{d}x$

(2) $\int_0^1 \mathrm{e}^x \mathrm{d}x$ 与 $\int_0^1 \mathrm{e}^{x^2} \mathrm{d}x$

解： （1）在区间 $[1, 2]$ 上，因 $0 \leqslant \ln x \leqslant 1$，所以 $\ln x \geqslant \ln^2 x$，

故 $$\int_1^2 \ln x \mathrm{d}x \geqslant \int_1^2 \ln^2 x \mathrm{d}x$$

（2）在区间 $[0, 1]$ 上，因 $x \geqslant x^2$，而 e^x 是增函数，即 $\mathrm{e}^x \geqslant \mathrm{e}^{x^2}$，

故 $$\int_0^1 \mathrm{e}^x \mathrm{d}x \geqslant \int_0^1 \mathrm{e}^{x^2} \mathrm{d}x$$

[例 3-29] 估计定积分 $\int_{-1}^1 \mathrm{e}^x \mathrm{d}x$ 的值的范围.

解： 因为函数 $y = \mathrm{e}^x$ 在 $[-1, 1]$ 上单调增加，所以其最大值为 e，最小值为 $\dfrac{1}{\mathrm{e}}$，由估值定理有 $\dfrac{2}{\mathrm{e}} \leqslant \int_{-1}^1 \mathrm{e}^x \mathrm{d}x \leqslant 2\mathrm{e}$.

[例 3-30] 求函数 $y = \sin x$ 在区间 $[0, \pi]$ 上的平均值.

解： 平均值为 $\dfrac{1}{\pi - 0} \int_0^\pi \sin x \mathrm{d}x = \dfrac{2}{\pi}$.

思考题 3.3

定积分 $\int_a^b f(x) \mathrm{d}x$ 的几何意义是由曲线 $y = f(x)$，直线 $x = a$，$x = b$（$a < b$）和 x 轴所围成的曲边梯形的面积，对吗？

练习题 3.3

1. 填空题

(1) $\dfrac{\mathrm{d}}{\mathrm{d}x} \int_a^b f(x) \mathrm{d}x = $ ＿＿＿＿＿＿＿．

(2) 设 $f(x)$ 在 $[a, b]$ 上连续，则 $\int_a^b f(x) \mathrm{d}x - \int_a^b f(t) \mathrm{d}t = $ ＿＿＿＿＿＿＿．

2. 用几何图形说明下列各式对否．

(1) $\int_0^\pi \sin x \mathrm{d}x > 0$ 　　　　　(2) $\int_0^\pi \cos x \mathrm{d}x > 0$

(3) $\int_0^1 x \mathrm{d}x = \dfrac{1}{2}$ 　　　　　(4) $\int_0^a \sqrt{a^2 - x^2} \mathrm{d}x = \dfrac{\pi}{4} a^2 \ (a > 0)$

3. 利用定积分的几何意义求下列定积分的值．

(1) $\int_{-1}^1 \sqrt{1 - x^2} \mathrm{d}x$ 　　　　　(2) $\int_0^1 3x \mathrm{d}x$

(3) $\int_{-1}^1 x \mathrm{d}x$ 　　　　　(4) $\int_{-\pi}^\pi \sin x \mathrm{d}x$

4. 利用定积分的性质，判别下列各式对否．

(1) $\int_0^1 x \mathrm{d}x \leqslant \int_0^1 x^2 \mathrm{d}x$ 　　　　　(2) $\int_0^{\frac{\pi}{2}} x \mathrm{d}x \leqslant \int_0^{\frac{\pi}{2}} \sin x \mathrm{d}x$

（3）$\int_1^2 x^2 dx \leqslant \int_1^2 x^3 dx$ （4）$\int_0^{\frac{\pi}{4}} \sin x dx \leqslant \int_0^{\frac{\pi}{4}} \cos x dx$

5．估计定积分 $\int_0^1 (1+x^2) dx$ 的值的范围．

6．计算函数 $y = x^2$ 在 $[-2, 2]$ 区间上的平均值，并求出当 x 在 $[-2, 2]$ 上取何值时函数值恰等于该平均值．

3.4　牛顿—莱布尼茨公式与定积分计算

在上一节我们引进了定积分的概念，如果直接利用定义计算定积分，一般来说是很困难的．因此，我们必须寻求一种计算定积分的简便而有效的方法．由牛顿和莱布尼茨提出的微积分基本定理则把定积分和不定积分两个不同的概念联系起来，解决了定积分的计算问题．

一、微积分基本公式

定理 3-4　（牛顿—莱布尼茨公式）若函数 $f(x)$ 在区间 $[a,b]$ 上连续，$F(x)$ 是 $f(x)$ 在 $[a,b]$ 上的一个原函数，则

$$\int_a^b f(x) dx = F(b) - F(a) = F(x) \Big|_a^b$$

上式称为牛顿—莱布尼茨公式，它是微积分学中的一个基本公式．通常用 $F(x)\Big|_a^b$ 表示 $F(b) - F(a)$．

该公式的证明在本章后面的知识拓展里面，可供读者参阅．下面通过具体的例题计算一些简单的定积分．

[例 3-31]　求 $\int_0^1 x^2 dx$

解： 因为 $\left(\frac{1}{3}x^3\right)' = x^2$，根据牛顿—莱布尼兹公式得：

$$\int_0^1 x^2 dx = \frac{1}{3}x^3 \Big|_0^1 = \frac{1}{3} - 0 = \frac{1}{3}$$

[例 3-32]　求定积分 $\int_{-1}^3 |x-2| dx$

解： 首先将被积函数中的绝对值符号去掉，因为

$$|x-2| = \begin{cases} 2-x & -1 \leqslant x \leqslant 2 \\ x-2 & 2 < x \leqslant 3 \end{cases}$$

所以，$\int_{-1}^3 |x-2| dx = \int_{-1}^2 (2-x) dx + \int_2^3 (x-2) dx$

$$= \left(2x - \frac{1}{2}x^2\right)\Big|_{-1}^2 + \left(\frac{1}{2}x^2 - 2x\right)\Big|_2^3 = \frac{9}{2} + \frac{1}{2} = 5$$

在计算定积分时，有时候不能直接找出原函数，需要利用基本初等函数的运算性质，将

被积函数进行恒等变形后再计算.

[例 3-33] $\int_0^\pi 4\sin\frac{x}{2}\cos\frac{x}{2}dx$

解： 原式 $=\int_0^\pi 2\sin x dx = 2\int_0^\pi \sin x dx$
$= 2(-\cos x)\Big|_0^\pi = 2(-\cos\pi + \cos 0) = 4$

[例 3-34] $\int_4^9 \sqrt{x}(1+2\sqrt{x})dx$

解： 原式 $=\int_4^9 \left(x^{\frac{1}{2}} + 2x\right)dx = \left(\frac{2}{3}x^{\frac{3}{2}} + x^2\right)\Big|_4^9 = \left(\frac{2}{3}\cdot 3^3 + 9^2\right) - \left(\frac{2}{3}\cdot 2^3 + 4^2\right) = \frac{233}{3}$

[例 3-35] $\int_0^1 2^x \cdot 3^x \cdot 4^x dx$

解： 原式 $=\int_0^1 (2\cdot 3\cdot 4)^x dx = \int_0^1 24^x dx = \frac{24^x}{\ln 24}\Big|_0^1 = \frac{1}{\ln 24}(24^1 - 24^0) = \frac{23}{\ln 24}$

前面我们学习了用换元积分法和分部积分法求已知函数的原函数，而用牛顿－莱布尼茨公式计算定积分时，就是要先求出被积函数的一个原函数．因此，计算某些定积分时也要使用这些方法．

二、定积分的换元积分法

定理 3-5 若函数 $f(x)$ 在区间 $[a, b]$ 上连续，设 $x = \varphi(t)$ 使之满足：
（1） $\varphi(t)$ 是区间 $[\alpha, \beta]$ 上的单调连续函数；
（2） $\varphi(\alpha) = a$，$\varphi(\beta) = b$；
（3） $\varphi(t)$ 在区间 $[\alpha, \beta]$ 上有连续的导数 $\varphi'(t)$，

则 $\int_a^b f(x)dx \xhookrightarrow{x=\varphi(t)} \int_\alpha^\beta f(\varphi(t))\varphi'(t)dt$

[例 3-36] 求 $\int_0^1 \frac{x}{1+x^2}dx$

解： 按不定积分的第一换元积分法，设 $u = 1 + x^2$，则 $du = 2xdx$
当 $x = 0$ 时，$u = 1$；当 $x = 1$ 时，$u = 2$，于是

$$I = \frac{1}{2}\int_1^2 \frac{1}{u}du = \frac{1}{2}\ln u\Big|_1^2 = \frac{1}{2}\ln 2$$

若不写出新的积分变量，则无须换限，可如下书写：

$$\int_0^1 \frac{x}{1+x^2}dx = \frac{1}{2}\int_0^1 \frac{1}{1+x^2}d(1+x^2) = \frac{1}{2}\ln(1+x^2)\Big|_0^1 = \frac{1}{2}\ln 2$$

[例 3-37] 求 $\int_0^1 2xe^{x^2}dx$

解： 取 $u = x^2$，则 $du = 2xdx$，当 $x = 0$ 时，$u = 0$；当 $x = 1$ 时 $u = 1$，于是

$$\int_0^1 2xe^{x^2}dx = \int_0^1 e^u du = e^u \Big|_0^1 = e-1$$

[例 3-38] 求 $\int_{\frac{1}{\pi}}^{\frac{2}{\pi}} \frac{1}{x^2} \sin\frac{1}{x} dx$

解： 按不定积分的第一换元积分法思路

$$\int_{\frac{1}{\pi}}^{\frac{2}{\pi}} \frac{1}{x^2}\sin\frac{1}{x}dx = -\int_{\frac{1}{\pi}}^{\frac{2}{\pi}} \sin\frac{1}{x}d(\frac{1}{x}) = \cos\frac{1}{x}\Big|_{\frac{1}{\pi}}^{\frac{2}{\pi}} = \cos\frac{\pi}{2} - \cos\pi = 1$$

如用新的积分变量，则令 $u = \frac{1}{x}$，则 $du = -\frac{1}{x^2}dx$，当 $x = \frac{1}{\pi}$ 时，$u = \pi$，当 $x = \frac{2}{\pi}$，$u = \frac{\pi}{2}$，于是

$$\int_{\frac{1}{\pi}}^{\frac{2}{\pi}} \frac{1}{x^2}\sin\frac{1}{x}dx = -\int_{\pi}^{\frac{\pi}{2}} \sin u\, du = \cos u\Big|_{\pi}^{\frac{\pi}{2}} = \cos\frac{\pi}{2} - \cos\pi = 1$$

[例 3-39] $\int_0^4 \frac{1}{1+\sqrt{x}}dx$

解： 取 $\sqrt{x} = t$，则 $x = t^2$，$dx = 2tdt$，当 $x = 0$ 时，$t = 0$；当 $x = 4$ 时，$t = 2$，于是

$$\int_0^4 \frac{1}{1+\sqrt{x}}dx = \int_0^2 \frac{2t}{1+t}dt = \int_0^2 (2 - \frac{2}{1+t})dt$$

$$= 2t\Big|_0^2 - 2\ln(1+t)\Big|_0^2 = 4 - 2\ln 3 = 4 - \ln 9$$

[例 3-40] 求 $\int_{-1}^1 (x^2 + 3x + \sin x \cos^2 x)dx$

解： 因为 $3x$ 与 $\sin x \cos^2 x$ 都是对称区间 $[-1, 1]$ 上的奇函数

所以 $\int_{-1}^1 3x\,dx = 0$，$\int_{-1}^1 \sin x \cos^2 x\,dx = 0$

∴ $\int_{-1}^1 (x^2 + 3x + \sin x \cos^2 x)dx = \int_{-1}^1 x^2 dx = 2\int_0^1 x^2 dx = \frac{2}{3}x^3\Big|_0^1 = \frac{2}{3}$

[例 3-41] 若 $f(x)$ 在 $[0, 1]$ 上连续，证明 $\int_0^{\frac{\pi}{2}} f(\sin x)dx = \int_0^{\frac{\pi}{2}} f(\cos x)dx$

证明： 设 $t = \frac{\pi}{2} - x$，则 $x = \frac{\pi}{2} - t$，$dx = -dt$. 当 $x = 0$ 时，$t = \frac{\pi}{2}$；当 $x = \frac{\pi}{2}$ 时 $t = 0$.

左边 $= \int_{\frac{\pi}{2}}^0 f\left[\sin\left(\frac{\pi}{2} - t\right)\right](-dt) = \int_0^{\frac{\pi}{2}} f(\cos t)dt = \int_0^{\frac{\pi}{2}} f(\cos x)dx =$ 右边

三、定积分的分部积分法

设函数 $u = u(x)$，$v = v(x)$ 在区间 $[a, b]$ 上有连续的导数，则

$$\int_a^b uv'dx = uv\Big|_a^b - \int_a^b u'v\,dx \quad \text{或} \quad \int_a^b u\,dv = uv\Big|_a^b - \int_a^b v\,du$$

这就是**定积分的分部积分公式**.

[例 3-42] 求 $\int_0^1 x e^{2x} dx$

解: 解法一: 令 $u = x$, $v' = e^{2x}$, 则 $u' = 1$, $v = \frac{1}{2}e^{2x}$

∴有 $\int_0^1 x e^{2x} dx = x \frac{1}{2} e^{2x} \Big|_0^1 - \int_0^1 \frac{1}{2} e^{2x} dx = \frac{1}{2} e^2 - \frac{1}{4} e^{2x} \Big|_0^1 = \frac{1}{2} e^2 - \frac{1}{4}(e^2 - 1)$

$= \frac{1}{4}(e^2 + 1)$

解法二: $\int_0^1 x e^{2x} dx = \int_0^1 x d(\frac{1}{2} e^{2x}) = x \frac{1}{2} e^{2x} \Big|_0^1 - \int_0^1 \frac{1}{2} e^{2x} dx = \frac{1}{2} e^2 - \frac{1}{4} e^{2x} \Big|_0^1$

$= \frac{1}{4}(e^2 + 1)$

[例 3-43] 求 $\int_0^\pi x \sin 2x dx$

解: 注意到 $x \sin 2x dx = x d(-\frac{1}{2} \cos 2x)$

所以有 $\int_0^\pi x \sin 2x dx = -\frac{1}{2} \int_0^\pi x d(\cos 2x) = -\frac{1}{2} \cos 2x \cdot x \Big|_0^\pi + \int_0^\pi \frac{1}{2} \cos 2x dx$

$= -\frac{\pi}{2} + \frac{1}{4} \sin 2x \Big|_0^\pi = -\frac{\pi}{2}$

[例 3-44] 求 $\int_0^{\sqrt{\ln 2}} x^3 e^{x^2} dx$

解: 注意到 $2x e^{x^2} dx = de^{x^2}$, 于是

$\int_0^{\sqrt{\ln 2}} x^3 e^{x^2} dx = \frac{1}{2} \int_0^{\sqrt{\ln 2}} x^2 de^{x^2} = \frac{1}{2} x^2 e^{x^2} \Big|_0^{\sqrt{\ln 2}} - \frac{1}{2} \int_0^{\sqrt{\ln 2}} e^{x^2} dx^2$

$= \ln 2 - \frac{1}{2} e^{x^2} \Big|_0^{\sqrt{\ln 2}} = \ln 2 - \frac{1}{2}$

[例 3-45] 求 $\int_1^2 x^2 \ln x dx$

解: 注意到 $x^2 \ln x dx = \ln x d(\frac{1}{3} x^3)$, 于是

$\int_1^2 x^2 \ln x dx = \int_1^2 \ln x d(\frac{1}{3} x^3) = \frac{1}{3} x^3 \ln x \Big|_1^2 - \int_1^2 \frac{1}{3} x^3 d(\ln x)$

$= \frac{8}{3} \ln 2 - \frac{1}{9} x^3 \Big|_1^2 = \frac{8}{3} \ln 2 - \frac{7}{9}$

思考题 3.4

定积分的换元积分法应注意什么?

练习题 3.4

1. 填空题

   （1）定积分 $\int_{-1}^{1}\dfrac{x}{1+x^2}\mathrm{d}x=$ _____ ．

   （2）定积分 $\int_{\frac{1}{2}}^{1}\dfrac{1}{x^2}\mathrm{e}^{\frac{1}{x}}\mathrm{d}x=$ _____ ．

2. 设函数 $f(x)=\begin{cases}1+x^2 & 0\leqslant x\leqslant 1\\ 2-x & 1<x\leqslant 2\end{cases}$，求 $\int_{0}^{2}f(x)\mathrm{d}x$．

3. 求下列定积分．

   （1）$\int_{0}^{\pi}(x-\pi)\cos x\mathrm{d}x$ （2）$\int_{0}^{1}\dfrac{x^2}{1+x^2}\mathrm{d}x$

   （3）$\int_{0}^{\pi}(1-\sin^3 x)\mathrm{d}x$ （4）$\int_{1}^{9}\dfrac{1}{x+\sqrt{x}}\mathrm{d}x$

   （5）$\int_{0}^{1}x^2\sqrt{1-x^2}\mathrm{d}x$ （6）$\int_{0}^{\frac{\pi}{2}}\cos^5 x\sin x\mathrm{d}x$

   （7）$\int_{1}^{4}\dfrac{\sqrt{x-1}}{x}\mathrm{d}x$ （8）$\int_{0}^{4}\dfrac{1}{1+\sqrt{x}}\mathrm{d}x$

   （9）$\int_{0}^{\frac{\pi}{2}}\sin 2x\mathrm{d}x$ （10）$\int_{0}^{1}x\mathrm{e}^x\mathrm{d}x$

   （11）$\int_{1}^{\mathrm{e}}\ln x\mathrm{d}x$ （12）$\int_{0}^{3}\dfrac{x}{\sqrt{1+x}}\mathrm{d}x$

知识拓展

3.5 变上限定积分、广义积分

一、变上限的定积分

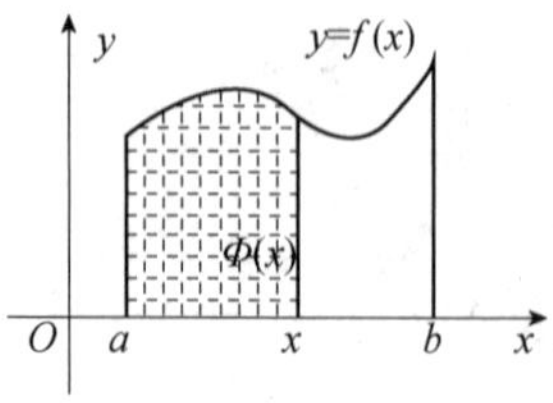

设函数 $f(x)$ 在区间 $[a,b]$ 上连续，若 $x\in[a,b]$，由定理 3-3 可知定积分 $\int_{a}^{x}f(x)\mathrm{d}x$ 存在．该式中，x 即表示积分变量，又表示积分上限，为区别起见，把积分变量换成字母 t，改写成

$$\int_{a}^{x}f(t)\mathrm{d}t,\qquad x\in[a,b]$$

上式可看做是积分上限 x 的函数，其定义域是区间 $[a,b]$，记为 $\varPhi(x)$，即

$$\varPhi(x)=\int_{a}^{x}f(t)\mathrm{d}t\qquad x\in[a,b]$$

通常称上式为**变上限的定积分**．

图 3-10

$\Phi(x)$ 的几何意义是右侧直线可移动的曲边梯形的面积,如 x 给定后,面积 $\Phi(x)$ 也随之给定.

如图 3-10 所示. 曲边梯形的面积 $\Phi(x)$ 随 x 位置的变动而改变,且 x 给定后,面积 $\Phi(x)$ 也随之给定.

定理 3-6 (原函数存在定理)若函数 $f(x)$ 在区间 $[a,b]$ 上连续,则函数

$$\Phi(x)=\int_a^x f(t)\mathrm{d}t, \quad x\in[a,\ b]$$

在区间 $[a,\ b]$ 上可导,并且它的导数是

$$\Phi'(x)=\frac{\mathrm{d}}{\mathrm{d}x}\int_a^x f(t)\mathrm{d}t=f(x), \quad x\in[a,\ b]$$

证明:设 $x\in(a,\ b)$,并设 x 获得增量 Δx,且使得 $x+\Delta x\in[a,\ b]$,由函数 $\Phi(x)$ 的定义,有

$$\Phi(x+\Delta x)=\int_a^{x+\Delta x}f(t)\mathrm{d}t$$

则 $\Delta\Phi=\Phi(x+\Delta x)-\Phi(x)=\int_a^{x+\Delta x}f(t)\mathrm{d}t-\int_a^x f(t)\mathrm{d}t=\int_x^{x+\Delta x}f(t)\mathrm{d}t$

$$=f(\xi)\Delta x,\ \xi\in(x,\ x+\Delta x)$$

所以 $\Phi'(x)=\lim\limits_{\Delta x\to 0}\dfrac{\Delta\Phi}{\Delta x}=\lim\limits_{\Delta x\to 0}f(\xi)=\lim\limits_{\xi\to x}f(\xi)=f(x)$

该定理的重要意义:

(1)积分上限的函数 $\Phi(x)=\int_a^x f(t)\mathrm{d}t$ 就是 $f(x)$ 在区间 $[a,\ b]$ 上的一个原函数,肯定了连续函数的原函数是存在的.

(2)初步揭示了积分学中的定积分与原函数之间的联系.

[**例 3-46**] 求下列函数 $\Phi(x)$ 的导数.

(1) $\Phi(x)=\int_2^x\sqrt{1+t^2}\mathrm{d}t$ \qquad (2) $\Phi(x)=\int_x^5\dfrac{2t}{3+2t+t^2}\mathrm{d}t$

解:(1) $\Phi'(x)=\left(\int_2^x\sqrt{1+t^2}\mathrm{d}t\right)'=\sqrt{1+x^2}$.

(2)首先将变下限积分化为变上限积分,即

$$\Phi(x)=\int_x^5\frac{2t}{3+2t+t^2}\mathrm{d}t=-\int_5^x\frac{2t}{3+2t+t^2}\mathrm{d}t$$

于是 $\Phi'(x)=\left(-\int_5^x\dfrac{2t}{3+2t+t^2}\mathrm{d}t\right)'=-\left(\int_5^x\dfrac{2t}{3+2t+t^2}\mathrm{d}t\right)'=-\dfrac{2x}{3+2x+x^2}$.

[**例 3-47**] 设 $\Phi(x)=\int_0^{x^2}\ln(1+t^2)\mathrm{d}t$,求 $\Phi'(x)$ 及 $\Phi'(1)$.

解: $\Phi'(x)=\left[\int_0^{x^2}\ln(1+t^2)\mathrm{d}t\right]'=\ln\left[1+(x^2)^2\right]\bullet(x^2)'=2x\ln(1+x^4)$

$$\Phi'(1)=2x\ln(1+x^4)\Big|_{x=1}=2\ln 2.$$

[例 3-48] 求极限 $\lim\limits_{x\to 0}\dfrac{\int_0^{3x}\ln(1+t)\mathrm{d}t}{x^2}$.

解：这是一个 $\dfrac{0}{0}$ 型的未定式，因此由洛必达法则有

$$\lim_{x\to 0}\frac{\int_0^{3x}\ln(1+t)\mathrm{d}t}{x^2}=\lim_{x\to 0}\frac{\ln(1+3x)\cdot 3}{2x}=\lim_{x\to 0}\frac{3x\cdot 3}{2x}=\frac{9}{2}.$$

二、广义积分

在解定积分时，我们假设函数 $f(x)$ 在闭区间 $[a,b]$ 上有界，即积分区间是有限的，被积函数是有界的．现从两方面推广积分概念．

（1）有界函数在无限区间上的积分．被积函数 $f(x)$ 有界，特别 $f(x)$ 为连续函数，而积分区间为 $[a,+\infty)$ 或 $(-\infty,b]$ 或 $(-\infty,+\infty)$．

（2）无界函数在有限区间上的积分．被积函数在积分区间 $[a,b]$ 上无界．

1. 有界函数在无限区间上的广义积分

定义 3-4 设函数 $f(x)$ 在无穷区间 $[a,+\infty)$ 上连续，则称记号

$$\int_a^{+\infty}f(x)\mathrm{d}x$$

为无限区间上的**广义积分**，取 $b>a$，若极限

$$\lim_{b\to +\infty}\int_a^b f(x)\mathrm{d}x$$

存在，则称广义积分 $\int_a^{+\infty}f(x)\mathrm{d}x$ **收敛**，并以此极限值为 $\int_a^{+\infty}f(x)\mathrm{d}x$ 的值，即

$$\int_a^{+\infty}f(x)\mathrm{d}x=\lim_{b\to +\infty}\int_a^b f(x)\mathrm{d}x$$

若上述极限不存在，则称广义积分 $\int_a^{+\infty}f(x)\mathrm{d}x$ **发散**．

类似的，函数 $f(x)$ 在无限区间 $(-\infty,b]$ 上的广义积分 $\int_{-\infty}^b f(x)\mathrm{d}x$，用极限

$$\lim_{b\to -\infty}\int_a^b f(x)\mathrm{d}x \qquad (a<b)$$

来定义它的敛散性．

函数 $f(x)$ 在无限区间 $(-\infty,+\infty)$ 的广义积分 $\int_{-\infty}^{+\infty}f(x)\mathrm{d}x$ 则定义为

$$\int_{-\infty}^{+\infty}f(x)\mathrm{d}x=\int_{-\infty}^c f(x)\mathrm{d}x+\int_c^{+\infty}f(x)\mathrm{d}x$$

其中 c 是任一有限数，当且仅当 $\int_{-\infty}^c f(x)\mathrm{d}x$ 与 $\int_c^{+\infty}f(x)\mathrm{d}x$ 都收敛时，$\int_{-\infty}^{+\infty}f(x)\mathrm{d}x$ 才收敛；否则，$\int_{-\infty}^{+\infty}f(x)\mathrm{d}x$ 发散．

[例 3-49] 求广义积分 $\int_{-\infty}^0 e^x\mathrm{d}x$

解： 取 $b<0$，则

$$\int_{-\infty}^0 e^x dx = \lim_{b\to -\infty}\int_b^0 e^x dx = \lim_{b\to -\infty} e^x\Big|_b^0 = \lim_{b\to -\infty}(1-e^b) = 1$$

所以，该广义积分收敛，其值为 1．

［例 3-50］ 计算广义积分 $\int_{-\infty}^0 \cos x dx$

解： 取 $a<0$，则

$$\int_{-\infty}^0 \cos x dx = \lim_{a\to -\infty}\int_a^0 \cos x dx = \lim_{a\to -\infty}\sin x\Big|_a^0 = \lim_{a\to -\infty}(-\sin x)$$

显然，上述极限不存在，所以 $\int_{-\infty}^0 \cos x dx$ 发散．

2. 无界函数的广义积分

定义 3-5 设函数 $f(x)$ 在区间 (a,b) 上连续，当 $x\to a^+$ 时，$f(x)\to\infty$．任取 $0<\varepsilon<b-a$，如果极限

$$\lim_{\varepsilon\to 0}\int_{a+\varepsilon}^b f(x)dx$$

存在，则称此极限值为函数 $f(x)$ 在区间 (a,b) 上**瑕积分**，记为 $\int_a^b f(x)dx$，即

$$\int_a^b f(x)dx = \lim_{\varepsilon\to 0}\int_{a+\varepsilon}^b f(x)dx$$

此时，称瑕积分 $\int_a^b f(x)dx$ **收敛**，点 a 称为**瑕点**．如果极限 $\lim_{\varepsilon\to 0}\int_{a+\varepsilon}^b f(x)dx$ 不存在，则称瑕积分 $\int_a^b f(x)dx$ **发散**．

类似的，可定义瑕积分

$$\int_a^b f(x)dx = \lim_{\varepsilon\to 0}\int_a^{b-\varepsilon} f(x)dx \quad (0<\varepsilon<b-a, \; b\text{ 是瑕点})$$

$$\int_a^b f(x)dx = \int_a^c f(x)dx + \int_c^b f(x)dx \quad (a, \; b \text{ 是瑕点}, \; c\in(a,b))$$

当上式右端两个瑕积分都收敛时，称瑕积分 $\int_a^b f(x)dx$ **收敛**．否则，称瑕积分 $\int_a^b f(x)dx$ **发散**．

［例 3-51］ $\int_0^3 \dfrac{1}{(x-1)^{\frac{2}{3}}}dx$

解： 因为 $\lim_{x\to 1}\dfrac{1}{(x-1)^{\frac{2}{3}}} = \infty$，所以 1 是瑕点，于是

$$\int_0^3 \frac{1}{(x-1)^{\frac{2}{3}}}dx = \left[3(x-1)^{\frac{1}{3}}\right]_0^3 = 3(\sqrt[3]{2}+1)$$

［例 3-52］ $\int_1^2 \dfrac{1}{x\ln x}dx$

解： 因为 $\lim_{x\to 1^+}\dfrac{1}{x\ln x} = +\infty$，所以 1 是瑕点，于是

$$\int_1^2 \frac{1}{x\ln x}dx = \left[\frac{1}{2}\ln^2 x\right]_1^2 = \frac{1}{2}\left(\ln^2 2 - \ln^2 1\right) = \frac{1}{2}\ln^2 2$$

思考题 3.5

变上限积分函数的重要意义是什么？

练习题 3.5

1. 求下列函数 $F(x)$ 的导数.

   （1）$F(x) = \int_0^x \sqrt{1+t^2}\,dt$ 　　（2）$F(x) = \int_0^{x^2} t\sin t^2\,dt$

   （3）$F(x) = \int_0^x \ln(1+t)\,dt$ 　　（4）$F(x) = \int_x^1 t^2 e^{-t^2}\,dt$

2. 求下列极限.

   （1）$\lim\limits_{x\to 0}\dfrac{\int_0^{3x}\sin t\,dt}{x^2}$ 　　（2）$\lim\limits_{x\to 0}\dfrac{\int_0^{x^2}\ln(1+t)\,dt}{x^4}$

3. 下列广义积分是否收敛？若收敛，求出广义积分值.

   （1）$\int_0^{+\infty} e^{-x}\,dx$ 　　（2）$\int_0^{+\infty}\dfrac{1}{x^3}\,dx$

   （3）$\int_e^{+\infty}\dfrac{1}{x\ln^2 x}\,dx$ 　　（4）$\int_0^{+\infty}\dfrac{x}{1+x^2}\,dx$

 数学实验

3.6　实验——用 MATLAB 求不定积分和定积分

用 MATLAB 的符号积分命令 int 来求解不定积分问题是非常有效的. 有时候也可以用 trapz 进行数值积分. 具体的使用命令如表 3-1 所示.

表 3-1

命令	功能
int（s）	对符号表达式 s 中确定的符号变量计算不定积分
int（s, v）	对符号表达式 s 中指定的符号变量 v 计算不定积分，只求出表达式 s 的一个原函数，后面没有带任意常数 C
int（s, a, b）	符号表达式 s 的定积分，a, b 分别为积分的上、下限
int（s, x, a, b）	符号表达式 s 关于变量 x 的定积分，a, b 分别为积分的上、下限
trapz（x, y）	梯形积分法，x 时表示积分区间的离散化向量，y 是与 x 同维数的向量，表示被积函数，z 返回积分值

可以用 help int, help trapz 等查阅有关这些命令的详细信息,下面通过一些具体的例子说明它的使用.

[例 3-53] 用符号积分命令 int 求 $\int \dfrac{\ln x}{(1-x)^2}dx$

解: MATLAB 输入命令为:

syms x;
int(log(x)/(1-x)^2)

结果为:

ans=

　log(-1+x)-log(x)*x/(-1+x)

[例 3-54] 用符号积分命令 int 计算积分 $\int x^2 \sin x dx$

解: MATLAB 输入命令为:

syms x;
int(x^2*sin(x))

结果为:

ans =

　-x^2*cos(x)+2*cos(x)+2*x*sin(x)

如果用微分命令 diff 验证积分正确性,MATLAB 输入命令为:

syms x;
diff(-x^2*cos(x)+2*cos(x)+2*x*sin(x))

结果为:

ans =

　x^2*sin(x)

在 int 命令中加入积分限,就可求得函数的定积分值.

[例 3-55] 求 $\int_0^1 \dfrac{1}{1+x}dx$

解: MATLAB 输入命令为:

syms x;
int(1/(1+x), x, 0, 1);

结果为:

ans=

　log(2)

借助 double 命令可求得积分的数值结果.

[例 3-56] 求 $\int_0^2 \dfrac{e^{-x}}{x+2}dx$

解: MATLAB 输入命令为:

```
syms x;
d=int(exp(-x)/(x+2), x, 0, 2);
double(d)
```

结果为：

ans=

  0.3334

当求解定积分问题时，还可以使用 MATLAB 的数值积分命令 trapz. 与 int 不同，这个命令的被积函数是数值函数，而 int 的被积函数是符号函数．

[例 3-57] 计算数值积分 $\int_{-2}^{2} x^4 dx$

  解： 先用梯形积分法命令 trapz 计算积分 $\int_{-2}^{2} x^4 dx$，MATLAB 输入命令为：

```
x=-2: 0.1: 2;      %积分步长为 0.1
y=x.^4;
trapz(x, y)
```

结果为：

  ans =

    12.8533

实际上，积分 $\int_{-2}^{2} x^4 dx$ 的精确值为 $\frac{64}{5}=12.8$．如果取积分步长为 0.01，MATLAB 输入命令为：

```
x=-2: 0.01: 2;     %积分步长为 0.01
y=x.^4;
trapz(x, y)
```

结果为：

  ans =

    12.8005

考虑步长和精度之间的关系．可用不同的步长进行计算，一般来说，trapz 是最基本的数值积分方法，精度低，适用于数值函数和光滑性不好的函数．

如果用符号积分法命令 int 计算积分 $\int_{-2}^{2} x^4 dx$，输入 MATLAB 输入命令为：

```
syms x;
int(x^4, x, -2, 2)
```

结果为：

ans =

  64/5

[例 3-58] （广义积分）计算广义积分 $\int_{-\infty}^{\infty} e^{(\sin x - \frac{x^2}{50})} dx$.

解： MATLAB 输入命令为：

syms x;
y=int(exp(sin(x)-x^2/50),-inf,inf);
vpa(y,10)

结果为：

ans =

15.86778263.

思考题 3.6

在用 MATALB 求积分时，应用注意什么？

练习题 3.6

1. 用 MATLAB 命令计算下列积分．

(1) $\int \dfrac{-2x}{(1+x^2)^2} dx$ 　　(2) $\int \dfrac{x}{(1+z^2)} dz$

(3) $\int_0^1 x\ln(1+x) dx$ 　　(4) $\int_{\sin t}^{\ln t} 2x\, dx$

2. 在同一窗口计算下列积分．

$$I = \int \dfrac{x^2+1}{(x^2-2x+2)^2} dx, \quad J = \int_0^{\pi/2} \dfrac{\cos x}{\sin x + \cos x} dx, \quad K = \int_0^{+\infty} e^{-x^2} dx$$

知识应用

3.7 定积分的应用

当我们要计算一个具体的量 Q 时：

（1）在区间 $[a, b]$ 上任取一个微小区间 $[x, x+dx]$，然后写出在这个小区间上的部分量 ΔQ 的近似值，记为 $dQ = f(x)dx$（称为 Q 的**微元**）；

（2）将微元 dQ 在 $[a, b]$ 上无限"累加"，即在 $[a, b]$ 上积分，得

$$Q = \int_a^b dQ = \int_a^b f(x) dx$$

上述两步解决问题的方法称为**微元法**．

说明： 关于微元 $dQ = f(x)dx$，我们有两点要说明：

（1）$f(x)dx$ 作为 ΔQ 的近似表达式，应该足够准确，确切地说，就是要求其差是关于 Δx 的高阶无穷小，即 $\Delta Q - f(x)dx = o(\Delta x)$，称做微元的量 $f(x)dx$，实际上就是所求量

的微分 dQ.

（2）具体怎样求微元呢？这是问题的关键，需要分析问题的实际意义及数量关系．一般按在局部 $[x, x+dx]$ 上以"常代变"、"直代曲"的思路（局部线性化），写出局部上所求量的近似值，即为微元 $dQ = f(x)dx$.

一、定积分在几何上的应用——平面图形的面积计算

由定积分的几何意义可知，由两条连续曲线 $y = g(x)$，$y = f(x)$ 及两条直线 $x = a$，$x = b$ ($a<b$) 所围成的平面图形的面积按如下方法求得：

如图 3-11 所示，取横坐标 x 为积分变量，它的取值区间为 $[a, b]$，闭区间 $[a, b]$ 上任一小区间 $[x, x+dx]$ 上窄条的面积近似于高为 $f(x) - g(x)$ 底宽为 dx 的小矩形的面积，即面积 S 的微元为 $dS = [f(x) - g(x)]dx$，以 $dS = [f(x) - g(x)]dx$ 为被积表达式，在闭区间 $[a, b]$ 上作定积分，得

$$S = \int_a^b [f(x) - g(x)] dx$$

若在 $[a, b]$ 上 $f(x) \geq g(x)$ 不成立，可以证明 $S = \int_a^b |f(x) - g(x)| dx$.

若平面图形是由连续曲线 $x = \varphi(y)$，$x = \psi(y)$ 以及直线 $y = c$，$y = d$ ($c<d$) 围成（如图 3-12 所示），同样可证

$$S = \int_c^d |\varphi(y) - \psi(y)| dy$$

[**例 3-59**] 求由曲线 $xy = 1$，直线 $y = x$ 和 $x = 2$ 所围图形的面积．

解： 首先，画出草图（如图 3-13 所示），求出曲线 $xy = 1$ 和直线 $x = 2$ 的交点 P 的横坐标，联立方程 $\begin{cases} xy = 1 \\ y = x \end{cases}$，求解得 $\begin{cases} x_1 = 1 \\ y_1 = 1 \end{cases}$，$\begin{cases} x_2 = -1 \\ y_2 = -1 \end{cases}$（舍去），

∴ P 点坐标为 $(1, 1)$，易知积分区间为 $[1, 2]$，且在 $[1, 2]$ 上 $x \geq \dfrac{1}{x}$，所以有

$$S = \int_1^2 [x - \dfrac{1}{x}] dx = (\dfrac{1}{2}x^2 - \ln x)\Big|_1^2 = \dfrac{3}{2} - \ln 2$$

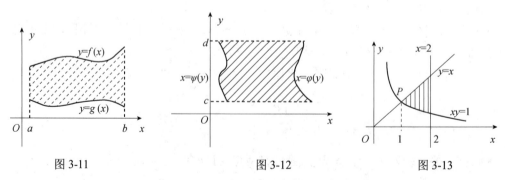

图 3-11　　　　　　　图 3-12　　　　　　　图 3-13

[**例 3-60**] 求由曲线 $y = x^2$ 与 $y = 2x - x^2$ 所围图形的面积．

解： 首先，画出草图（如图 3-14 所示），求出两曲线交点坐标，

由 $\begin{cases} y = x^2 \\ y = 2x - x^2 \end{cases}$ 得 $x^2 = 2x - x^2 \Rightarrow x_1 = 0, \ x_2 = 1$

∴ 两交点坐标分别为(0, 0)和(1, 1)，积分区间为 $[0, 1]$.

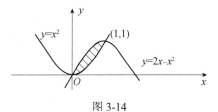

图 3-14

又在区间$[0, 1]$上有 $2x - x^2 \geq x^2$，所以有：

$$S = \int_0^1 (2x - x^2 - x^2) dx = x^2 \Big|_0^1 - \frac{2}{3} x^3 \Big|_0^1 = 1 - \frac{2}{3} = \frac{1}{3}$$

[例 3-61] 求由直线 $y = x - 1$ 与曲线 $y^2 = 2x + 6$ 所围图形的面积.

解： 首先，画出草图（如图 3-15 所示），求出两曲线交点坐标，由 $\begin{cases} y = x - 1 \\ y^2 = 2x + 6 \end{cases}$ 得两交点坐标分别为$(-1, -2)$及$(5, 4)$.

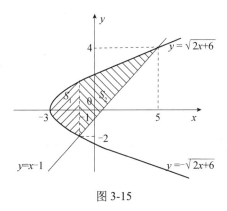

图 3-15

由于图形的下边曲线是由不同的方程构成的，因此应该将整个图形看成由两部分构成，一部分面积记为S_1，一部分面积记为S_2. 所以

$$S = S_1 + S_2 = \int_{-3}^{-1} \left[\sqrt{2x+6} - \left(-\sqrt{2x+6} \right) \right] dx + \int_{-1}^{5} \left[\sqrt{2x+6} - (x-1) \right] dx$$

$$= 2 \int_{-3}^{-1} \sqrt{2x+6} \, dx + \int_{-1}^{5} \sqrt{2x+6} \, dx - \int_{-1}^{5} (x-1) dx$$

$$= \frac{2}{3} (2x+6)^{\frac{3}{2}} \Big|_{-3}^{-1} + \frac{1}{3} (2x+6)^{\frac{3}{2}} \Big|_{-1}^{5} - \left(\frac{1}{2} x^2 - x \right) \Big|_{-1}^{5} = \frac{16}{3} + \frac{56}{3} - 6 = 18$$

此面积也可以转化为关于y来积分，此时

$$S = \int_{-2}^{4} \left[(y+1) - \left(\frac{1}{2} y^2 - 3 \right) \right] dy = \left(-\frac{1}{6} y^3 + \frac{1}{2} y^2 + 4y \right) \Big|_{-2}^{4} = 18$$

二、定积分在几何上的应用——旋转体的体积

由一个平面图形绕这平面内的一条直线旋转一周而成的立体就称为**旋转体**. 这条直线称为**旋转轴**. 例如直角三角形绕它的一直角边旋转一周而成的旋转体就是圆锥体，矩形绕它的一边旋转一周就得到圆柱体.

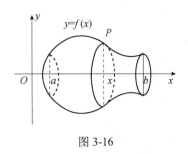

图 3-16

设一旋转体是由曲线 $y = f(x)$，直线 $x = a$, $x = b$ 及 x 轴所围成的曲边梯形绕 x 轴旋转一周而成（见图 3-16），则可用定积分来计算这类旋转体的体积.

取横坐标 x 为积分变量，其变化区间为 $[a, b]$，在此区间内任一点 x 处垂直 x 轴的截面是半径等于 $|y| = |f(x)|$ 的圆，因而此截面面积为

$$A(x) = \pi y^2 = \pi [f(x)]^2.$$

所求旋转体的体积为

$$V = \int_a^b \pi y^2 \, dx = \int_a^b \pi [f(x)]^2 \, dx.$$

用类似方法可推得由曲线 $x = \varphi(y)$，直线 $y = c$, $y = d(c < d)$ 及 y 轴所围成的曲边梯形绕 y 轴旋转一周而成的旋转体（见图 3-17）的体积为

$$V = \int_c^d \pi x^2 \, dx = \int_c^d \pi [\varphi(y)]^2 \, dy$$

[**例 3-62**] 求曲线 $y = x^3$, $x = 2$, $y = 0$ 所围成的区域绕 x 轴旋转所产生的旋转体的体积.

解： $V = \pi \int_0^2 (x^3)^2 \, dx = \left. \dfrac{\pi \cdot x^7}{7} \right|_0^2 = \dfrac{128}{7} \pi$.

[**例 3-63**] 求由椭圆 $\dfrac{x^2}{a^2} + \dfrac{y^2}{b^2} = 1$ 所围成的图形绕 x 轴旋转而成的旋转体（称为旋转椭圆球体）的体积.

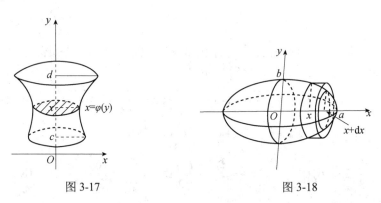

图 3-17　　　　　　　　图 3-18

解： 这个旋转体可以看做是由半个椭圆 $y = \dfrac{a}{b}\sqrt{a^2 - x^2}$ 及 x 轴围成的图形绕 x 轴旋转一周而成的立体（如图 3-18 所示），于是所求体积为

$$V = \int_{-a}^a \pi \left(\dfrac{a}{b}\sqrt{a^2 - x^2}\right)^2 dx = \dfrac{b^2}{a^2} \pi \int_{-a}^a (a^2 - x^2) dx$$

$$= \dfrac{2b^2}{a^2} \pi \int_0^a (a^2 - x^2) \, dx = 2\pi \dfrac{b^2}{a^2} \left. \left(a^2 x - \dfrac{1}{3} x^3 \right) \right|_0^a = \dfrac{4}{3} \pi ab^2$$

当 $a = b = R$ 时，旋转体即为半径为 R 的球体，它的体积为 $\dfrac{4}{3} \pi ab^2 = \dfrac{4}{3} \pi R^3$.

三、定积分在经济中的应用

[**例 3-64**] 设某产品在时刻 t 总产量的变化率为 $P'(t)=100+12t-0.6t^2$ （单位/小时），求从 $t=2$ 到 $t=4$ 这两小时的总产量.

解： 因为总产量 $P(t)$ 是它的变化率的原函数，所以从 $t=2$ 到 $t=4$ 这两小时的总产量为

$$P(4)-P(2)=\int_2^4 P'(t)dt$$
$$=\int_2^4(100+12t-0.6t^2)dt=(100t+6t^2-0.2t^3)\Big|_2^4=260.8 \text{（单位）}.$$

[**例 3-65**] 某企业每月生产某种产品 q 单位时，其边际成本函数为 $C'(q)=5q+10$（单位：万元），固定成本为 20，边际收益为 $R'(q)=60$（单位：万元）. 求

（1）每月生产多少单位产品时，利润最大？

（2）如果利润达到最大时的产量再多生产 10 个单位，利润将有什么变化？

解：（1）因为 $L'(q)=R'(q)-C'(q)=60-(5q+10)=50-5q$. 要使利润最大，应有 $L'(q)=0$，即 $50-5q=0$，得 $q=10$，又 $L''(q)=-5<0$，唯一驻点 $q=10$ 即为最大值点，所以当每月生产 10 个单位产品时利润最大.

（2）再多生产 10 个单位产品时，利润变化为

$$\Delta L=\int_{10}^{20}[R'(q)-C'(q)]dq=\int_{10}^{20}(50-5q)dq=\left(50q-\frac{5}{2}q^2\right)\Big|_{10}^{20}=-250$$

所以，再多生产 10 个单位产品，利润将减少 250 万元.

四、定积分的其他应用

[**例 3-66**] **高速公路上汽车总数模型**. 从 A 城市到 B 城市有条长 30km 的高速公路，某天公路上距 A 城市 x km 处的汽车密度（每千米多少辆车计）为 $\rho(x)=300+300\sin(2x+0.2)$. 请计算该高速公路上的汽车总数.

解： 1. **模型假设与变量说明**

（1）假设从 A 城市到 B 城市的高速公路是封闭的，路上没有其他出口.

（2）设高速公路上的汽车总数为 W.

2. **模型的分析与建立**

利用微元法，在 $[x, x+dx]$ 路段上，可将汽车密度视为常数，车辆数为 $dW=[300+300\sin(2x+0.2)]dx$，所以高速公路上的汽车总数为

$$W=\int_0^{30}[300+300\sin(2x+0.2)]dx$$

3. **模型求解**

解法一：$W=\int_0^{30}300dx+\frac{300}{2}\int_0^{30}\sin(2x+0.2)d(2x+0.2)$

$$=[300x-150\cos(2x+0.2)]\Big|_0^{30}\approx 9278$$

解法二：用 MATALB 计算

```
>>syms x
>>int(300+300*sin(2*x+0.2), x, 0, 30)
ans=
    9.2779e+003
```

所以高速公路上的汽车总量约为9278辆.

[例3-67] 在纯电阻电路中,有一正弦电流 $i(t)=I_\mathrm{m}\sin\omega t$ 经过电阻 R,求 $i(t)$ 在一个周期上的平均功率(其中 I_m、ω 均为常数).

解: 由电路知识得电路中的电压 u 和功率 P 分别为

$$u=iR=RI_\mathrm{m}\sin\omega t,\quad P=i^2R=R(I_\mathrm{m}\sin\omega t)^2$$

因此功率 P 在 $\left[0,\dfrac{2\pi}{\omega}\right]$ 上的平均功率为

$$\overline{P}=\dfrac{1}{\dfrac{2\pi}{\omega}-0}\int_0^{\frac{2\pi}{\omega}}RI_\mathrm{m}^2\sin^2\omega t\,\mathrm{d}t=\dfrac{\omega RI_\mathrm{m}^2}{2\pi}\int_0^{\frac{2\pi}{\omega}}\dfrac{1-\cos 2\omega t}{2}\mathrm{d}t$$

$$=\dfrac{RI_\mathrm{m}^2}{4\pi}\int_0^{\frac{2\pi}{\omega}}(1-\cos 2\omega t)\mathrm{d}(\omega t)$$

$$=\dfrac{1}{2}RI_\mathrm{m}^2=\dfrac{1}{2}I_\mathrm{m}U_\mathrm{m}\quad(其中 U_\mathrm{m}=I_\mathrm{m}R)$$

思考题 3.7

微元法的思想是什么?

练习题 3.7

1. 填空题

   (1) 椭圆 $x^2+\dfrac{y^2}{3}=1$ 的面积 $S=$ _____ .

   (2) 曲线 $y=\sqrt{x}$ 与 $y=1$, $x=4$ 所围平面图形的面积 $S=$ _____ .

   (3) 曲线 $y=|\ln x|$ 与直线 $x=\dfrac{1}{e}$, $x=e$ 及 $y=0$ 所围平面图形的面积 $S=$ _____ .

   (4) 曲线 $y=\mathrm{e}^x$, $y=\mathrm{e}^{-x}$ 及 $x=1$ 所围图形的面积 $S=$ _____ .

   (5) 曲线 $y=\mathrm{e}^x$, $y=\mathrm{e}^{-x}$ 及 $x=1$ 所围平面图形绕 x 轴旋转的体积 $V_x=$ _____ .

   (6) 曲线 $y=x^3$ 及 $y=0$, $x=1$ 所围平面图形绕 y 轴旋转的旋转体体积 $V_y=$ _____ .

2. 计算题

   (1) 求由曲线 $y=2^x$ 与 $y=1-x$,$x=1$ 所围平面图形面积.

   (2) 求由 $y=x^2$,$y=\dfrac{x^2}{4}$ 及 $y=1$ 所围平面图形的面积.

   (3) 求由曲线 $y=x^2$ 及其他在点 $(1,1)$ 的法线与 x 轴所围平面图形的面积.

   (4) 求由曲线 $y=\mathrm{e}^x$,$y=\mathrm{e}$,$x=0$ 所围平面图形绕 x 轴旋转的旋转体的体积.

   (5) 求由曲线 $y=x^2$,$y=x$,$y=2x$ 所围平面图形绕 x 轴旋转的旋转体的体积.

（6）求由曲线 $y = \dfrac{1}{x}$ 与 $x=1$，$x=2$ 及 x 轴所围平面图形绕 y 轴旋转的体积.

（7）求圆 $(x-1)^2 + y^2 = 1$ 绕 y 轴旋转所形成的旋转体的体积.

3．某产品的边际成本为 $C'(x) = 2x^2 - 40x + 1163$，固定成本为 4000，求产量为 30 时的总成本.

4．经科学家研究知，在 t 小时细菌总数是以每小时繁殖 2^t 百万个细菌的速率增长的，求第一个小时内细菌的总增长量.

习题 A

一、填空题

1. $\displaystyle\int \dfrac{1}{x+1} dx =$ _____．

2. 设 $e^x + \sin x$ 是 $f(x)$ 的一个原函数，则 $f'(x) =$ _____．

3. $y = x^5$ 的原函数是 _____．

4. 分方程 $x^2 dx + y^2 dy = 0$ 的通解是 _____．

5. 函数 _____ 的原函数是 $\ln(5x)$．

6. 函数 $y = x^3$ 是 _____ 的一个原函数.

7. 定积分 $\displaystyle\int_{-1}^{1} x^3 \sin^2 x\, dx =$ _____．

8. $\dfrac{d}{dx}\displaystyle\int_a^b f(x) dx =$ _____．

二、选择题

1. 若 $f'(x) = g'(x)$，则必有（　　）．
   A． $f(x) = g(x)$ 　　　　　　　B． $\displaystyle\int f(x) dx = \int g(x) dx$
   C． $d\displaystyle\int f'(x) dx = d\int g'(x) dx$ 　　　　D． $d\displaystyle\int f(x) dx = d\int g(x) dx$

2. 下列等式中，正确的是（　　）．
   A． $d\displaystyle\int f(x) dx = f(x)$ 　　　　　B． $\dfrac{d}{dx}\displaystyle\int f(x) dx = f(x) dx$
   C． $\dfrac{d}{dx}\displaystyle\int f(x) = f(x) + C$ 　　　D． $d\displaystyle\int f(x) dx = f(x) dx$

3. 设 $\displaystyle\int df(x) = \int dg(x)$，则下列各式不一定成立的是（　　）．
   A． $f(x) = g(x)$ 　　　　　　　B． $f'(x) = g'(x)$
   C． $df(x) = dg(x)$ 　　　　　　D． $d\displaystyle\int f'(x) dx = d\int g'(x) dx$

4. 已知函数 $f(x)$ 的导数是 $\sin x$，则 $f(x) =$（　　）．
   A． $\cos x$ 　　B． $-\cos x + C$ 　　C． $\sin x$ 　　D． $\sin x + C$

5. 若 $\int f(x)dx = x^2 e^{2x} + C$，则 $f(x) = ($)．

    A．$2xe^{2x}$ B．$2x^2 e^{2x}$ C．xe^{2x} D．$2xe^{2x}(1+x)$

6. 下列各式中，正确的是（ ）．

    A．$0 \leqslant \int_0^1 e^{x^2} dx \leqslant 1$ B．$1 \leqslant \int_0^1 e^{x^2} dx \leqslant e$

    C．$e \leqslant \int_0^1 e^{x^2} dx \leqslant e^2$ D．以上都不对

7. 曲线 $y=x$ 及抛物线 $y=x^2$ 所围平面图形的面积 $S=$（ ）．

    A．$\dfrac{1}{6}$ B．6   C．$\dfrac{1}{2}$ D．$\dfrac{1}{3}$

8. 若曲线 $y=\sqrt{x}$ 与 $y=kx$ 所围平面图形的面积为 $\dfrac{1}{6}$，则 $k=$（ ）．

    A．0   B．1   C．-2 D．2

三．计算与应用题

1. 求不定积分 $\int \dfrac{e^x}{\sqrt{e^x+1}} dx$．

2. 求不定积分 $\int \dfrac{e^x}{2e^x+1} dx$．

3. 求不定积分 $\int \dfrac{x^4}{1+x^2} dx$．

4. 求方程 $(1+e^x)y dy = e^x dx$ 满足 $y|_{x=1}=0$ 的特解．

5. 求不定积分 $\int xe^{3x} dx$．

6. 计算 $\int_0^3 \dfrac{x}{\sqrt{1+x}} dx$．

7. 求不定积分 $\int x \ln x dx$．

8. 求定积分 $\int_1^9 \dfrac{1}{x+\sqrt{x}} dx$．

9. 求在区间 $[0, 2\pi]$ 上，由 x 轴与 $y = \sin x$ 所围成的图形的面积．

10. 求曲线 $y = x^2 - 1$ 与 $y = x + 1$ 围成的图形的面积．

11. 某厂日产 q 吨产品的总成本为 $C(q)$ 万元，已知边际成本为 $C'(q) = 5 + \dfrac{25}{\sqrt{q}}$（万元/吨）．求日产量从 64 吨增加到 100 吨时的总成本的增量．

习题 B

一、填空题

1. 设 $f(x)$ 连续，且 $F(x) = \int_x^{e^{-x}} f(t) dt$，则 $F'(x) = $ _____ ．

2. 设 $f(x) = \dfrac{1}{1+x^2} - 2\int_0^1 f(x)\mathrm{d}x$ 则 $\int_0^1 f(x)\mathrm{d}x =$ _____ .

3. 设 $y = \int_0^x (t-1)\mathrm{d}t$，则 y 的极小值为 _____ .

4. $\int_{-\pi}^{\pi} (x + \sin^3 x)\cos x \mathrm{d}x =$ _____ .

5. $\int_{-\infty}^{+\infty} \dfrac{k}{4+x^2}\mathrm{d}x = 1$，则 $k =$ _____ .

6. $\int_0^2 \sqrt{x^2 - 4x + 4}\mathrm{d}x =$ _____ .

7. 设 $f(x)$ 为连续函数，则 $\int_a^a f(x)\mathrm{d}x =$ _____ .

8. 曲线 $y = |\ln x|$ 与直线 $x = \dfrac{1}{e}, x = e$ 及 $y = 0$ 所围平面图形的面积 $S =$ _____ .

二、选择题

1. 设 $F'(x) = G'(x)$，则（　　）.
   A. $F(x) = G(x)$ 为常数
   B. $F(x) - G(x)$ 为常数
   C. $F(x) - G(x) = 0$
   D. $\dfrac{\mathrm{d}}{\mathrm{d}x}\int F(x)\mathrm{d}x = \dfrac{\mathrm{d}}{\mathrm{d}x}\int G(x)\mathrm{d}x$

2. 下列函数在区间 $[-1, 1]$ 上可用牛顿—莱布尼兹公式的是（　　）.
   A. $\dfrac{x}{\sqrt{1+x^2}}$
   B. $\dfrac{1}{x}$
   C. $\dfrac{1}{\sqrt{x^3}}$
   D. $\dfrac{x}{\sqrt{1-x^2}}$

3. 设在 $[a,b]$ 上，$f(x) > 0, f'(x) < 0, f''(x) > 0$ 记 $S_1 = \int_0^1 f(x)\mathrm{d}x$，$S_2 = f(b)\cdot(b-a)$，$S_3 = \dfrac{b-a}{2}[f(b) + f(a)]$，则有（　　）.
   A. $S_1 < S_2 < S_3$
   B. $S_2 < S_1 < S_3$
   C. $S_3 < S_1 < S_2$
   D. $S_2 < S_3 < S_1$

4. 已知 $f(0) = 1$，$f(1) = 2$，$f'(1) = 3$，则 $\int_0^1 xf''(x)\mathrm{d}x =$（　　）.
   A. 1
   B. 2
   C. 3
   D. 4

5. 下列积分为零的是（　　）.
   A. $\int 0 \mathrm{d}x$
   B. $\int_{-1}^1 \dfrac{1}{x^3}\mathrm{d}x$
   C. $\int_{-1}^1 x^2 \tan^2 x \mathrm{d}x$
   D. $\int_{-\frac{\pi}{3}}^{\frac{\pi}{3}} \dfrac{x + \sin x}{\cos x}\mathrm{d}x$

6. 下列广义积分收敛的是（　　）.
   A. $\int_1^{+\infty} \dfrac{1}{x^2}\mathrm{d}x$
   B. $\int_0^1 \dfrac{1}{x}\mathrm{d}x$
   C. $\int_0^1 \dfrac{1}{x^2}\mathrm{d}x$
   D. $\int_1^{+\infty} \dfrac{1}{x}\mathrm{d}x$

7. $\int_{-\frac{\pi}{2}}^{\frac{\pi}{2}} x(1 + x^{2007})\sin x \mathrm{d}x =$（　　）.
   A. 0
   B. 1
   C. 2
   D. -2

8. 设 $f(x)$ 为线性函数,且 $\int_{-1}^{1}f(x)\mathrm{d}x=\int_{-1}^{1}f^{2}(x)\mathrm{d}x=1$ 则（   ）.

   A. $f(x)=x+\dfrac{1}{2}$ B. $f(x)=-x+\dfrac{1}{2}$

   C. $f(x)=\dfrac{\sqrt{3}}{2}x+\dfrac{1}{2}$ D. $f(x)=\dfrac{3}{4}x+\dfrac{1}{2}$

三、综合题

1. 设 $f(x)$ 在 $[0,1]$ 连续,且满足 $f(x)=4x^{3}-3x^{2}\int_{0}^{1}f(x)\mathrm{d}x$,求 $f(x)$.

2. 讨论方程 $3x-1-\int_{0}^{x}\dfrac{1}{1+t^{4}}\mathrm{d}t=0$ 在区间 $(0,1)$ 内实根的个数.

3. 求 $\lim\limits_{x\to 0}\dfrac{\left(\int_{0}^{x}e^{t^{2}}\mathrm{d}t\right)^{2}}{\int_{0}^{x}te^{2t^{2}}\mathrm{d}t}$.

4. 设 $F(x)=\dfrac{x^{2}}{x-a}\int_{a}^{x}f(t)\mathrm{d}t$ 其中 f 为连续函数,求 $\lim\limits_{x\to a}F(x)$.

5. 设平面图形由 $y=e^{x}$，$y=e$，$x=0$ 围成,

   （1）求此平面图形的面积.

   （2）将上述平面图形绕 x 轴旋转,求所形成的旋转体的体积.

6. 求曲线 $y^{2}=2x$ 与曲线 $y^{2}=2x$ 在点 $\left(\dfrac{1}{2},1\right)$ 处的法线所围图形的面积.

7. 求由曲线 $y=\sqrt{2-x^{2}}$，$y=x^{2}$ 所围平面图形分别绕 x 轴与 y 轴旋转所得旋转体的体积 V_x 及 V_y.

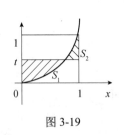

图 3-19

8. 如图 3-19 所示,设曲线 $y=x^{2}(0\leqslant x\leqslant 1)$,问 t 为何值时,图中的阴影部分面积 S_1 与 S_2 之和 S_1+S_2 最小.

9. 某圆形城市的人口分布密度（人/km²）是离开市中心的距离 r(km) 的函数 $P(r)=1000(8-r)$ 人/km².

   （1）假设城市边缘人口密度为 0,那么该圆形城市的半径 r 是多少千米?

   （2）求该城市的人口总数?

第4章 常微分方程

 ## 数学文化——杰出的数学家欧拉

欧拉1707年4月15日生于瑞士巴塞尔，1783年9月18日卒于俄国圣彼得堡．他生于牧师家庭，15岁在巴塞尔大学获学士学位，翌年得硕士学位．1727年，欧拉应圣彼得堡科学院的邀请到了俄国．1731年接替丹尼尔·伯努利成为物理教授．他以旺盛的精力投入研究，在俄国的14年中，他在分析学、数论和力学方面作了大量出色的工作．1741年受普鲁士腓特烈大帝的邀请到柏林科学院工作，达25年之久．在柏林期间他的研究内容更加广泛，涉及行星运动、刚体运动、热力学、弹道学、人口学，这些工作和他的数学研究相互推动．欧拉这个时期在微分方程、曲面微分几何以及其他数学领域的研究都是开创性的．1766年他又回到了圣彼得堡．

莱昂哈德·欧拉

欧拉是18世纪数学界最杰出的人物之一，他不但在数学上作出伟大贡献，而且把数学用到了几乎整个物理领域．他又是一个多产作者．他写了大量的力学、分析学、几何学、变分法的课本，《无穷小分析引论》、《微分学原理》、《积分学原理》都成为数学中的经典著作．除了教科书外，他的全集有74卷．

18世纪中叶，欧拉和其他数学家在解决物理问题过程中，创立了微分方程这门学科．值得提出的是，偏微分方程的纯数学研究的第一篇论文是欧拉写的《方程的积分法研究》．欧拉还研究了函数用三角级数表示的方法和解微分方程的级数法等．

欧拉引入了空间曲线的参数方程，给出了空间曲线曲率半径的解析表达式．1766年他出版了《关于曲面上曲线的研究》，建立了曲面理论．这篇著作是欧拉对微分几何最重要的贡献，是微分几何发展史上的一个里程碑．欧拉在分析学上的贡献不胜枚举．如他引入了Γ函数和B函数，证明了椭圆积分的加法定理，最早引入了二重积分等．数论作为数学中一个独立分支的基础是由欧拉的一系列成果所奠定的．他还解决了著名的组合问题：歌尼斯堡七桥问题．在数学的许多分支中都常常见到以他的名字命名的重要常数、公式和定理．

欧拉是科学史上最多产的一位杰出的数学家，据统计，他那不倦的一生，共写下了886本书籍和论文，其中分析、代数、数论占40%，几何占18%，物理和力学占28%，天文学占11%，弹道学、航海学、建筑学等占3%，彼得堡科学院为了整理他的著作，足足忙碌了47年．

基础理论知识

4.1 常微分方程的基本概念

在许多科技领域里，常会遇到这样的问题：某个函数是怎样的并不知道，但根据科技领域的普遍规律，却可以知道这个未知函数及其导数与自变量之间满足某种关系．下面我们先来看几个例子．

【引例 1】 设一物体的温度为 100℃，将其放置在空气温度为 20℃ 的环境中冷却．根据冷却定律：物体温度的变化率与物体和当时空气温度之差成正比，设物体的温度 T 与时间 t 的函数关系为 $T = T(t)$，则可建立起函数 $T(t)$ 满足方程

$$\frac{dT}{dt} = -k(T - 20)$$

其中 $k\ (k>0)$ 为比例常数，且根据题意，$T = T(t)$ 还需满足条件 $T|_{t=0} = 100$，这就是**物体冷却的数学模型**．

【引例 2】 设一质量为 m 的物体只受重力的作用由静止开始自由垂直降落．根据牛顿第二定律：物体所受的力 F 等于物体的质量 m 与物体运动的加速度 α 成正比，即 $F = m\alpha$，若取物体降落的铅垂线为正向朝下，物体下落的起点为原点，并设开始下落的时间是 $t = 0$，物体下落的距离 s 与时间 t 的函数关系为 $s = s(t)$，则可建立起函数 $s(t)$ 满足方程

$$\frac{d^2 s}{dt^2} = g$$

其中 g 为重力加速度常数，且根据题意，$s = s(t)$ 还需满足条件 $s|_{t=0} = 0$，这就是**自由落体运动的数学模型**．

【引例 3】 已知一条曲线过点 $(1,2)$，且在该直线上任意点 $P(x,y)$ 处的切线斜率为 $2x$，求这条曲线方程．

设所求曲线的方程为 $y = f(x)$，我们根据导数的几何意义，可知 $y = f(x)$ 应满足方程：$\frac{dy}{dx} = 2x$ 及 $y|_{x=1} = 2$．

我们发现这些方程中含有未知函数 y 的导数或微分，这类方程称为微分方程．

一、微分方程基本概念

定义 4-1 凡含有未知函数的导数或微分的方程叫**微分方程**．未知函数是一元函数的微分方程叫**常微分方程**．未知函数是多元函数的微分方程叫**偏微分方程**．微分方程中出现的未知函数的最高阶导数的阶数称为**微分方程的阶**．

本章我们只讲解常微分方程——简称微分方程．如 $\frac{dy}{dx} = 2x$，$y'' + 2y' - 3y = e^x$ 是微分方

程，$\dfrac{dy}{dx} = 2x$ 是一阶微分方程．$y'' + 2y' - 3y = e^x$ 是二阶微分方程．

一般地，n 阶常微分方程的一般形式为
$$F(x, y, y', y'' \cdots, y^{(n)}) = 0,$$
其中 x 为自变量，$y = y(x)$ 是未知函数．

二、微分方程的解

在研究实际问题时，首先要建立属于该问题的微分方程，然后找出满足该微分方程的函数（即解微分方程），对这个函数，我们给出如下定义．

定义 4-2 把某个函数代入微分方程中，能使方程成为恒等式，我们称这个函数为该**微分方程的解**．

微分方程的解可能含有也可能不含有任意常数．含有相互独立的任意常数，且任意常数的个数与微分方程的阶数相等的解称为微分方程的**通解**（**一般解**）．如 $s = \dfrac{1}{2}gt^2 + C_1 t + C_2$ 是方程 $\dfrac{d^2 s}{dt^2} = g$（**自由落体运动模型**）的通解．

注意：

（1）这里所说的相互独立的任意常数，是指它们不能通过合并而使得通解中的任意常数的个数减少．

（2）通常，微分方程的一般解里，含有一些任意常数，其个数与微分方程的阶数相同．

许多微分方程都要求寻找满足某些附加条件的解，此时，这类附加条件就可以用来确定通解中的任意常数，这类附加条件称为**初始条件**，也称为**定解条件**．带有初始条件的微分方程称为微分方程的**初值问题**．确定了微分方程的通解中的任意常数后，就得到了微分方程的**特解**．由于通解中含有任意常数，所以它还不能完全确定地反映某一客观事物的规律性．要完全确定地反映事物的规律性，必须确定这些常数的值．因此用来确定任意常数以从一般解得出一个特解的附加条件的个数也与微分方程的阶数相同．

如 $y = x^2 + C$ 是方程 $\dfrac{dy}{dx} = 2x$ 的通解．$y = e^x$ 是方程 $y' = y$ 的特解．

［例 4-1］ 验证下列给出的函数是否为所给微分方程的解．

（1）$y = Cx + \dfrac{1}{C}$，$x(y')^2 - yy' + 1 = 0$

（2）$y = x + Ce^y$，$(x - y + 1)y' = 1$

解：（1）将 $y = Cx + \dfrac{1}{C}$ 及其导数 $y' = C$ 代入方程的左端，得到

$$左 = xC^2 - (Cx + \frac{1}{C})C + 1 = 0 = 右$$

因此，$y = Cx + \frac{1}{C}$ 是所给微分方程的解.

（2）等式 $y = x + Ce^y$ 左右两边都对 x 求导，得

$y' = 1 + Ce^y y'$，则 $y' = \frac{1}{1 - Ce^y}$，又 $Ce^y = y - x$，所以 $y' = \frac{1}{1 - y + x}$，代入微分方程得

$$左边 = (x - y + 1)\frac{1}{1 - y + x} = 1 = 右边$$

所以，$y = x + Ce^y$ 是方程 $(x - y + 1)y' = 1$ 的解.

[例 4-2] 确定下列函数中 C_1, C_2 的值，使函数满足所给的初始条件.

$$y = (c_1 + c_2 x)e^{-x}, \quad y(0) = 4, \quad y'(0) = -2$$

解：将 $x = 0, y = 4$ 代入 $y = (C_1 + C_2 x)e^{-x}$ 得 $C_1 = 4$.

$y = (C_1 + C_2 x)e^{-x}$ 求导并代入 $C_1 = 4$ 得

$$y' = C_2 e^{-x} - (4 + C_2 x)e^{-x} = (C_2 - 4 - C_2 x)e^{-x}$$

将 $x = 0, y' = -2$ 代入得 $C_2 = 2$.

所以 $C_1 = 4$，$C_2 = 2$

三、微分方程解的几何意义

微分方程的（特）解 $y = \varphi(x)$ 的图形是一条曲线，称为微分方程的**积分曲线**. 而对于通解 $y = \varphi(x, C_1, \cdots, C_n)$，由于其中含有任意常数项，因此它对应着平面上的一族曲线，称为微分方程的**积分曲线族**.

思考题 4.1

1. 任意微分方程都有通解吗？
2. 微分方程的通解中包含了它所有的解吗？

练习题 4.1

1. 指出下列各微分方程的阶数.
   （1）$xy'^2 - 2yy' + x = 0$　　　　　　（2）$x^2 y'' - xy' + y = 0$
   （3）$(7x - 6y)dx + (x + y)dy = 0$　　（4）$L\frac{d^2 Q}{dt^2} + R\frac{dQ}{dt} + \frac{1}{C}Q = 0$

2. 指出下列各题中的函数是否为所给微分方程的解.
   （1）$xy' = 2y, y = 5x^2$
   （2）$(x - 2y)y' = 2x - y$，由方程 $x^2 - xy + y^2 = C$ 确定的隐函数 $y = y(x)$
   （3）$y'' - 2y' + y = 0, y = x^2 e^x$
   （4）$y'' = 1 + y'^2, y = \ln \sec(x + 1)$

3. 在下列各题给出的微分方程的通解中，按照所给的初始条件确定特解.
   （1） $x^2 - y^2 = C, y|_{x=0} = 5$
   （2） $y = C_1 \sin(x - C_2), y|_{x=\pi} = 1, y'|_{x=\pi} = 0$

4. 写出由下列条件确定的曲线所满足的微分方程：曲线在点 (x, y) 处的切线斜率等于该点横坐标的平方.

4.2 可分离变量的微分方程

在上一节引例 3 中，我们遇到一阶微分方程
$$\frac{dy}{dx} = 2x$$
或写成
$$dy = 2xdx$$
把上式两端积分，就得到这个方程的通解
$$y = x^2 + C$$
但并不是所有的一阶微分方程都能这样求解，例如，对于一阶微分方程
$$\frac{dy}{dx} = 2xy^2 \tag{4-1}$$
就不能像上面那样用对两端直接积分的方法求出它的通解. 这是因为微分方程（4-1）的右端含有未知函数 y，积分
$$\int 2xy^2 dx$$
求不出来，这是困难所在. 为了解决这个困难，在微分方程的两端同时乘以 $\frac{1}{y^2} dx$，使方程（4-1）变为
$$\frac{1}{y^2} dy = 2xdx$$
这样，变量 x 与 y 分离在等式的两端，然后两端积分，得
$$-\frac{1}{y} = x^2 + C$$
或
$$y = -\frac{1}{x^2 + C} \tag{4-2}$$
其中，C 是任意常数.

可以验证函数（4-2）确实是微分方程（4-1）的解. 又因函数（4-2）含有一个任意常数，所以它是一阶微分方程（4-1）的通解.

通过这个例子可以看到，在一个一阶微分方程中，若两个变量同时出现在方程的某一端，就不能直接用积分的方法求解. 但如果能把两个变量分开，使方程的一端只含变量 y 及 dy，另一端只含变量 x 及 dx，那么就可以通过两端积分的方法求出它的通解.

一、可分离变量的微分方程的定义

定义 4-3   设有一阶微分方程
$$\frac{dy}{dx} = F(x, y)$$
如果其右端函数能分解成 $F(x,y) = f(x)g(y)$，即有
$$\frac{dy}{dx} = f(x)g(y)$$
则称该方程为**可分离变量的一阶微分方程**，其中 $f(x), g(x)$ 都是连续函数.

例如，$\frac{dy}{dx} = \frac{x}{y}$，$\frac{dy}{dx} = e^{x+y}$，$\frac{dy}{dx} = y\cos x$ 都是可分离变量的微分方程，而莱布尼兹方程 $\frac{dy}{dx} = x^2 + y^2$ 则不是.

求解可分离变量的方程的方法称为**分离变量法**，现在说明其求解方法.

二、可分离变量的微分方程的解法

如果 $g(y) \neq 0$，我们可将方程改写成 $\frac{dy}{g(y)} = f(x)dx$，这叫做**分离变量**. 两边积分，得到所满足的隐函数方程

$$\int \frac{dy}{g(y)} = \int f(x)dx + C$$

（这里我们把积分常数 C 明确写出来，而把 $\int \frac{dy}{g(y)}$，$\int f(x)dx$ 分别理解为 $\frac{1}{g(y)}$，$f(x)$ 的某一个原函数，如无特别声明，以后也作这样的理解.）

[例 4-3] 求微分方程 $\frac{dy}{dx} = 2xy$ 的通解.

解：分离变量 $\frac{dy}{y} = 2xdx$；

两端积分 $\int \frac{1}{y} dy = \int 2x dx$，则 $\ln|y| = x^2 + C_1$；

即 $|y| = e^{x^2 + C_1} = e^{C_1} e^{x^2}$，所以 $y = \pm e^{C_1} e^{x^2}$

因为 $\pm e^{C_1}$ 是一个不为零的任意常数，把它记为 C，所以得到通解为
$$y = Ce^{x^2}$$

可以验证，当 $C = 0$ 时，$y = 0$ 也是原方程的解，故上式中的 C 可为任意常数.

[例 4-4] 求微分方程 $y'\sin x - y\cos x = 0$ 满足初始条件 $y\left(\frac{\pi}{2}\right) = 3$ 的特解.

解：原方程可化为 $\frac{dy}{dx}\sin x = y\cos x$

分离变量：$\frac{1}{y} dy = \frac{\cos x}{\sin x} dx$

两端积分：$\ln|y| = \ln|\sin x| + \ln|C|$

所以，原方程的通解为 $y = C\sin x$. 将初始条件 $y\left(\dfrac{\pi}{2}\right) = 3$ 代入可得 $C = 3$.

所以所求特解为 $y = 3\sin x$.

[例 4-5] 求解方程 $y^2 dx + (x+1)dy = 0$ 并求满足初始条件：$x = 0, y = 1$ 的特解.

解：分离变量得
$$\frac{1}{y^2}dy = -\frac{1}{x+1}dx$$

两边积分
$$\int \frac{1}{y^2}dy = -\int \frac{1}{x+1}dx$$

得
$$-\frac{1}{y} = -\ln|x+1| + C$$

因而，通解为 $y = \dfrac{1}{\ln|x+1| - C}$，这里 C 是任意常数.

为了确定所求的特解，以 $x = 0, y = 1$ 代入通解中以决定任意常数 C，得到 $C = -1$. 因而，所求特解为 $y = \dfrac{1}{\ln|x+1| + 1}$.

三、齐次微分方程

1. 齐次微分方程的定义

定义 4-4 形如
$$\frac{dy}{dx} = f\left(\frac{y}{x}\right) \tag{4-3}$$
的一阶微分方程称为**齐次微分方程**，简称**齐次方程**.

例如
$$(xy - y^2)dx - (x^2 - 2xy)dy = 0$$
是齐次方程，因它可化为
$$\frac{dy}{dx} = \frac{xy - y^2}{x^2 - 2xy} = \frac{\dfrac{y}{x} - \left(\dfrac{y}{x}\right)^2}{1 - 2\left(\dfrac{y}{x}\right)}$$

齐次方程（4-3）中的变量 x 与 y 一般是不能分离的.

2. 齐次微分方程的解法

第一步：作变量代换 $u = \dfrac{y}{x}$，即 $y = ux$，所以 $\dfrac{dy}{dx} = u + x\dfrac{du}{dx}$.

第二步：代入原方程 $f(u) = u + x\dfrac{du}{dx}$，即 $\dfrac{du}{dx} = \dfrac{f(u) - u}{x}$ 为可分离变量的方程 $\dfrac{du}{f(u) - u} = \dfrac{dx}{x}$.

第三步：两端积分，当 $f(u) - u \neq 0$ 时，得 $\int \dfrac{1}{f(u) - u} du = \ln|C_1 x|$.

第四步：求 x，令 $\varphi(u) = \int \dfrac{1}{f(u) - u} du$，将 $u = \dfrac{y}{x}$ 代入得通解 $x = C e^{\varphi\left(\frac{y}{x}\right)}$.

说明：但如果 $f(u) - u = 0$ 有实根 $u_1, u_2, \cdots, u_k$，那么 $y = u_i x$（$i = 1, 2, \cdots, k$）都是被丢掉的特解，应该补上.

[**例 4-6**] 求解方程 $\dfrac{dy}{dx} = \dfrac{y}{x} + \tan\dfrac{y}{x}$.

解：这是齐次方程，令 $u = \dfrac{y}{x}$ 即 $y = ux$，于是 $\dfrac{dy}{dx} = x\dfrac{du}{dx} + u$，代入原方程得

$$x\dfrac{du}{dx} + u = u + \tan u$$

整理得

$$\dfrac{du}{dx} = \dfrac{\tan u}{x}$$

分离变量得

$$\dfrac{du}{\tan u} = \dfrac{dx}{x}$$

两边积分

$$\int \dfrac{du}{\tan u} = \int \dfrac{dx}{x}$$

得

$$\ln|\sin u| = \ln|x| + C_1，\quad C_1 \text{ 是任意常数}$$

整理后，得到

$$\dfrac{\sin u}{x} = \pm e^{C_1}$$

令 $C = \pm e^{C_1}$，得到

$$\sin u = Cx$$

代回原变量

$$\sin\dfrac{y}{x} = Cx.$$

此外，方程 $\dfrac{\mathrm{d}u}{\mathrm{d}x} = \dfrac{\tan u}{x}$ 还有解 $\tan u = 0$　　即 $\sin u = 0$.

如果在通解 $\sin u = Cx$ 中允许 $C = 0$，则 $\sin u = 0$ 也就包括在通解中，这就是说，方程的通解为 $\sin u = Cx$. 代回原来的变量，得到原方程的通解为 $\sin \dfrac{y}{x} = Cx$（这里 c 为任意常数）.

[**例 4-7**] 求解微分方程 $\left(x - y\cos\dfrac{y}{x} \right)\mathrm{d}x + x\cos\dfrac{y}{x}\mathrm{d}y = 0$

解：变量代换，令 $u = \dfrac{y}{x}$，则 $y = ux$，$\mathrm{d}y = u\mathrm{d}x + x\mathrm{d}u$.

代入原方程：$(x - ux\cos u)\mathrm{d}x + x\cos u(u\mathrm{d}x + x\mathrm{d}u) = 0$

化简得：$\cos u\,\mathrm{d}u = -\dfrac{1}{x}\mathrm{d}x$

两端积分：$\sin u = -\ln|x| + C$

所以，微分方程的通解为 $\sin \dfrac{y}{x} = -\ln|x| + C$.

[**例 4-8**] 求方程 $y^2 + x^2\dfrac{\mathrm{d}y}{\mathrm{d}x} = xy\dfrac{\mathrm{d}y}{\mathrm{d}x}$ 满足初始条件 $y\big|_{x=1} = 1$ 的特解.

解：原方程可化为 $\dfrac{\mathrm{d}y}{\mathrm{d}x} = \dfrac{\left(\dfrac{y}{x}\right)^2}{\dfrac{y}{x} - 1}$

设 $u = \dfrac{y}{x}$，则 $y = ux$，于是 $\dfrac{\mathrm{d}y}{\mathrm{d}x} = u + x\dfrac{\mathrm{d}u}{\mathrm{d}x}$

代入上面方程得　　　　　　　　$x\dfrac{\mathrm{d}u}{\mathrm{d}x} = \dfrac{u}{u-1}$

分离变量，得　　　　　　　　$\dfrac{u-1}{u}\mathrm{d}u = \dfrac{1}{x}\mathrm{d}x$

两边积分，得　　　　　　　　$u - \ln|u| = \ln|x| + \ln|C|$

将 $u = \dfrac{y}{x}$ 代入上式即得原方程的通解　　$\ln|y| = \dfrac{y}{x} - \ln|C|$

即　　　　　　　　　　　　　　$y = C\mathrm{e}^{\frac{y}{x}}$

由 $y\big|_{x=1} = 1$ 可定出 $C = \mathrm{e}^{-1}$

于是所求的特解为 $y = \mathrm{e}^{\frac{y}{x} - 1}$.

思考题 4.2

可分离变量的微分方程和齐次方程，解法有区别吗？两者之间有什么区别和联系？

练习题 4.2

1. 求下列可分离变量微分方程的通解.

   （1）$xy' - y\ln y = 0$

   （2）$y' = \dfrac{\sqrt{1-y^2}}{\sqrt{1-x^2}}$

   （3）$\sec^2 x\tan y\,dx + \sec^2 y\tan x\,dy = 0$

   （4）$(e^{x+y} - e^x)dx + (e^{x+y} + e^y)dy = 0$

   （5）$\cos x\sin y\,dx + \sin x\cos y\,dy = 0$

   （6）$y\,dx + (x^2 - 4x)dy = 0$

2. 求下列齐次方程的通解.

   （1）$xy' - y - \sqrt{y^2 - x^2} = 0$

   （2）$x\dfrac{dy}{dx} = y\ln\dfrac{y}{x}$

   （3）$(1 + 2e^{\frac{x}{y}})dx + 2e^{\frac{x}{y}}(1 - \dfrac{x}{y})dy = 0$

3. 求下列可分离变量微分方程满足所给初始条件的特解.

   （1）$y' = e^{2x-y}$，$y|_{x=0} = 0$

   （2）$y'\sin x = y\ln y$，$y|_{x=\frac{\pi}{2}} = e$

   （3）$\cos y\,dx + (1 + e^{-x})\sin y\,dy = 0$，$y|_{x=0} = \dfrac{\pi}{4}$

4. 求下列齐次方程满足所给初始条件的特解.

   （1）$(y^2 - 3x^2)dy + 2xy\,dx = 0$，$y|_{x=0} = 1$

   （2）$(x + 2y)y' = y - 2x$，$y|_{x=1} = 1$

4.3 一阶线性微分方程

一、一阶线性微分方程定义

定义 4-5　形如：

$$\dfrac{dy}{dx} + P(x)y = Q(x) \text{ 或 } y' + P(x)y = Q(x) \tag{4-4}$$

的方程称为**一阶线性微分方程**. 其中函数 $P(x)$、$Q(x)$ 是某一区间 I 上的连续函数，且 $Q(x)$ 称为**自由项**.

当 $Q(x) \equiv 0$ 时微分方程（4-4）称为**齐次的**；当 $Q(x) \neq 0$ 时微分方程（4-4）称为**非齐次的**.

二、一阶线性齐次方程的解法

齐次线性微分方程 $y' + P(x)y = 0$ 是可分离变量方程.

分离变量：$\dfrac{1}{y}\mathrm{d}y = -P(x)\mathrm{d}x$

两端积分：$\displaystyle\int \dfrac{1}{y}\mathrm{d}y = -\int P(x)\mathrm{d}x,\ \ln y = -\int P(x)\mathrm{d}x + \ln C$

得齐次方程的通解为 $y = C\mathrm{e}^{-\int P(x)\mathrm{d}x}$

三、一阶线性非齐次微分方程的解法

一阶线性非齐次微分方程与其对应的齐次微分方程的差异在于自由项 $Q(x)$，因此可以设想它们的解也应该有一定的联系而又有一定的差别.

下面试图利用方程 $\dfrac{\mathrm{d}y}{\mathrm{d}x} + P(x)y = 0$ 的通解 $y = C\mathrm{e}^{-\int P(x)\mathrm{d}x}$ 的形式去求出方程 $\dfrac{\mathrm{d}y}{\mathrm{d}x} + P(x)y = Q(x)$ 的通解. 显然，如果 $y = C\mathrm{e}^{-\int P(x)\mathrm{d}x}$ 中 C 恒保持为常数，它必不可能是 $\dfrac{\mathrm{d}y}{\mathrm{d}x} + P(x)y = Q(x)$ 的解. 我们设想：在 $y = C\mathrm{e}^{-\int P(x)\mathrm{d}x}$ 中，将常数 C 变化为 x 的待定函数 $C(x)$，使它满足方程 $\dfrac{\mathrm{d}y}{\mathrm{d}x} + P(x)y = Q(x)$，从而求出 $C(x)$. 为此，设一阶非齐次方程通解为

$$y = C(x)\mathrm{e}^{-\int P(x)\mathrm{d}x}$$

两边关于 x 求导，得

$$\dfrac{\mathrm{d}y}{\mathrm{d}x} = C'(x)\mathrm{e}^{-\int P(x)\mathrm{d}x} + C(x)\mathrm{e}^{-\int P(x)\mathrm{d}x}[-P(x)]$$

$$= C'(x)\mathrm{e}^{-\int P(x)\mathrm{d}x} - P(x)y$$

将其代入到方程

$$C'(x)\mathrm{e}^{-\int P(x)\mathrm{d}x} - P(x)y + P(x)y = Q(x)$$

整理得

$$C'(x)\mathrm{e}^{-\int P(x)\mathrm{d}x} = Q(x)$$

即

$$\dfrac{\mathrm{d}C(x)}{\mathrm{d}x} = Q(x)\mathrm{e}^{\int P(x)\mathrm{d}x}$$

于是

$$C(x) = \int Q(x)\mathrm{e}^{\int P(x)\mathrm{d}x} + C$$

因此，一阶线性非齐次微分方程 $\dfrac{\mathrm{d}y}{\mathrm{d}x} + P(x)y = Q(x)$ 的通解为

$$y = \mathrm{e}^{-\int P(x)\mathrm{d}x}[\int Q(x)\mathrm{e}^{\int P(x)\mathrm{d}x} + C]$$

总结上面的求解过程，将线性齐次微分方程通解中的常数 C 变为待定的函数 $C(x)$，然后代入非齐次方程求出 $C(x)$，这样的方法叫做**常数变易法**.

所以，一阶线性非齐次微分方程通解公式为：

$$y = e^{-\int p(x)dx}\left[\int Q(x)e^{\int p(x)dx}dx + C\right] = Ce^{-\int P(x)dx} + e^{-\int P(x)dx} \cdot \int Q(x)e^{\int P(x)dx}dx$$

注意： $Ce^{-\int P(x)dx}$ 为齐次方程通解，$e^{-\int P(x)dx} \cdot \int Q(x)e^{\int P(x)dx}dx$ 为非齐次方程特解.

[例 4-9] 求微分方程 $y' - 2xy = e^{x^2}\cos x$ 的通解.

解法一： 原方程对应的齐次方程 $\dfrac{dy}{dx} - 2xy = 0$ 分离变量，得

$$\frac{dy}{y} = 2xdx,$$

两边积分，得 $\int\dfrac{dy}{y} = \int 2xdx$，$\ln|y| = x^2 + C$，

$$\ln|y| = \ln e^{x^2} + \ln C = \ln(Ce^{x^2}),\quad y = Ce^{x^2},$$

用常数变易法，设 $y = C(x)e^{x^2}$ 代入原方程，得

$$C'(x)e^{x^2} = e^{x^2}\cos x,$$

即
$$C'(x) = \cos x,$$

则
$$C(x) = \int \cos x dx = \sin x + C,$$

故原方程的通解为 $y = e^{x^2}(\sin x + C)$ （C 为任意常数）.

解法二： 这里 $P(x) = -2x$，$Q(x) = e^{x^2}\cos x$ 代入通解的公式得

$$y = e^{-\int -2xdx}\left(\int e^{x^2}\cos x \cdot e^{\int -2xdx}dx + C\right)$$

$$= e^{x^2}\left(\int e^{x^2}\cos x \cdot e^{-x^2}dx + C\right)$$

$$= e^{x^2}\left(\int \cos xdx + C\right) = e^{x^2}(\sin x + C)\ \text{（C 为任意常数）}.$$

[例 4-10] 求方程 $y' + \dfrac{1}{x}y = \dfrac{\sin x}{x}$ 的通解.

解： 这里 $P(x) = \dfrac{1}{x}$，$Q(x) = \dfrac{\sin x}{x}$

直接代入通解公式，$y = e^{-\int P(x)dx}[\int Q(x)e^{\int P(x)dx} + C]$ 得

$$y = e^{-\int \frac{1}{x}dx}\left[\int \frac{\sin x}{x}e^{\int \frac{1}{x}dx} + C\right] = \frac{1}{x}(-\cos x + C)$$

小结： 一阶微分方程的解法主要有两种：分离变量法，常数变易法. 常数变易法主要适用线性的一阶微分方程，若方程能化为标准形式 $y' + P(x)y = Q(x)$，也可直接利用公式 $y = e^{-\int P(x)dx}(\int Q(x)e^{\int P(x)dx}dx + C)$ 求通解.

思考题 4.3

怎样判断一阶线性微分方程齐次与非齐次？举例说明.

练习题 4.3

1. 求下列微分方程的通解.

   （1）$\dfrac{dy}{dx} + y = e^{-x}$ （2）$\dfrac{d\rho}{d\theta} + 3\rho = 2$

   （3）$y' + y\cos x = e^{-\sin x}$ （4）$y' + y\tan x = \sin 2x$

   （5）$(x^2 - 1)y' + 2xy - \cos x = 0$ （6）$y' + 2xy = 4x$

   （7）$2y dx + (y^2 - 6x)dy = 0$ （8）$y\ln y dx + (x - \ln y)dy = 0$

2. 求下列微分方程满足所给初始条件的特解.

   （1）$y' - y\tan x = \sec x, y\big|_{x=0} = 0$

   （2）$y' + \dfrac{y}{x} = \dfrac{\sin x}{x^\pi}, y\big|_{x=\pi} = 1$

   （3）$y' + y\cot x = 5e^{\cos x}, y\big|_{x=\frac{\pi}{2}} = -4$

   （4）$y' + \dfrac{2 - 3x^2}{x^3}y = 1, y\big|_{x=1} = 0$

知识拓展

4.4 二阶线性微分方程

一、二阶线性微分方程的定义

定义 4-6 形如

$$\dfrac{d^2 y}{dx^2} + P(x)\dfrac{dy}{dx} + Q(x)y = f(x) \tag{4-5}$$

的方程称为**二阶线性微分方程**. 其中 $P(x)$、$Q(x)$ 及 $f(x)$ 是自变量 x 的已知函数, 函数 $f(x)$ 称为微分方程 (4-5) 的**自由项**.

当 $P(x)$ 和 $Q(x)$ 是常数, 和 x 无关时, 方程成为

$$\dfrac{d^2 y}{dx^2} + P\dfrac{dy}{dx} + Qy = f(x),$$

这个方程称为**二阶线性常系数微分方程**.

当 $f(x) \equiv 0$, 方程成为

$$\dfrac{d^2 y}{dx^2} + P(x)\dfrac{dy}{dx} + Q(x)y = 0$$

这个方程称为**二阶线性齐次微分方程**. 相应地, 当 $f(x) \neq 0$, 方程称为**二阶线性非齐次微分方程**.

当 $P(x)$ 和 $Q(x)$ 是常数, 且 $f(x) \equiv 0$, 方程成为

$$\frac{d^2y}{dx^2} + P\frac{dy}{dx} + Qy = 0$$

这个方程称为**二阶线性常系数齐次微分方程**. 相应地,当 $P(x)$ 和 $Q(x)$ 是常数,但 $f(x) \neq 0$ 时,方程称为**二阶线性常系数非齐次微分方程**.

二、二阶线性齐次微分方程解的结构

> **定理 4-1** 如果函数 $y_1(x)$ 与 $y_2(x)$ 是方程 $\dfrac{d^2y}{dx^2} + P(x)\dfrac{dy}{dx} + Q(x)y = 0$ 的两个解,则
> $$y = C_1 y_1(x) + C_2 y_2(x)$$
> 也是该方程的解,其中 C_1, C_2 是任意常数.

证明时只要设 $y_1(x)$ 与 $y_2(x)$ 是方程 $\dfrac{d^2y}{dx^2} + P(x)\dfrac{dy}{dx} + Q(x)y = 0$ 的解,再将 $y = C_1 y_1(x) + C_2 y_2(x)$ 代入方程左端,这时等式成立,从而定理得证.

定理 4-1 表明,用 $\dfrac{d^2y}{dx^2} + P(x)\dfrac{dy}{dx} + Q(x)y = 0$ 的两个特解 $y_1(x)$,$y_2(x)$ 可以构造出它的无数多个解 $y = C_1 y_1(x) + C_2 y_2(x)$;根据通解的定义,如果 C_1, C_2 是相互独立的任意常数,那么它就是方程的通解. 因此,$y = C_1 y_1(x) + C_2 y_2(x)$ 是不是方程 $\dfrac{d^2y}{dx^2} + P(x)\dfrac{dy}{dx} + Q(x)y = 0$ 的通解,就要看 C_1, C_2 是不是相互独立的,而这一点是由 $y_1(x)$,$y_2(x)$ 之间的关系确定的.

如果存在不全为零的常数 k_1, k_2,使 $k_1 y_1(x) + k_2 y_2(x) = 0$,则称 $y_1(x)$,$y_2(x)$ **线性相关**,否则称为**线性无关**.

如果 $y_1(x)$,$y_2(x)$ 线性相关,那么其中一个函数就可表示为另一函数的常数倍,不妨设 $y_1(x) = k y_2(x)$,于是 $y = C_1 y_1(x) + C_2 y_2(x) = C_1 k y_2(x) + C_2 y_2(x) = C y_2(x)$,说明这个解中实际上只含有一个任意常数,因此它不是方程 $\dfrac{d^2y}{dx^2} + P(x)\dfrac{dy}{dx} + Q(x)y = 0$ 的通解.

> **定理 4-2** 如果 $y_1(x)$ 与 $y_2(x)$ 是方程 $\dfrac{d^2y}{dx^2} + P(x)\dfrac{dy}{dx} + Q(x)y = 0$ 的两个线性无关的特解,则
> $$y = C_1 y_1(x) + C_2 y_2(x)$$
> 就是方程 $\dfrac{d^2y}{dx^2} + P(x)\dfrac{dy}{dx} + Q(x)y = 0$ 的通解,其中 C_1, C_2 是任意常数.

例如:容易验证 $y_1(x) = e^x$ 和 $y_2(x) = e^{2x}$ 都是二阶线性齐次微分方程 $y'' - 3y' + 2y = 0$ 的解,而 $y_1(x)$ 与 $y_2(x)$ 是线性无关的,因此 $y = C_1 y_1(x) + C_2 y_2(x)$ 是该方程的通解,其中 C_1, C_2 是任意常数.

三、二阶线性非齐次微分方程解的结构

定理 4-3 设 y^* 是方程 $\dfrac{d^2 y}{dx^2} + P(x)\dfrac{dy}{dx} + Q(x)y = f(x)$ 的一个特解,而 Y 是其对应的齐次方程 $\dfrac{d^2 y}{dx^2} + P(x)\dfrac{dy}{dx} + Q(x)y = 0$ 的通解,则

$$y = Y + y^*$$

就是二阶非齐次线性微分方程 $\dfrac{d^2 y}{dx^2} + P(x)\dfrac{dy}{dx} + Q(x)y = f(x)$ 的通解.

证明:将 $y = Y + y^*$ 代入方程 $\dfrac{d^2 y}{dx^2} + P(x)\dfrac{dy}{dx} + Q(x)y = f(x)$ 的左边,得

$$\begin{aligned}
&\frac{d^2 y}{dx^2} + P(x)\frac{dy}{dx} + Q(x)y \\
&= \left[Y + y^*\right]'' + P(x)\left[Y + y^*\right]' + Q(x)\left[Y + y^*\right] \\
&= \left[Y'' + (y^*)''\right] + P(x)\left[Y' + (y^*)'\right] + Q(x)\left[Y + y^*\right] \\
&= Y'' + P(x)Y' + Q(x)Y + (y^*)'' + P(x)(y^*)' + Q(x)y^* \\
&= (y^*)'' + P(x)(y^*)' + Q(x)y^* \\
&= f(x)
\end{aligned}$$

故 $y = Y + y^*$ 是方程 $\dfrac{d^2 y}{dx^2} + P(x)\dfrac{dy}{dx} + Q(x)y = f(x)$ 的解,又因为 Y 中含有两个相互独立的任意常数,所以 $y = Y + y^*$ 是方程 $\dfrac{d^2 y}{dx^2} + P(x)\dfrac{dy}{dx} + Q(x)y = f(x)$ 的通解.

定理 4-4 设 y_1^* 与 y_2^* 分别是方程
$$y'' + P(x)y' + Q(x)y = f_1(x)$$
与
$$y'' + P(x)y' + Q(x)y = f_2(x)$$
的特解,则 $y_1^* + y_2^*$ 是方程
$$y'' + P(x)y' + Q(x)y = f_1(x) + f_2(x)$$
的特解.

例如:容易验证 $y(x) = -\dfrac{1}{2}e^{-x}$ 是二阶线性非齐次微分方程 $y'' + y' - 2y = e^{-x}$ 的一个特解,而 $y = C_1 e^x + C_2 e^{-2x}$ 是对应的二阶线性齐次微分方程 $y'' + y' - 2y = 0$ 的通解,因此 $y'' + y' - 2y = e^{-x}$ 的通解为

$$y = C_1 e^x + C_2 e^{-2x} - \frac{1}{2}e^{-x}$$

根据上述定理,求二阶线性非齐次微分方程的通解归结为求其一个特解 y^* 及其对应的二阶线性齐次微分方程的两个线性无关的解 $y_1(x)$ 和 $y_2(x)$.

然而，求 y^*，$y_1(x)$ 和 $y_2(x)$ 仍然是相当困难的，下面仅当 $P(x)$ 和 $Q(x)$ 是常数时给出解法.

四、二阶线性常系数齐次微分方程解的结构

二阶线性常系数齐次微分方程
$$y'' + py' + qy = 0$$
是齐次线性微分方程的特殊情况，因此，根据定理 4-2 可知，只要求出它的两个线性无关的特解，就可以确定它的通解.

二阶线性常系数齐次微分方程 $y'' + py' + qy = 0$ 的特点：y'', y', y 之间仅差一个常数因子，而指数函数 $y = e^{\lambda x}$ 就恰好具备这一特点，只要选取适当的 λ 值，就能使它满足方程 $y'' + py' + qy = 0$.

将 $y = e^{\lambda x}$，$y' = \lambda e^{\lambda x}$，$y'' = \lambda^2 e^{\lambda x}$ 代入方程，得
$$e^{\lambda x}(\lambda^2 + p\lambda + q) = 0$$
由于 $e^{\lambda x} \neq 0$，所以
$$\lambda^2 + p\lambda + q = 0$$
上式称为方程 $y'' + py' + qy = 0$ 的**特征方程**，它的两个根则称为方程的**特征根**.

如上所述，求方程 $y'' + py' + qy = 0$ 解的问题转化为求其特征根的问题. 下面根据代数方程 $\lambda^2 + p\lambda + q = 0$ 的根的判别式的符号的不同，分以下三种情况讨论.

1. 当 $\Delta = p^2 - 4q > 0$ 时，特征方程 $\lambda^2 + p\lambda + q = 0$ 有两个不相等的实根
$$\lambda_{1,2} = \frac{-p \pm \sqrt{p^2 - 4q}}{2}$$
由于 $\dfrac{e^{\lambda_1 x}}{e^{\lambda_2 x}} = e^{(\lambda_1 - \lambda_2)x} \neq$ 常数，所以 $y_1 = e^{\lambda_1 x}$，$y_2 = e^{\lambda_2 x}$ 是方程 $y'' + py' + qy = 0$ 的两个线性无关的特解，故其通解为 $y = C_1 e^{\lambda_1 x} + C_2 e^{\lambda_2 x}$.

2. 当 $\Delta = p^2 - 4q = 0$ 时，特征方程 $\lambda^2 + p\lambda + q = 0$ 有两个相等的实根
$$\lambda_1 = \lambda_2 = \frac{-p}{2}$$
此时只能找到 $y'' + py' + qy = 0$ 的一个特解 $y_1 = e^{-\frac{p}{2}x}$. 要求出通解，还必须找到方程的另外一个特解 y_2，且 $\dfrac{y_2}{y_1} \neq$ 常数. 事实上，可以验证 $y_2 = x e^{-\frac{p}{2}x}$ 是方程的一个特解 y_2，且 $\dfrac{y_2}{y_1} \neq$ 常数，所以此时方程的通解为 $y = C_1 e^{-\frac{p}{2}x} + C_2 x e^{-\frac{p}{2}x}$.

3. 当 $\Delta = p^2 - 4q < 0$ 时，特征方程 $\lambda^2 + p\lambda + q = 0$ 有两个共轭的复根
$$\lambda_1 = \alpha + i\beta, \lambda_2 = \alpha - i\beta, \text{ 其中 } \alpha = -\frac{p}{2}, \beta = \frac{\sqrt{4q - p^2}}{2}$$
从而得到方程 $y'' + py' + qy = 0$ 的两个线性无关的特解
$$y_1 = e^{\lambda_1 x}, \quad y_2 = e^{\lambda_2 x}$$

为了便于应用，利用欧拉公式 $e^{i\theta} = \cos\theta + i\sin\theta$，得
$$y_1 = e^{\alpha x}(\cos\beta x + i\sin\beta x), \quad y_2 = e^{\alpha x}(\cos\beta x - i\sin\beta x)$$

由定理 4-1 可知
$$Y_1 = \frac{1}{2}(y_1 + y_2) = e^{\alpha x}\cos\beta x, \quad Y_2 = \frac{1}{2}(y_1 - y_2) = e^{\alpha x}\sin\beta x$$

也是方程的两个特解，且线性无关．所以，方程 $y'' + py' + qy = 0$ 的实函数形式的通解为
$$y = e^{\alpha x}(C_1\cos\beta x + C_2\sin\beta x)$$

[**例 4-11**] 求微分方程 $y'' - 2ay' + y = 0$ 的通解．

解：原方程对应的特征方程为 $r^2 - 2ar + 1 = 0$，$r_{1,2} = \dfrac{2a \pm \sqrt{4a^2 - 4}}{2} = a \pm \sqrt{a^2 - 1}$，

（1）当 $|a| > 1$，即 $a > 1$ 或 $a < -1$ 时，特征方程有两个不相等的实根
$$r_1 = a + \sqrt{a^2 - 1}, \quad r_2 = a - \sqrt{a^2 - 1},$$

故原方程的通解为
$$y = C_1 e^{(a+\sqrt{a^2-1})x} + C_2 e^{(a-\sqrt{a^2-1})x}$$

（2）当 $|a| = 1$，即 $a = 1$ 或 $a = -1$ 时，特征方程有两个相等的实根 $r_1 = r_2 = a$
故原方程的通解为 $y = (C_1 + C_2 x)e^{ax}$

（3）当 $|a| < 1$，即 $-1 < a < 1$ 时，特征方程有两个共轭复根 $r_{1,2} = a \pm i\sqrt{1 - a^2}$
故原方程的通解为
$$y = e^{ax}(C_1\cos\sqrt{1-a^2}\,x + C_2\sin\sqrt{1-a^2}\,x)$$

综上所述，求二阶线性常系数齐次微分方程通解的步骤如下：

第一步，写出方程 $y'' + py' + qy = 0$ 的特征方程 $\lambda^2 + p\lambda + q = 0$，

第二步，求出特征方程的两个特征根 λ_1, λ_2．

第三步，根据表 4-1 给出的三种特征根的不同情形，写出 $y'' + py' + qy = 0$ 的通解．

表 4-1

特征方程 $\lambda^2 + p\lambda + q = 0$ 的根		微分方程 $y'' + py' + qy = 0$ 的通解
有两个不同特征实根	$\lambda_1 \neq \lambda_2$	$y = C_1 e^{\lambda_1 x} + C_2 e^{\lambda_2 x}$
有两个相同特征实根	$\lambda_1 = \lambda_2$	$y = C_1 e^{-\frac{p}{2}x} + C_2 x e^{-\frac{p}{2}x}$
有一对共轭复根	$\lambda_{1,2} = \alpha \pm i\beta$	$y = e^{\alpha x}(C_1\cos\beta x + C_2\sin\beta x)$

五、二阶线性常系数非齐次微分方程解的结构

根据定理 4-3，求二阶线性常系数非齐次微分方程
$$y'' + py' + qy = f(x)$$
的通解归结为求其一个特解 y^* 及其对应的二阶线性齐次微分方程
$$y'' + py' + qy = 0$$
的两个线性无关的解 $y_1(x)$ 和 $y_2(x)$．而对应的齐次微分方程 $y'' + py' + qy = 0$ 的通解我们已经

讨论过了，这里只需讨论如何求 $y'' + py' + qy = f(x)$ 的一个特解 y^* 即可. 在实际当中，求解非齐次方程的特解 y^*，往往比求对应的齐次方程的通解困难得多，表 4-2 我们直接给出当 $f(x)$ 为两种常见形式时用待定系数法求方程 $y'' + py' + qy = f(x)$ 的特解的形式.

表 4-2

自由项 $f(x)$ 的形式	特解的形式的设法	
$f(x) = P_m(x)e^{\lambda x}$	λ 不是特征根	$y^* = Q_m(x)e^{\lambda x}$
	λ 是特征单根	$y^* = xQ_m(x)e^{\lambda x}$
	λ 是二重特征根	$y^* = x^2 Q_m(x)e^{\lambda x}$
$f_1(x) = P_m(x)e^{\alpha x}\cos\beta$ 或 $f_2(x) = P_m(x)e^{\alpha x}\sin\beta$	①令 $\lambda = \alpha + i\beta$，构造辅助方程 $y'' + py' + qy = P_m(x)e^{\lambda x}$ ②求出辅助方程的特解 $y^* = y_1 + iy_2$ ③则 y_1 是方程 $y'' + py' + qy = f_1(x)$ 特解 y_2 是方程 $y'' + py' + qy = f_2(x)$ 特解	

注意：表中的 $P_m(x)$ 为已知的 m 次多项式，$Q_m(x)$ 为待定的 m 次多项式，如 $Q_2(x) = Ax^2 + Bx + C$（A, B, C 为待定常数）.

[**例 4-12**] 求微分方程 $y'' - y = 4xe^x$ 满足初始条件 $y|_{x=0} = 0$，$y'|_{x=0} = 1$ 的特解.

解：对应齐次方程的特征方程为 $\lambda^2 - 1 = 0$，特征根 $\lambda_{1,2} = \pm 1$. 故对应齐次微分方程的通解为 $y = C_1 e^x + C_2 e^{-x}$.

因为 $\lambda = 1$ 是特征方程的单根，所以设特解为 $y^* = x(b_0 x + b_1)e^x$

代入原方程得 $2b_0 + 2b_1 + 4b_0 x = 4x$

比较同类项系数得 $b_0 = 1$，$b_1 = -1$，从而原方程的特解为 $y^* = x(x-1)e^x$

故原方程的通解为 $y = C_1 e^x + C_2 e^{-x} + x(x-1)e^x$

由初始条件 $x = 0$ 时，$y = y' = 0$，得 $\begin{cases} C_1 + C_2 = 0, \\ C_1 - C_2 = 2, \end{cases}$

从而 $C_1 = 1$，$C_2 = -1$. 因此满足初始条件的特解为
$$y = e^x - e^{-x} + x(x-1)e^x$$

[**例 4-13**] 求微分方程 $y'' - 4y' + 8y = e^{2x}\sin 2x$ 的通解.

解：对应的齐次微分方程的特征方程 $\lambda^2 - 4\lambda + 8 = 0$，特征根 $\lambda_{1,2} = 2 \pm 2i$. 于是所对应的齐次微分方程通解为
$$y = e^{2x}(C_1 \cos 2x + C_2 \sin 2x)$$

为了求原方程 $y'' - 4y' + 8y = e^{2x}\sin 2x$ 的一个特解，先求辅助方程
$$y'' - 4y' + 8y = e^{(2+2i)x}$$

的特解.

由于 $\lambda = 2 + 2i$ 是特征方程的单根，且 $P_m(x) = 1$ 是零次多项式. 所以设辅助方程

$y'' - 4y' + 8y = e^{(2+2i)x}$ 的特解为 $y^* = Axe^{(2+2i)x}$，代入原方程，化简得
$$(4+4i)A + 8iAx - 4[A + (2+2i)Ax] + 8Ax = 1,$$
比较同类项系数，得 $4Ai = 1$，$A = \dfrac{1}{4i} = -\dfrac{i}{4}$

所以，辅助方程 $y'' - 4y' + 8y = e^{(2+2i)x}$ 的特解为
$$y^* = -\frac{i}{4}xe^{2x}(\cos 2x + i\sin 2x) = -\frac{1}{4}xe^{2x}(i\cos 2x - \sin 2x)$$

其虚部 $-\dfrac{1}{4}xe^{2x}\cos 2x$ 即为所求原方程 $y'' - 4y' + 8y = e^{2x}\sin 2x$ 的特解.

因此原方程通解为
$$y = e^{2x}(C_1\cos x + C_2\sin x) - \frac{1}{4}xe^{2x}\cos 2x$$

小结：在设微分方程 $y'' + py' + qy = P_m(x)e^{\lambda x}$ 的特解时，必须注意把特解 y^* 设全，如：$P_m(x) = x^2$，那么 $Q_m(x) = b_0x^2 + b_1x + b_2$，而不能设 $Q_m(x) = b_0x^2$. 另外，微分方程的特解都应是满足一定初始条件的解，上面所求的特解 y^* 一般不会满足题设的初始条件，因此需要从通解中找出一个满足该初始条件的特解.

思考题 4.4

试写出二阶常系数齐次及非齐次微分方程解的结构？

练习题 4.4

1. 求下列微分方程的通解.

   （1）$y'' + y' - 2y = 0$ 　　　　　　　（2）$y'' - 4y' = 0$

   （3）$y'' + y = 0$ 　　　　　　　　　　（4）$y'' + 6y' + 13y = 0$

   （5）$4\dfrac{d^2x}{dt^2} - 20\dfrac{dx}{dt} + 25x = 0$ 　　（6）$y'' - 4y' + 5y = 0$

2. 求下列各微分方程的通解.

   （1）$2y'' + y' - y = 2e^x$ 　　　　　　（2）$y'' + a^2y = e^x$

   （3）$2y'' + 5y' = 5x^2 - 2x - 1$ 　　　（4）$y'' + 3y' + 2y = 3xe^{-x}$

   （5）$y'' + 5y' + 4y = 3 - 2x$ 　　　　（6）$y'' - 6y' + 9y = (x+1)e^{3x}$

数学实验

4.5　实验——用 MATLAB 求微分方程

在 MATLAB 中主要用 dsolve 来求解微分方程. 命令格式为：

s=dsolve（'方程1'，'方程2'，…，'初始条件1'，'初始条件2'…，'自变量'）.

说明：　在以上命令格式中,用字符串方程表示所求解微分方程,自变量默认值为 t. 导

数用 D 表示，2 阶导数用 D2 表示，以此类推．S 返回解析解．

[例 4-14] 求解下列微分方程．

（1） $y' = ay + b$

（2） $y'' = \sin(2x) - y, y(0) = 0, y'(0) = 1$

（3） $f' = f + g, g' = g - f, f'(0) = 1, g'(0) = 1$

解：（1）输入命令：

s=dsolve（'Dy=a*y+b', 'x'）

结果为：

s =

－(b－C1*exp (a*x))/a

（2）输入命令：

s=dsolve（'D2y=sin（2*x）-y', 'y（0）=0', 'Dy（0）=1', 'x'）

结果为：

s=

(5*sin（x））/3 － sin（2*x）/3

（3）输入命令：

s=dsolve（'Df=f+g', 'Dg=g-f', 'f（0）=1', 'g（0）=1'）;

simplify（s.f）　　%s 是一个结构

simplify（s.g）

结果为：

ans =

exp（t）*（cos（t）+ sin（t））

ans =

exp（t）*（cos（t）－ sin（t））

[例 4-15] 求解微分方程
$$y' = -y + t + 1, y(0) = 1$$

解：输入命令：

s=dsolve（'Dy=-y+t+1', 'y（0）=1', 't'）;

simplify（s）　　%以最简形式显示 s

结果为：

ans=t + 1/exp（t）

> **注意**：利用 dsolve 命令可以很方便地求得常微分方程的通解和满足给定条件的特解．但须注意在建立方程时 $y', y'', y'''\cdots$，应分别输入为 Dy, D2y, D3y, …，且一般需要指明自变量．

[例 4-16] 求二阶常微分方程 $2y'' + y' - y = 2e^x$ 的通解．

解：输入命令：

```
y=dsolve('2*D2y+Dy-y=2*exp(x)','x')
```

结果为：

```
y=
    exp(1/2*x)*C2+exp(-x)*C1+exp(x)
```

上面 dsolve 命令中的第二个参数 'x' 用来指明自变量 x. 如果省略该参数，MATLAB 将以 t 为自变量来给出方程的解.

[**例 4-17**] 求初值问题 $\begin{cases} x^2 e^{2y} \dfrac{dy}{dx} = x^3 + 1 \\ y(1) = 0 \end{cases}$ 的解.

解：输入命令：

```
y=dsolve('x^2*exp(2*y)*Dy=x^3+1','y(1)=0','x')
```

结果为：

```
y=
    log(x^2 - 2/x + 2)/2.
```

思考题 4.5

在利用 MATLAB 求解微分方程中系统默认的自变量为 t，所以对 t 求导，末尾是否可以不加 t，而对 x 求导，是否一定要加自变量 x？

练习题 4.5

1. 写出求解常微分方程 $\dfrac{dy}{dx} = \dfrac{1}{x+y}$ 的 MATLAB 程序.

2. 利用 MATLAB 求常微分方程的初始值问题 $\dfrac{dy}{dx} + 3y = 8$，$y|_{x=0} = 2$ 的解.

3. 利用 MATLAB 求常微分方程的特解.

$$\begin{cases} \dfrac{d^2 y}{dx^2} + 4 \dfrac{dy}{dx} + 29y = 0 \\ y(0) = 0, \ y'(0) = 15 \end{cases}$$

4. 写出求常微分方程组 $\begin{cases} \dfrac{dx}{dt} + 5x + y = e^t \\ \dfrac{dy}{dt} - x - 3y = e^{2t} \end{cases}$ 通解的 MATLAB 程序.

知识应用

4.6 常微分方程的应用

函数是事物的内部联系在数量方面的反映,如何寻找变量之间的函数关系,在实际应用中具有重要意义. 在许多实际问题中,往往不能直接找出变量之间的函数关系,但是根据问题所提供的情况,有时可以列出含有要找的函数及其导数(或微分)的关系式. 这就是所谓的微分方程,从而得出微分方程模型. 下面通过一些具体的实例介绍具体的实际应用过程,望读者能从中得到启发.

一、人口预测模型

由于资源的有限性,当今世界各国都注意有计划地控制人口的增长,为了得到人口预测模型,必须首先搞清影响人口增长的因素,而影响人口增长的因素很多,如人口的自然出生率、人口的自然死亡率、人口的迁移、自然灾害、战争等诸多因素,如果一开始就把所有因素都考虑进去,则无从下手. 因此,先把问题简化,建立比较粗糙的模型,再逐步修改,得到较完善的模型.

[例 4-18] (马尔萨斯(Malthus)模型) 英国人口统计学家马尔萨斯(1766—1834)在担任牧师期间,查看了教堂 100 多年人口出生统计资料,发现人口出生率是一个常数,于 1789 年在《人口原理》一书中提出了闻名于世的马尔萨斯人口模型,他的基本假设是:在人口自然增长过程中,净相对增长(出生率与死亡率之差)是常数,即单位时间内人口的增长量与人口成正比,比例系数设为 r,在此假设下,推导并求解人口随时间变化的数学模型.

解:设时刻 t 的人口为 $N(t)$,把 $N(t)$ 当作连续、可微函数处理(因人口总数很大,可近似地这样处理,此乃离散变量连续化处理),据马尔萨斯的假设,在 t 到 $t+\Delta t$ 时间段内,人口的增长量为

$$N(t+\Delta t) - N(t) = rN(t)\Delta t$$

并设 $t = t_0$ 时刻的人口为 N_0,于是

$$\begin{cases} \dfrac{dN}{dt} = rN \\ N(t_0) = N \end{cases}$$

这就是马尔萨斯人口模型,用分离变量法易求出其解为

$$N(t) = N_0 e^{r(t-t_0)}$$

此式表明人口以指数规律随时间无限增长.

模型检验:据估计 1961 年地球上的人口总数为 3.06×10^9,而在以后 7 年中,人口总数以每年 2% 的速度增长,这样 $t_0 = 1961$, $N_0 = 3.06 \times 10^9$, $r = 0.02$,于是

$$N(t) = 3.06 \times 10^9 e^{0.02(t-1961)}$$

这个公式非常准确地反映了在 1700—1961 年间世界人口总数. 因为,这期间地球上的人

口大约每 35 年翻一番, 而上式断定 34.6 年增加一倍 (请读者证明这一点).

但是, 后来人们以美国人口为例, 用马尔萨斯模型计算结果与人口资料比较, 却发现有很大的差异, 尤其是在用此模型预测较遥远的未来地球人口总数时, 发现存在更令人不可思议的问题, 如按此模型计算, 到 2670 年, 地球上将有 36 000 亿人口. 如果地球表面全是陆地 (事实上, 地球表面还有 80%被水覆盖), 我们也只得互相踩着肩膀站成两层了, 这是非常荒谬的. 因此, 这一模型应该修改.

[**例 4-19**] (**罗捷斯蒂克 (Logistic) 模型**) 马尔萨斯模型为什么不能预测未来的人口呢? 这主要是地球上的各种资源只能供一定数量的人生活, 随着人口的增加, 自然资源环境条件等因素对人口增长的限制作用越来越显著, 如果当人口较少时, 人口的自然增长率可以看做常数的话, 那么当人口增加到一定数量以后, 这个增长率就要随人口的增加而减小. 因此, 应对马尔萨斯模型中关于净增长率为常数的假设进行修改.

1838 年, 荷兰生物数学家韦尔侯斯特 (Verhulst) 引入常数 N_m, 用来表示自然环境条件所能容许的最大人口数 (一般说来, 一个国家工业化程度越高, 它的生活空间就越大, 食物就越多, 从而 N_m 就越大), 并假设将增长率等于 $r\left(1-\dfrac{N(t)}{N_m}\right)$, 即净增长率随着 $N(t)$ 的增加而减小, 当 $N(t) \to N_m$ 时, 净增长率趋于零, 按此假定建立人口预测模型.

解: 由韦尔侯斯特假定, 马尔萨斯模型应改为

$$\begin{cases} \dfrac{\mathrm{d}N}{\mathrm{d}t} = r\left(1-\dfrac{N}{N_0}\right)N \\ N(t_0) = N_0 \end{cases}$$

上式就是逻辑模型, 该方程可分离变量, 其解为

$$N(t) = \dfrac{N_m}{1+\left(\dfrac{N_m}{N_0}-1\right)\mathrm{e}^{-r(t-t_0)}}$$

下面, 我们对模型作一简要分析.

(1) 当 $t \to \infty$, $N(t) \to N_m$, 即无论人口的初值如何, 人口总数趋向于极限值 N_m.

(2) 当 $0 < N < N_m$ 时, $\dfrac{\mathrm{d}N}{\mathrm{d}t} = r\left(1-\dfrac{N}{N_m}\right)N > 0$, 这说明 $N(t)$ 是时间 t 的单调递增函数.

(3) 由于 $\dfrac{\mathrm{d}^2 N}{\mathrm{d}t^2} = r^2\left(1-\dfrac{N}{N_m}\right)\left(1-\dfrac{2N}{N_m}\right)N$, 所以当 $N < \dfrac{N_m}{2}$ 时, $\dfrac{\mathrm{d}^2 N}{\mathrm{d}t^2} > 0$, $\dfrac{\mathrm{d}N}{\mathrm{d}t}$ 单增; 当 $N > \dfrac{N_m}{2}$ 时, $\dfrac{\mathrm{d}^2 N}{\mathrm{d}t^2} < 0$, $\dfrac{\mathrm{d}N}{\mathrm{d}t}$ 单减, 即人口增长率 $\dfrac{\mathrm{d}N}{\mathrm{d}t}$ 由增变减, 在 $\dfrac{N_m}{2}$ 处最大, 也就是说在人口总数达到极限值一半以前是加速生长期, 过这一点后, 生长的速率逐渐变小, 并且迟早会达到零, 这是减速生长期.

(4) 用该模型检验美国从 1790 年到 1950 年的人口, 发现模型计算的结果与实际人口在 1930 年以前都非常吻合, 自从 1930 年以后, 误差越来越大, 一个明显的原因是在 20 世纪 60

年代美国的实际人口数已经突破了 20 世纪初所设的极限人口.由此可见该模型的缺点之一是 N_m 不易确定,事实上,随着一个国家经济的腾飞,它所拥有的食物就越丰富,N_m 的值也就越大.

(5)用逻辑模型来预测世界未来人口总数.某生物学家估计,$r = 0.029$,又当人口总数为 3.06×10^9 时,人口每年以 2% 的速率增长,由逻辑模型得

$$\frac{1}{N}\frac{dN}{dt} = r\left(1 - \frac{N}{N_m}\right)$$

即

$$0.02 = 0.029\left(1 - \frac{3.06 \times 10^9}{N_m}\right)$$

从而得

$$N_m = 9.86 \times 10^9,$$

即世界人口总数极限值近 100 亿.

值得说明的是:人也是一种生物,因此,上面关于人口模型的讨论,原则上也可以用于在自然环境下单一物种生存着的其他生物,如森林中的树木、池塘中的鱼等,逻辑模型有着广泛的应用.

二、市场价格模型

对于纯粹的市场经济来说,商品市场价格取决于市场供需之间的关系,市场价格能促使商品的供给与需求相等(这样的价格称为(静态)均衡价格).也就是说,如果不考虑商品价格形成的动态过程,那么商品的市场价格应能保证市场的供需平衡,但是,实际的市场价格不会恰好等于均衡价格,而且价格也不会是静态的,应是随时间不断变化的动态过程.

[例 4-20] 试建立描述市场价格形成的动态过程的数学模型.

解:假设在某一时刻 t,商品的价格为 $p(t)$,它与该商品的均衡价格间有差别,此时,存在供需差,此供需差促使价格变动.对新的价格,又有新的供需差,如此不断调节,就构成市场价格形成的动态过程,假设价格 $p(t)$ 的变化率 $\frac{dp}{dt}$ 与需求和供给之差成正比,并记 $f(p,r)$ 为需求函数,$g(p)$ 为供给函数(r 为参数),于是

$$\begin{cases} \frac{dp}{dt} = \alpha\left[f(p,r) - g(p)\right] \\ p(0) = p_0 \end{cases}$$

其中 p_0 为商品在 $t = 0$ 时刻的价格,α 为正常数.

若设 $f(p,r) = -ap + b$,$g(p) = cp + d$,则上式变为

$$\begin{cases} \frac{dp}{dt} = -\alpha(a+c)p + \alpha(b-d) \\ p(0) = p_0 \end{cases} \tag{4-6}$$

其中 a,b,c,d 均为正常数,其解为

$$p(t) = \left(p_0 - \frac{b-d}{a+c}\right)e^{-\alpha(a+c)t} + \frac{b-d}{a+c}$$

下面对所得结果进行讨论：

（1）设 $\bar{p}$ 为静态均衡价格，则其应满足
$$f(\bar{p}, r) - g(\bar{p}) = 0$$
即
$$-a\bar{p} + b = c\bar{p} + d$$

于是得 $\bar{p} = \dfrac{b-d}{a+c}$，从而价格函数 $p(t)$ 可写为
$$p(t) = (p_0 - \bar{p})e^{-\alpha(a+c)t} + \bar{p}$$

令 $t \to +\infty$，取极限得
$$\lim_{t \to +\infty} p(t) = \bar{p}$$

这说明，市场价格逐步趋于均衡价格。又若初始价格 $p_0 = \bar{p}$，则动态价格就维持在均衡价格 $\bar{p}$ 上，整个动态过程就化为静态过程。

（2）由于
$$\frac{dp}{dt} = (\bar{p} - p_0)\alpha(a+c)e^{-\alpha(a+c)t}$$

所以，当 $p_0 > \bar{p}$ 时，$\dfrac{dp}{dt} < 0$，$p(t)$ 单调下降向 $\bar{p}$ 靠拢；当 $p_0 < \bar{p}$ 时，$\dfrac{dp}{dt} > 0$，$p(t)$ 单调增加向 $\bar{p}$ 靠拢。这说明：初始价格高于均衡价格时，动态价格就要逐步降低，且逐步靠近均衡价格；否则，动态价格就要逐步升高。因此，式（4-6）在一定程度上反映了价格影响需求与供给，而需求与供给反过来又影响价格的动态过程，并指出了动态价格逐步向均衡价格靠拢的变化趋势。

三、混合溶液的数学模型

[**例 4-21**] 设一容器内原有 100L 盐，内含有盐 10kg，现以 3L/min 的速度注入质量浓度为 0.01kg/L 的淡盐水，同时以 2L/min 的速度抽出混合均匀的盐水，求容器内盐量变化的数学模型。

解：设 t 时刻容器内的盐量为 $x(t)$ kg，考虑 t 到 $t + dt$ 时间内容器中盐的变化情况，在 dt 时间内

容器中盐的改变量＝注入的盐水中所含盐量－抽出的盐水中所含盐量

容器内盐的改变量为 dx，注入的盐水中所含盐量为 $0.01 \times 3 dt$，t 时刻容器内溶液的质量浓度为 $\dfrac{x(t)}{100 + (3-2)t}$，假设 t 到 $t + dt$ 时间容器内溶液的质量浓度不变（事实上，容器内的溶液质量浓度时刻在变，由于 dt 时间很短，可以这样看）。于是抽出的盐水中所含盐量为 $\dfrac{x(t)}{100 + (3-2)t} 2dt$，这样即可列出方程

$$dx = 0.03dt - \frac{2x}{100+t}dt$$

即

$$\frac{dx}{dt} = 0.03 - \frac{2x}{100+t}$$

又因为 $t=0$ 时, 容器内有盐 $10\,\text{kg}$, 于是得该问题的数学模型为

$$\begin{cases} \dfrac{dx}{dt} + \dfrac{2x}{100+t} = 0.03 \\ x(0) = 10 \end{cases}$$

这是一阶非齐次线性方程的初值问题, 其解为

$$x(t) = 0.01(100+t) + \frac{9 \times 10^4}{(100+t)^2}$$

下面对该问题进行一下简单的讨论, 由上式不难发现: t 时刻容器内溶液的质量浓度为

$$p(t) = \frac{x(t)}{100+t} = 0.01 + \frac{9 \times 10^4}{(100+t)^3}$$

且当 $t \to +\infty$ 时, $p(t) \to 0.01$, 即长时间地进行上述稀释过程, 容器内盐水的质量浓度将趋于注入溶液的质量浓度.

溶液混合问题的更一般的提法是: 设有一容器装有某种质量浓度的溶液, 以流量 V_1 注入质量浓度为 C_1 的溶液 (指同一种类溶液, 只是质量浓度不同), 假定溶液立即被搅匀, 并以 V_2 的流量流出这种混合溶液, 试建立容器中质量浓度与时间的数学模型.

首先设容器中溶质的质量为 $x(t)$, 原来的初始质量为 x_0, $t=0$ 时溶液的体积为 V_2, 在 dt 时间内, 容器内溶质的改变量等于流入溶质的数量减去流出溶质的数量, 即

$$dx = C_1 V_1 dt - C_2 V_2 dt,$$

其中, C_1 是流入溶液的质量浓度, C_2 为 t 时刻容器中溶液的质量浓度, $C_2 = \dfrac{x}{V_0 + (V_1 - V_2)t}$, 于是, 有混合溶液的数学模型

$$\begin{cases} \dfrac{dx}{dt} = C_1 V_1 - C_2 V_2 \\ x(0) = x_0 \end{cases}$$

该模型不仅适用于液体的混合, 而且还适用于讨论气体的混合.

四、药品在液体中的运动规律模型

[例 4-22] 一质量为 m 的药品由静止开始沉入某种液体, 当下沉时, 液体的反作用力与下沉速度成正比, 求此药品在液体中的运动规律.

解: 设药品在液体中的运动规律为 $x = x(t)$, 由题意, 有

$$\begin{cases} m\dfrac{d^2x}{dt^2} = mg - k\dfrac{dx}{dt} \\ x\big|_{t=0} = 0,\ \dfrac{dx}{dt}\big|_{t=0} = 0 \end{cases} \quad (k>0\text{ 为比例系数})$$

方程变为 $\dfrac{d^2x}{dt^2} + \dfrac{k}{m}\dfrac{dx}{dt} = g$

齐次方程的特征方程为 $r^2 + \dfrac{k}{m}r = 0$，$r(r+\dfrac{k}{m})=0$，$r_1=0$，$r_2=-\dfrac{k}{m}$

故原方程所对应的齐次方程的通解为 $x_c = C_1 + C_2 e^{-\frac{k}{m}t}$，

因 $\lambda=0$ 是特征单根，故可设 $x_p = at$，代入原方程，即得 $a=\dfrac{mg}{k}$，

故 $x_p = \dfrac{mg}{k}t$，所以原方程的通解

$$x = C_1 + C_2 e^{-\frac{k}{m}t} + \dfrac{mg}{k}t$$

由初始条件得 $C_1 = -\dfrac{m^2g}{k^2}$，$C_2 = \dfrac{m^2g}{k^2}$

因此药品在液体中的运动规律为 $x(t) = \dfrac{mg}{k}t - \dfrac{m^2g}{k^2}(1 - e^{-\frac{k}{m}t})$

五、体内药物分析模型

[例 4-23] 某人突然开始强烈气喘，医生立即给他一次性注射 43.2mg 茶碱药物，可以想象药物是进入了一个容积为 35000mL 的分隔区间（这一容积就是人体内药物可以达到的空间的总体积），药物离开病人身体的速度与体内药量的多少成正比，比例常数为 0.082，试求体内药物浓度的数学模型．

解： 为了简单期间，不妨提出以下假设：①假设病人身体内最初不含这种药物；②设 t 时刻人体内的药物量为 $x(t)$ mg（从注射时计），一次注入体内的药物量为 D，人体体液的总体积为 $V=35000$ mL．

根据题意，药物离开人体的速度 $\dfrac{dx(t)}{dt}$ 与体内药量 x 成正比，即

$$\begin{cases} \dfrac{dx(t)}{dt} = -kx \\ x(0) = D \end{cases}$$

对方程 $\dfrac{dx(t)}{dt} = -kx$ 分离变量，得

$$\dfrac{dx(t)}{x} = -k dt$$

两边积分 $\displaystyle\int \dfrac{dx(t)}{x} = -k\int dt$

即
$$\ln|x(t)| = -kt + C$$
则通解为
$$x(t) = Ce^{-kt}$$
根据 $x(0) = D$ 得，$C = D$，从而 $x(t) = De^{-kt}$

药物的浓度为
$$c(t) = \frac{x(t)}{V} = \frac{De^{-kt}}{V}$$

根据题意，初始条件为 $D = 43.2$，$k = 0.082$，$V = 35000$，则药物浓度为
$$c(t) = \frac{43.2e^{-0.082t}}{35000}$$

六、刑事侦查中死亡时间的鉴定模型

[例4-24] 某地发生一起谋杀案．刑侦人员测得尸体温度为30℃，此时是下午4点整．假设该人被谋杀前的体温为37℃，被杀两小时后尸体温度为35℃，周围空气的温度为20℃，试推断谋杀是何时发生的？

解：1. 模型假设与变量说明

（1）假设尸体温度按牛顿冷却定律开始下降，即尸体冷却的速度与尸体温度和空气温度之差成正比．

（2）假设尸体的最初温度为37℃，两个小时后尸体温度为35℃，且周围空气的温度保持20℃不变．

（3）假设尸体被发现时的温度是30℃，时间是下午 4 点整．

（4）假设尸体的温度为 $H(t)$（t 从谋杀时计）．

2. 模型的分析与建立

由于尸体的冷却速度 $\dfrac{dH}{dt}$ 与尸体温度 H 和空气温度之差成正比，设比例系数为 k（$k>0$ 为常数），则有
$$\frac{dH}{dt} = -k(H - 20)$$

初始条件为 $H(0) = 37$．

3. 模型求解

方法1：$\dfrac{dH}{dt} = -k(H-20)$ 分离变量得 $\dfrac{dH}{H-20} = -kdt$，两端积分得 $H - 20 = Ce^{-kt}$．

把初始条件为 $H(0) = 37$ 代入上式得 $C = 17$，于是满足问题的特解为 $H = 20 + 17e^{-kt}$，根据两小时后尸体温度为35℃这一条件，有 $35 = 20 + 17e^{-k \cdot 2}$，求得 $k \approx 0.063$，于是尸体的温度函数为：
$$H = 20 + 17e^{-0.063t}$$

将 $H = 30$ 代入上式，求得（小时）．

方法2：上述计算较麻烦，用 MATLAB 求解，过程如下：

```
>> dsolve('DH=-0.063*(H-20)','H(0)=37')    %求尸体的温度函数
```

ans =

    17/exp((63*t)/1000) + 20

\>> solve ('30=20+17/exp(63*t/1000)', 't')　　%求 t 的值

ans =

    -(1000*log(10/17))/63

\>>-(1000*log(10/17))/63　　　%转化为具体数值

ans =

    8.4227

于是可以判断谋杀发生在下午 4 点尸体被发现前的 8.4 小时左右，即是在上午 7 点 36 分左右发生的.

思考题 4.6

用微分方程求解具体问题的一般步骤和方法是什么？

练习题 4.6

1. 在空气中自由落下初始质量为 m_0 的雨点均匀地蒸发着，设每秒蒸发 m，空气阻力和雨点速度成正比，如果开始雨点速度为零，试求雨点运动速度和时间的关系.

2. 静脉输入葡萄糖是一种重要的医疗技术，为了研究这一过程，设 $G(t)$ 是 t 时刻血液中的葡萄糖含量，且设葡萄糖以每分钟 k 克的固定速率输入到血液中，与此同时，血液中的葡萄糖还会转化为其他物质或转移到其他地方，其转化速率与血液中的葡萄糖含量成正比.

（1）列出描述这一情况的微分方程，并求此方程的解；

（2）确定血液中葡萄糖的平衡含量.

3．人工繁殖细菌，其增长速度和当时的细菌数成正比．

（1）如果 4 小时的细菌数为原细菌数的 2 倍，那么经过 12 小时应有多少？

（2）如果在 3 小时的细菌数为 10^4 个，在 5 小时的细菌数为 4×10^4 个，那么在开始时有多少个细菌？

习题 A

一、选择题

1. 微分方程中的（　　）中包含了它所有的解．
   A．通解　　　B．特解　　　C．初始解　　　D．初始值

2. 微分方程 $(y''')^3 - 3(y'')^2 + (y')^4 + x^5 = 0$ 的阶数是（　　）．
   A．4阶　　　B．3阶　　　C．2阶　　　D．1阶

3. 方程 $xy' = \sqrt{x^2 + y^2} + y$ 是（　　）．
   A．齐次方程　　B．一阶线性方程　　C．伯努利方程　　D．可分离变量方程

4. 微分方程 $x^2 \dfrac{dy}{dx} = x^2 + y^2$ 是（　　）．
   A．一阶可分离变量方程　　　　　B．一阶齐次方程
   C．一阶非齐次线性方程　　　　　D．一阶齐次线性方程

5. 下列方程中，是一阶线性微分方程的是（　　）．
   A．$x(y')^2 - 2yy' + x = 0$　　　　B．$xy + 2yy' - x = 0$
   C．$xy' + x^2 y = 0$　　　　　　　D．$(7x - 6y)dx + (x + y)dy = 0$

6. 方程 $xy' - y = x$ 满足初始条件 $y|_{x=1} = 1$ 的特解是（　　）．
   A．$y = x\ln x + x$　　　　B．$y = x\ln x + Cx$
   C．$y = 2x\ln x + x$　　　D．$y = 2x\ln x + Cx$

7. 微分方程 $xy' = 2y$ 的通解为（　　）．
   A．$y = x^2$　　B．$y = x^2 + c$　　C．$y = Cx^2$　　D．$y = 0$

8. 微分方程 $xy' = y$ 满足 $y(1) = 1$ 的特解是（　　）．
   A．$y = x$　　B．$y = x + C$　　C．$y = Cx$　　D．$y = 0$

9. 微分方程 $y' + \sin(xy)(y')^2 - y + 5x = 0$ 是（　　）．
   A．一阶微分方程　　　　　B．二阶微分方程
   C．可分离变量的微分方程　　D．一阶线性微分方程

10. 微分方程 $y' = 2xy$ 的通解为（　　）．
    A．$y = e^{x^2} + C$　　B．$y = Ce^x$　　C．$y = Ce^{x^2}$　　D．$y = Ce^{\frac{x^2}{2}}$

二、填空题

1. 微分方程 $(y')^3 + y^4 y'' + 3y = 0$ 的阶数为_____．

2. 微分方程 $\dfrac{dy}{dx} + y = 0$ 的通解是_____．

3. 微分方程 $y' + 2xy = 0$ 的通解_____．

4. 微分方程 $y' = e^{x+y}$ 的通解是_____．

5. 一阶线性微分方程 $y' + P(x)y + Q(x)$ 的通解为_____.

三、计算题

1. 求下列可分离变量微分方程的通解.

   （1） $y\mathrm{d}y = x\mathrm{d}x$

   （2） $\dfrac{\mathrm{d}y}{\mathrm{d}x} = y \ln y$

   （3） $\dfrac{\mathrm{d}y}{\mathrm{d}x} = \mathrm{e}^{x-y}$

   （4） $\tan y \mathrm{d}x - \cot x \mathrm{d}y = 0$

2. 求下列方程满足给定初始条件的解.

   （1） $\dfrac{\mathrm{d}y}{\mathrm{d}x} = y(y-1)$，$y(0) = 1$

   （2） $(x^2 - 1)y' + 2xy^2 = 0, y(0) = 1$

   （3） $y' = 3\sqrt[3]{y^2}, y(2) = 0$

   （4） $(y^2 + xy^2)\mathrm{d}x - (x^2 + yx^2)\mathrm{d}y = 0, y(1) = -1$

3. 求解下列齐次方程.

   （1） $(y^2 - 2xy)\mathrm{d}x + x^2 \mathrm{d}y = 0$

   （2） $xy' - y = x\tan\dfrac{y}{x}$

   （3） $xy' - y = (x+y)\ln\dfrac{x+y}{x}$

   （4） $xy' = \sqrt{x^2 - y^2} + y$

4. 求解下列一阶线性微分方程.

   （1） $\dfrac{\mathrm{d}y}{\mathrm{d}x} + 2xy = 4x$

   （2） $y' - \dfrac{1}{x-2}y = 2(x-2)^2$

   （3） $\dfrac{\mathrm{d}\rho}{\mathrm{d}\theta} + 3\rho = 2$

   （4） $y' - 2xy = \mathrm{e}^{x^2}\cos x$

5. 求解下列微分方程的特解.

   （1） $y'' - 4y' + 3y = 0, y(0) = 6, y'(0) = 10$

   （2） $4y'' + 4y' + y = 0, y(0) = 2, y'(0) = 0$

6. 求解下列二阶线性常系数非齐次微分方程.

   （1） $y'' - 3y' + 2y = x\mathrm{e}^x$

   （2） $y'' + y = x + \mathrm{e}^x$

   （3） $y'' + y = 4\sin x$

   （4） $y'' + y = x\cos 2x$

7. 建筑构件开始的温度为 100℃,放在 20℃的空气中,开始的 600 秒温度下降到 60℃.问从 100℃下降到 25℃需要多长时间?

习题 B

一、选择题

1. 设 $y_1(x), y_2(x)$ 是某个二阶常系数非齐次线性方程 $y''+py'+qy=f(x)$ 的两个解,则下列论断正确的是（　　）.

    A. $C_1 y_1(x), C_2 y_2(x)$ （C_1, C_2 为常数）一定也是该非齐次方程的解

    B. 当 $\dfrac{y_1(x)}{y_2(x)} \neq$ 常数时, $C_1 y_1(x) + C_2 y_2(x)$ 是该非齐次方程的通解

    C. $y_1(x) + y_2(x)$ 是对应齐次方程 $y''+py'+qy=0$ 的解

    D. $y_1(x) - y_2(x)$ 是对应齐次方程 $y''+py'+qy=0$ 的解

2. 下列方程中为一阶线性方程的是（　　）.

    A. $y'+xy^2 = e^x$ B. $yy'+xy = e^x$

    C. $y' = \dfrac{1}{x+y}$ D. $y' = \cos y + x$

二、填空题

1. 微分方程的阶是指_____.

2. 微分方程的通解是指_____.

3. 已知 $y = e^x, y = e^{2x}$ 是某个二阶常系数齐次线性方程的两个解,则该方程为_____.

4. 设 $y_1(x), y_2(x)$ 是二阶常系数齐次方程的两个解,则 $C_1(x)y_1(x) + C_2(x)y_2(x)$ 是该方程通解的充分必要条件是_____.

三、计算题

1. 写出下列微分方程的特解形式.

    （1）$y''+2y' = x^2+1$

    （2）$y''-6y'+9y = e^{3x}$

    （3）$y''+y = xe^{-x}$

    （4）$y''+2y'+5y = e^{-x}\sin 2x$

    （5）$y''+4y' = \sin 2x - 3\cos 2x$

2. 求下列微分方程的通解.

    （1）$xy'\ln x + y = x(\ln x + 1)$

    （2）$\dfrac{\mathrm{d}y}{\mathrm{d}x} = \dfrac{e^y}{2y - xe^y}$

    （3）$y''+4y = \sin x \cos x$

3. 求下列微分方程满足初始条件的特解.

（1）$x^2 y' + xy - \ln x = 0, y|_{x=1} = \dfrac{1}{2}$

（2）$y'' - 2y' = e^x(x^2 + x - 3), y|_{x=0} = 2, y'|_{x=0} = 2$

4．一质量为 m 的潜水艇从水面由静止状态开始下潜，所受阻力与下降速度成正比（比例系数为 λ），求潜水艇下潜深度 y 与时间 t 的函数关系.

附录A 基本初等函数的图像、定义域和性质

名称	解析式	定义域和值域	图像	特性
幂函数	$y=x^\alpha\,(\alpha\in\mathbf{R})$	依 α 的不同而异，但在 $(0,+\infty)$ 内都有定义	图像显示 $y=x^3$, $y=x^2$, $y=x$, $y=x^{\frac{1}{3}}$, $y=x^{\frac{1}{2}}$, $y=x^{-\frac{1}{2}}$, $y=x^{-1}$, $y=x^{-2}$	经过点 $(1,1)$，在第一象限内，当 $\alpha>0$ 时，y 为增函数；当 $\alpha<0$ 时，y 为减函数
指数函数	$y=a^x$ $(a>0,\ a\neq 1)$	$x\in(-\infty,+\infty)$ $y\in(0,+\infty)$	$y=a^x$ 图像（$0<a<1$ 与 $a>1$）	图像在 x 轴的上方，都经过点 $(0,1)$，当 $0<a<1$ 时，y 为减函数；当 $a>1$ 时，y 为增函数
对数函数	$y=\log_a x$ $(a>0,\ a\neq 1)$	$x\in(0,+\infty)$ $y\in(-\infty,+\infty)$	$y=\log_a x$ 图像（$a>1$ 与 $0<a<1$）	图像在 y 轴的右侧，经过点 $(1,0)$，当 $0<a<1$ 时，y 为减函数；当 $a>1$ 时，y 为增函数
三角函数	$y=\sin x$	$x\in(-\infty,+\infty)$ $y\in[-1,1]$	$y=\sin x$ 图像	奇函数，周期为 2π，图像在两直线 $y=-1$，$y=1$ 之间

附录A 基本初等函数的图像、定义域和性质

(续表)

名称	解析式	定义域和值域	图像	特性
三角函数	$y=\cos x$	$x\in(-\infty,+\infty)$ $y\in[-1,1]$		偶函数,周期为2π,图像在两直线$y=-1$,$y=1$之间
	$y=\tan x$	$x\neq k\pi+\dfrac{\pi}{2}$ $(k\in Z)$ $y\in(-\infty,+\infty)$		奇函数,周期为π,在$\left(-\dfrac{\pi}{2},\dfrac{\pi}{2}\right)$内单调增加
	$y=\cot x$	$x\neq k\pi(k\in Z)$ $y\in(-\infty,+\infty)$		奇函数,周期为π,在$(0,\pi)$内单调减少
反三角函数	$y=\arcsin x$	$x\in[-1,1]$ $y\in\left[-\dfrac{\pi}{2},\dfrac{\pi}{2}\right]$		奇函数,单调增加,有界
	$y=\arccos x$	$x\in[-1,1]$ $y\in[0,\pi]$		单调减小,有界

（续表）

名称	解析式	定义域和值域	图像	特性
	$y=\arctan x$	$x\in(-\infty,+\infty)$ $y\in(-\frac{\pi}{2},\frac{\pi}{2})$		奇函数，单调增加，有界
	$y=\operatorname{arc\,cot}x$	$x\in=(-\infty,+\infty)$ $y\in(0,\pi)$		单调减小，有界

附录B 初等数学常用公式和相关知识选编

一、乘法公式

1. $(a+b)^2 = a^2 + 2ab + b^2$
2. $(a \pm b)^3 = a^3 \pm 3a^2b + 3ab^2 \pm b^3$
3. $(a+b)(a-b) = a^2 - b^2$
4. $(a \pm b)(a^2 \mp ab + b^2) = a^3 \pm b^3$
5. $(a+b)^n = c_n^0 a^n b^0 + c_n^1 a^{n-1} b^1 + c_n^2 a^{n-2} b^2 + \cdots + c_n^k a^{n-k} b^k + \cdots c_n^n a^0 b^n$

二、一元二次方程

1. 一般形式：$ax^2 + bx + c = 0 (a \neq 0)$
2. 根的判别式：$\Delta = b^2 - 4ac$

    （1）当 $\Delta > 0$ 时，方程有两个不等的实根

    （2）当 $\Delta = 0$ 时，方程有两个相等的实根

    （3）当 $\Delta < 0$ 时，方程无实数根（有两个共轭复数根）

3. 求根公式：$x_{1,2} = \dfrac{-b \pm \sqrt{b^2 - 4ac}}{2a}$

4. 根与系数的关系：$x_1 + x_2 = -\dfrac{b}{a}$，$x_1 \cdot x_2 = \dfrac{c}{a}$

三、不等式与不等式组

1. 一元一次不等式的解集.

    若 $ax+b > 0$，且 $a > 0$，则 $x > -\dfrac{b}{a}$

    若 $ax+b > 0$，且 $a < 0$，则 $x < -\dfrac{b}{a}$

2. 一元一次不等式组的解集：设 $a < b$

    （1）$\begin{cases} x > a \\ x > b \end{cases} \Rightarrow x > b$

    （2）$\begin{cases} x < a \\ x < b \end{cases} \Rightarrow x < a$

    （3）$\begin{cases} x > a \\ x < b \end{cases} \Rightarrow a < x < b$

    （4）$\begin{cases} x < a \\ x > b \end{cases} \Rightarrow$ 空集

3. 一元二次不等式的解集：设 x_1、x_2 是一元二次方程 $ax^2 + bx + c = 0 (a \neq 0)$ 的根，且 $x_1 < x_2$，其根的判别式 $\Delta = b^2 - 4ac$

类型	Δ>0	Δ=0	Δ<0
$ax^2+bx+c>0$ ($a>0$)	$x<x_1$ 或 $x>x_2$	$x \neq -\dfrac{b}{2a}$	$x \in R$
$ax^2+bx+c<0$ ($a>0$)	$x_1<x<x_2$	空集	空集

四、指数与对数

1. 指数

（1）定义

正整数指数幂：$a^n = \overbrace{a \cdot a \cdots a}^{n\uparrow}(n \in N^*)$

零指数幂：$a^0 = 1(a \neq 0)$

负整数幂：$a^{-n} = \dfrac{1}{a^n}(a>0,\ n \in N^*)$

有理指数幂：$a^{\frac{n}{m}} = \sqrt[m]{a^n}(a>0,\ m,\ n \in N^*, m>1)$

（2）幂的运算法则

① $a^m \cdot a^n = a^{m+n}(a>0,\ m,\ n \in R)$

② $(a^m)^n = a^{m \cdot n}(a>0,\ m,\ n \in R)$

③ $(a \cdot b)^n = a^n \cdot b^n(a>0,\ b>0,\ n \in R)$

2. 对数

（1）定义

如果 $a^b = N(a>0,\ 且 a \neq 1)$，那么，$b$ 称为以 a 为底 N 的对数，记为 $\log_a N = b$，其中，a 称为底数，N 称为真数. 以 10 为底的对数叫做常用对数，以 e≈2.71828… 为底的对数叫做自然对数，记为 $\log_e N$，或简记为 $\ln N$.

（2）性质

① $N>0$

② $\log_a 1 = 0$

③ $\log_a a = 1$

④ $a^{\log_a N} = N$

（3）运算法则

① $\log_a(M \cdot N) = \log_a M + \log_a N(M>0,\ N>0)$

② $\log_a \dfrac{M}{N} = \log_a M - \log_a N(M>0,\ N>0)$

③ $\log_a M^n = n\log_a M(M>0)$

④ $\log_a \sqrt[n]{M} = \dfrac{1}{n}\log_a M(M>0)$

⑤ $\log_a N = \dfrac{\log_b N}{\log_b a}(N>0)$

五、等差数列与等比数列

	等差数列	等比数列
定义	从第2项起,每一项与它前一项之差都等于同一个常数	从第2项起,每一项与它前一项之差都等于同一个常数
一般形式	$a_1,\ a_1+d,\ a_1+2d,\cdots$(d 为公差)	$a_1,\ a_1q,\ a_1q^2,\cdots$(q 为公比)
通项公式	$a_n = a_1 + (n-1)d$	$a_n = a_1 q^{n-1}$
前 n 项和公式	$S_n = \dfrac{n(a_1+a_n)}{2}$ 或 $S_n = na_1 + \dfrac{n(n-1)}{2}d$	$S_n = \dfrac{a_1(1+q^n)}{1-q}$ 或 $S_n = \dfrac{a_1 - a_n q}{1-q}$
中项公式	a 与 b 的等差中项 $A = \dfrac{a+b}{2}$	a 与 b 的等比中项 $G = \pm\sqrt{ab}$

注:特殊地,

$$1 + 2 + 3 + \cdots + n = \frac{n(n+1)}{2}$$

$$\frac{1}{2} + \frac{1}{2^2} + \frac{1}{2^3} + \cdots + \frac{1}{2^n} + \cdots = 1$$

拆项公式 $\dfrac{1}{n(n+1)} = \dfrac{1}{n} - \dfrac{1}{n+1}$; $\dfrac{1}{n(n+k)} = \dfrac{1}{k} \cdot (\dfrac{1}{n} - \dfrac{1}{n+k})$

六、排列、组合

1. 排列

$$p_n^m = n(n-1)(n-2)\cdots(n-m+1)$$

特殊地,

$$p_n^n = n!$$

规定

$$p_n^m = \frac{n!}{(n-m)!}$$

2. 组合

$$c_n^m = \frac{p_n^m}{p_m^m} = \frac{n(n-1)\cdots(n-m+1)}{m!} = \frac{n!}{m!\ (n-m)!}$$

式中,$n,\ m \in N$,且 $m \leqslant n$

规定 $c_n^0 = 1$

性质(1) $c_n^m = c_n^{n-m}$

(2) $c_n^m + c_n^{m-1} = c_{n+1}^m$

七、点与直线

1. 平面上两点间的距离

设平面直角坐标系内两点 $P_1(x_1,\ y_1)$、$P_2(x_2,\ y_2)$,这两点间的距离为

$$|P_1 P_2| = \sqrt{(x_1 - x_2)^2 + (y_1 - y_2)^2}$$

2. 直线方程

（1）直线的斜率 $k = \tan\alpha (0° \leqslant \alpha < 180°)$

如果 $P_1(x_1, y_1)$、$P_2(x_2, y_2)$ 是直线上两点，那么，这条直线的斜率为

$$k = \frac{y_2 - y_1}{x_2 - x_1} (x_2 \neq x_1)$$

（2）直线的几种形式

①点斜式．已知直线过点 $P_0(x_0, y_0)$，且斜率为 k，则该直线方程为

$$y - y_0 = k(x - x_0)$$

②斜截式．已知直线的斜率为 k，且在 y 轴上的截距为 b，则该直线方程为

$$y = kx + b$$

③一般式．平面内任一直线的方程都是关于 x 和 y 的一次方程，其一般形式为

$$Ax + By + C = 0 (A, B 不全为零)$$

（3）几种特殊的直线方程

平行于 x 的直线方程：$y = b(b \neq 0)$

平行于 y 的直线方程：$x = a(a \neq 0)$

x 轴：$y = 0$

y 轴：$x = 0$

3. 点到直线的距离

平面内一点 $P_0(x_0, y_0)$ 到直线 $Ax + By + C = 0$ 的距离为

$$d = \frac{|Ax_0 + By_0 + C|}{\sqrt{A^2 + B^2}}$$

4. 两条直线的位置关系

设两条直线方程为

$$l_1: y = k_1 x + b_1 \text{ 或 } A_1 x + B_1 y + C_1 = 0$$

$$l_2: y = k_2 x + b_2 \text{ 或 } A_2 x + B_2 y + C_2 = 0$$

（1）两直线平行的充要条件：

$$k_1 = k_2 \text{ 且 } b_1 \neq b_2 \text{ 或 } \frac{A_1}{A_2} = \frac{B_1}{B_2} \neq \frac{C_1}{C_2}$$

（2）两直线垂直的充要条件：

$$k_1 \cdot k_2 = -1 \text{ 或 } A_1 A_2 + B_1 B_2 = 0$$

八、三角函数

1. 角度与弧度的换算

$$360° = 2\pi 弧度, 180° = \pi 弧度$$

$$1° = \frac{\pi}{180} \approx 0.017453 弧度$$

$$1\text{弧度}=\left(\frac{180}{\pi}\right)^\circ \approx 57°\ 17'44.8''$$

2. 特殊角的三角函数值

α	0	$\frac{\pi}{6}$	$\frac{\pi}{4}$	$\frac{\pi}{3}$	$\frac{\pi}{2}$
$\sin\alpha$	0	$\frac{1}{2}$	$\frac{\sqrt{2}}{2}$	$\frac{\sqrt{3}}{2}$	1
$\cos\alpha$	1	$\frac{\sqrt{3}}{2}$	$\frac{\sqrt{2}}{2}$	$\frac{1}{2}$	0
$\tan\alpha$	0	$\frac{\sqrt{3}}{3}$	1	$\sqrt{3}$	不存在
$\cot\alpha$	不存在	$\sqrt{3}$	1	$\frac{\sqrt{3}}{3}$	0

3. 同角三角函数间的关系

（1）平方关系

$$\sin^2 x + \cos^2 x = 1, 1 + \tan^2 x = \sec^2 x, 1 + \cot^2 x = \csc^2 x$$

（2）商的关系

$$\tan x = \frac{\sin x}{\cos x}, \cot x = \frac{\cos x}{\sin x}$$

（3）倒数关系

$$\cot x = \frac{1}{\tan x}, \sec x = \frac{1}{\cos x}, \csc x = \frac{1}{\sin x}$$

4. 三角公式

（1）加法定理

$$\sin(x \pm y) = \sin x \cos y \pm \cos x \sin y$$

$$\cos(x \pm y) = \cos x \cos y \mp \sin x \sin y$$

$$\tan(x \pm y) = \frac{\tan x \pm \tan y}{1 - \tan x \tan y}$$

（2）倍角公式

$$\sin 2x = 2\sin x \cos x$$

$$\cos 2x = \cos^2 x - \sin^2 x = 2\cos^2 x - 1 = 1 - 2\sin^2 x$$

$$\tan 2x = \frac{2\tan x}{1 - \tan^2 x}$$

（3）半角公式

$$\sin^2 \frac{x}{2} = \frac{1 - \cos x}{2}$$

$$\cos^2 \frac{x}{2} = \frac{1 + \cos x}{2}$$

$$\tan\frac{x}{2} = \pm\sqrt{\frac{1-\cos x}{1+\cos x}} = \frac{1-\cos x}{\sin x} = \frac{\sin x}{1+\cos x}$$

(4) 积化和差公式

$$\sin x \cos y = \frac{1}{2}[\sin(x+y) + \sin(x-y)]$$

$$\cos x \sin y = \frac{1}{2}[\sin(x+y) - \sin(x-y)]$$

$$\cos x \cos y = \frac{1}{2}[\cos(x+y) + \cos(x-y)]$$

$$\sin x \sin y = -\frac{1}{2}[\cos(x+y) - \cos(x-y)]$$

(5) 和差化积公式

$$\sin x + \sin y = 2\sin\frac{x+y}{2}\cos\frac{x-y}{2}$$

$$\sin x - \sin y = 2\cos\frac{x+y}{2}\sin\frac{x-y}{2}$$

$$\cos x + \cos y = 2\cos\frac{x+y}{2}\cos\frac{x-y}{2}$$

$$\cos x - \cos y = -2\sin\frac{x+y}{2}\sin\frac{x-y}{2}$$

(6) 万能公式

$$\sin x = \frac{2\tan\frac{x}{2}}{1+\tan^2\frac{x}{2}}; \cos x = \frac{1-\tan^2\frac{x}{2}}{1+\tan^2\frac{x}{2}}; \tan x = \frac{2\tan\frac{x}{2}}{1-\tan^2\frac{x}{2}}$$

(7) 负角公式

$$\sin(-x) = -\sin x, \cos(-x) = \cos x, \tan(-x) = -\tan x$$

$$\arcsin(-x) = -\arcsin x, \arccos(-x) = \pi - \arccos x$$

$$\arctan(-x) = -\arctan x$$

九、三角形的边角关系

1. 直角三角形

设 △ABC 中，∠C = 90°，三边分别是 a，b，c，面积为 S，则有

(1) ∠A + B = 90°

(2) $a^2 + b^2 = c^2$（勾股定理）

(3) $\sin A = \frac{a}{c}, \cos A = \frac{b}{c}, \tan A = \frac{a}{b}$

(4) $S = \frac{1}{2}ab$

2. 斜三角形

设△ABC中，三边分别是 a, b, c,面积为 S，外接圆半径为 R，则有

(1) $\angle A+\angle B+\angle C=180°$

(2) $\dfrac{a}{\sin A} = \dfrac{b}{\sin B} = \dfrac{c}{\sin C} = 2R$（正弦定理）

(3) $a^2 = b^2 + c^2 - 2bc\cos A$
$b^2 = a^2 + c^2 - 2ac\cos B$
$c^2 = a^2 + b^2 - 2ab\cos C$（余弦定理）

(4) $S = \dfrac{1}{2}ab\sin C$

十、圆、球及其他旋转体

1. 圆

周长：$C = 2\pi r$（r为半径）

面积：$S = \pi r^2$

2. 球

表面积：$S = 4\pi r^2$

体积：$V = \dfrac{4}{3}\pi r^3$

3. 圆柱

侧面积：$S_{侧}=2\pi rh$（h为圆柱的高）

全面积：$S_{全}=2\pi r(r+h)$

体积：$V = \pi r^2 h$

4. 圆锥

侧面积：$S_{侧}=\pi rl$（l为圆锥的母线长）

全面积：$S_{全}=\pi r(r+l)$

体积：$V = \dfrac{1}{3}\pi r^2 h$

附录 C 习题答案

思考题 1.1

1. 不是 2. 对 3. 不可以，如 $y = \arcsin u, u = x^2 + 2$ 4. 略

练习题 1.1

1. (-1，1)
2. $f(-1) = -3$，$f(0) = 1$，$f(1) = 3$，图形略
3. (1) 奇函数   (2) 偶函数
4. (1) $y = u^2, u = \cos v, v = x - 1$
   (2) $y = \lg u, u = \sin v, v = x + 1$
5. 设长方形另一边长为 y cm（$y = \sqrt{50^2 - x^2}$），则 $A = xy = x\sqrt{50^2 - x^2}$ 平方厘米，定义域为 $0 < x < 50$，即（0，50）

思考题 1.2

不一定

练习题 1.2

1. (1) 不存在   (2) 极限为 2   (3) 极限为 0   (4) 不存在
2. (1) 不存在   (2) 不存在
3. (1) 极限为 5   (2) 极限为 4
4. (1) 左极限=右极限=1，所以 $\lim\limits_{x \to 0} f(x) = 1$
   (2) 左极限=-1，右极限=1，所以 $\lim\limits_{x \to 0} f(x)$ 不存在

思考题 1.3

不对

练习题 1.3

1. (1) $-\dfrac{1}{2}$ (2) 6   (3) $\dfrac{1}{2}$ (4) $\sqrt{5}$
2. (1) $\dfrac{3}{4}$ (2) $\dfrac{3}{5}$ (3) $\dfrac{1}{2}$ (4) e^3 (5) e^{-2} (6) e^{-1}

思考题 1.4

1. 不一定   2. 可以

练习题 1.4

1．（1）∞　　（2）0　　（3）∞

2．（3）、（4）为无穷小量，（1）、（2）为无穷大量

思考题 1.5

1．是　　　　　　　　2．对

练习题 1.5

1．（1）$\lim\limits_{x\to 0^-}f(x)=-1, \lim\limits_{x\to 0^+}f(x)=1$，不连续　（2）$\lim\limits_{x\to 0^-}f(x)=\lim\limits_{x\to 0^+}f(x)=1$，连续

2．（-1，1）　　3．（1）0　　（2）0　　（3）1

思考题 1.6

不对

练习题 1.6

1．（1）高阶　（2）低阶　　2．（1）$\dfrac{3}{2}$　　（2）0

3．（1）$x=2$，无穷间断点；$x=-3$，可去间断点

（2）$x=0$，无穷间断点

4．设 $f(x)=x^3+x-1$，则 $f(x)$ 在 [0，1] 内是连续的，且 $f(0)=-1<0, f(1)=1>0$，故在区间（0，1）内至少存在一点 ξ，使 $f(\xi)=0$，即方程 $x^3+x-1=0$ 在区间 (0,1) 内至少存在一个根．

5．由于 $\lim\limits_{x\to\infty}\ln\dfrac{x^2}{2}$ 不存在，故函数曲线没有水平渐近线．由于 $\lim\limits_{x\to 0}\ln\dfrac{x^2}{2}=-\infty$，故函数曲线有垂直渐近线 $x=0$．

思考题 1.7

能

练习题 1.7

1．（1）输入命令：sin（3*pi/5）+log（3）/log（21）-0.23^4+452^（1/3）-sqrt（43）

输出结果：ans =

    2.4261

（2）输入命令：4*cos（4*pi/7）+3*（2.1^8）/sqrt（645）-log（2）

输出结果：ans =

    43.0950

（3）输入命令：syms　x　y

    x=[1 2 3 4 5];

    y=sin（x）+2*x

输出结果：y =

  2.8415 4.9093 6.1411 7.2432 9.0411

2．（1）输入命令：syms x y

      x=-1：0.01：1；

      x=x+eps；

      y=x.*sin（1./x）；

      plot（x，y，'R'）

（2）输入命令：x=-3：0.1：3；

      y1=x.^2；

      y2=x.^3；

      plot（x，y1，x，y2）

3．（1）输入命令：syms x

      limit（(exp（2*x）-1）/x）

输出结果：ans =

     2

（2）输入命令：limit（((2*x+3)/(2*x-1))^(x+1)，x，inf）

输出结果：ans =

     exp（2）

（3）输入命令：limit（(1/x)^tan（x），x，0，'right'）

输出结果：ans =

     1

（4）输入命令：syms x m n

      limit（sin（m*x）/tan（n*x））

输出结果：ans =

     m/n

思考题 1.8

略

练习题 1.8

1．$\lim\limits_{n\to\infty} l(n) = \lim\limits_{n\to\infty} 2nR\sin\left(\dfrac{\pi}{n}\right) = \lim\limits_{n\to\infty} 2\pi R \cdot \dfrac{\sin\left(\dfrac{\pi}{n}\right)}{\dfrac{\pi}{n}} = 2\pi R$．

2．略

3．$A_0 \mathrm{e}^{kt}$（生长函数，k 为生长率）

4．略（百度可查）

习题 A

1. $y = \ln u, u = v^2, v = \sin x$

2. 设圆柱底面半径为 r，则由题意得圆柱高为 $H = \sqrt{3}(R-r)$，则圆柱体积 $V = \pi r^2 H = \sqrt{3}\pi(R-r)r^2, 0 \leq r \leq R$

3. (1) 0 (2) 1 (3) $\dfrac{2}{3}$ (4) e^2 (5) e^2 (6) 0 (7) 2 (8) 1

4. $2x$ 5. $x=1$ 处连续，$x=-1$ 处不连续

6. 输入命令：syms x

   limit（log（1+2*x））

   输出结果：ans =

   0

7. 同阶（等价）   8. 约 74.01 万元

9. 设 $f(x) = e^x - x - 2$，则 $f(x)$ 在 [0，2] 内是连续的，且 $f(0) = -1 < 0, f(2) = e^2 - 4 > 0$，故在区间（0，2）内至少存在一点 ξ，使 $f(\xi) = 0$，即方程 $e^x - 2 = x$ 在区间（0，2）内至少有一个根．

10. 水平渐近线 $y = 1$，垂直渐近线 $x = 1$．

习题 B

1. (1) 1 (2) 1 (3) e^2 (4) 0

2. $a = 4$，$b = 4$ 3. $a = 1$

4. 连续区间：$(-\infty, -1) \cup (-1, 1) \cup (1, +\infty)$，$x = 1$ 是无穷间断点，$x = -1$ 是可去间断点

5. 求极限命令：syms x

   limit（exp（1/x）+1，x，inf）

   输出结果：ans =

   2

6. 以时间 t 为横坐标，以沿上山路线从山下宾馆到山顶的路程 s 为纵坐标．设第一天早上 8 时的路程为 0，山下到山顶的总路程为 d，第一天的行程设为 $s = f(t)$，则 $f(8) = 0, f(17) = d$；第二天的行程设为 $s = g(t)$，则 $g(8) = d, g(17) = 0$．

又设 $h(t) = f(t) - g(t)$，由于 $f(t), g(t)$ 在区间 [8，17] 上分别连续，所以 $h(t)$ 在区间 [8，17] 上连续．又 $h(8) = f(8) - g(8) = -d < 0, h(17) = f(17) - g(17) = d > 0$，由推论（根的存在定理）知，在区间 [8，17] 内至少存在一点 t_0，使 $h(t_0) = 0$，即 $f(t_0) = g(t_0)$．

这说明在早上 8 时至下午 5 时之间存在某一时间 $t = t_0$，使得路程相等，即小明两天在同一时间经过路途中的同一地点．

7. 没有水平渐近线，垂直渐近线 $x = 1$．

思考题 2.1

不可导.

练习题 2.1

1. B   2. 2

3. $f'_+(0) = \lim\limits_{x \to 0^+} \dfrac{f(x) - f(0)}{x - 0} = \lim\limits_{x \to 0^+} \dfrac{x^2}{x} = 0$

   $f'_-(0) = \lim\limits_{x \to 0^-} \dfrac{f(x) - f(0)}{x - 0} = \lim\limits_{x \to 0^-} \dfrac{-x}{x} = -1$

   故 $f'(0)$ 不存在

4. $2f'(a)$

思考题 2.2

$[u(x) \pm v(x)]' = \lim\limits_{h \to 0} \dfrac{[u(x+h) \pm v(x+h)] - [u(x) \pm v(x)]}{h} = \lim\limits_{h \to 0} \left[\dfrac{u(x+h) - u(x)}{h} \pm \dfrac{v(x+h) - v(x)}{h} \right]$

$= u'(x) \pm v'(x)$

练习题 2.2

1. （1） $y' = 3x^2 + 3 + \dfrac{1}{x^2}$ （2） $y' = \cos x - 2^x \ln 2 + 7\mathrm{e}^x$

   （3） $y' = (x\mathrm{e}^x)' = x'\mathrm{e}^x + x(\mathrm{e}^x)' = x\mathrm{e}^x + \mathrm{e}^x = (x+1)\mathrm{e}^x$

   （4） $y' = \dfrac{1}{2}x^{-\frac{1}{2}} - x^{-\frac{3}{2}} - 3$ （5） $y' = \dfrac{\tan x}{x} + \sec^2 x \ln x$

   （6） $y' = \dfrac{-x\sin x - 2\cos x}{x^3}$

   （7） $y' = \dfrac{(1-\ln x)'(1+\ln x) - (1-\ln x)(1+\ln x)'}{(1+\ln x)^2}$

   $= \dfrac{-\dfrac{1}{x}(1+\ln x) - \dfrac{1}{x}(1-\ln x)}{(1+\ln x)^2} = \dfrac{-2}{x(1+\ln x)^2}$

2. -1

思考题 2.3

对 $y = x^x$ 两边取对数, 得

$$\ln y = x \ln x$$

两边关于 x 求导, 得

$$\dfrac{y'}{y} = \ln x + 1$$

所以 $y' = x^x (\ln x + 1)$

练习题 2.3

1. （1） $y' = 30(3x+1)^9$ （2） $y' = e^{x^2}(x^2)' = 2xe^{x^2}$

  （3） $y' = \frac{3}{2}x^{\frac{1}{2}} + 2^x(\ln 2)\sin 2^x$ （4） $y' = -2\sin(2x+5)$

  （5） $y' = e^{\sin\frac{1}{x}}(\sin\frac{1}{x})' = e^{\sin\frac{1}{x}}\cos\frac{1}{x}(\frac{1}{x})' = -\frac{1}{x^2}e^{\sin\frac{1}{x}}\cos\frac{1}{x}$

  （6） $y' = \frac{2x}{x^2+1}$

2. 将方程 $x - y + \frac{1}{2}\sin y = 0$ 两边对 x 求导数有 $1 - y' + \frac{1}{2}\cos y \cdot y' = 0$，

  得 $y' = \frac{dy}{dx} = \frac{2}{2 - \cos y}$

3. $f'(t) = (1 + 2t)e^{2t}$

思考题 2.4

1. 错   2. 对

练习题 2.4

1. （1） $(2x\sin x + x^2\cos x)dx$ （2） $dy = -e^{\cos x}\sin x dx$

  （3） $dy = (\frac{-\sin x}{\cos x} - \frac{2x}{x^2-1})dx = (-\tan x - \frac{2x}{x^2-1})dx$

  （4） 函数变形为 $y - x = x^x$，两边取对数有 $\ln(y-x) = x\ln x$，两边对 x 求微分得

  $$\frac{dy - dx}{y - x} = \ln x dx + dx$$

  所以
  $$dy = [x^x(\ln x + 1) + 1]dx$$

2. （1） 1.01   （2） 0.5151

思考题 2.5

略.

练习题 2.5

1. $\frac{1}{\ln 2} - 1$.   2. 略.

3. $y^{(n)} = (-1)^{n-1}(n-1)!x^{-n}$.

4. （1） $-\frac{1}{8}$ （2） 0   （3） $\frac{1}{2}$ （4） 0

思考题 2.6

可以.

练习题 2.6

（1）$\exp(x)*(\cos(x)-\sin(x))$ 　　（2）$\log(x)/(x*sqrt(1+(\log(x)\wedge 2)))$

（3）$-2-42*x$ 　　（4）$(\sin(x)\wedge 2)+x*\sin(2*x)$

思考题 2.7

极大（小）值是局部领域内的，最大（小）值是整体区间内的.

练习题 2.7

1. D　　2. A　　3.（$-1,+\infty$）　　4. $x=1$

5. 函数的定义域为 $(-\infty,+\infty)$
$$y' = x^3 - 3x^2 = x^2(x-3)$$

令 $y'=0$，驻点 $x_1=0, x_2=3$

列表

x	$(-\infty,0)$	0	$(0,3)$	3	$(3,+\infty)$
y'	−	0	−	0	+
y	↘		↘	极小	↗

由上表知，单调减区间为 $(-\infty,3)$，单调增区间为 $(3,+\infty)$，极小值 $y(3)=-\dfrac{27}{4}$

此题也可以用二阶导数来判别：

$y''=3x^2-6x, y''|_{x=0}=0$　不能确定 $x=0$ 处是否取极值，

$y''|_{x=3}=9>0$，得 $y(3)=-\dfrac{27}{4}$ 是极小值

6. （1）成本函数 $C(q)=60q+2000$

因为　$q=1000-10p$，即 $p=100-\dfrac{1}{10}q$，

所以　收入函数 $R(q)=p\times q=$（$100-\dfrac{1}{10}q$）$q=100q-\dfrac{1}{10}q^2$

（2）因为利润函数 $L(q)=R(q)-C(q)=100q-\dfrac{1}{10}q^2-$（$60q+2000$）

$$=40q-\dfrac{1}{10}q^2-2000$$

且　　$L'(q)=$（$40q-\dfrac{1}{10}q^2-2000$）$'=40-0.2q$

令 $L'(q)=0$，即 $40-0.2q=0$，得 $q=200$，它是 $L(q)$ 在其定义域内的唯一驻点. 所以，$q=200$ 是利润函数 $L(q)$ 的最大值点，即当产量为 200 吨时利润最大.

7. 证明：令 $f(x)=e^x-ex$，易见 $f(x)$ 在 $(-\infty,+\infty)$ 内连续，且 $f(1)=0$，$f'(x)=e^x-e$.

当 $x<1$ 时，$f'(x)=e^x-e<0$，可知 $f(x)$ 为 $(-\infty,1]$ 上的严格单调减小函数，即
$$f(x)>f(1)=0$$

当 $x>1$ 时，$f'(x) = e^x - e > 0$，可知 $f(x)$ 为 $[1,+\infty)$ 上的严格单调增加函数，

即 $f(x) > f(1) = 0$

故对任意 $x \neq 1$，有 $f(x) > 0$，即 $e^x - ex > 0$，所以 $e^x > ex$.

8．总收益为 120，平均收益为 4，边际收益为 -2.

9．10%～13.3%.

习题 A

一、判断题

1．错；2．对；3．错；4．错；5．错；6．错；7．对；8．错；9．错；10．错

二、填空题

1．0

2．$y - 3x + 2 = 0$

3．$ex^{e-1} + e^x + \dfrac{1}{x}$

4．$\cos(e^x + 1)e^x dx$

5．$(2x + x^2 \ln 2)2^x$

6．$n!$

7．$y - 2x - 1 = 0$

8．$\dfrac{[u(x)]' v(x) - u(x)[v(x)]'}{[v(x)]^2}$

9．$5A$

10．函数在一点的导数等于函数图形上对应点的切线斜率．

11．$y + \dfrac{1}{2}x - \dfrac{3}{2} = 0$

12．$3x^2 \sin(x^2+1) + 2x^4 \cos(x^2+1) dx$

13．$o(\Delta x)$

14．$n!$

三、选择题

1．A　2．D　3．B　4．B　5．D　6．D　7．B　8．C　9．D
10．B　11．A　12．A　13．A　14．C　15．C

四、计算题

1．（1）$y' = -6\cos 3x \sin 3x = -3\sin 6x$

（2）$y' = \ln(x + \sqrt{1+x^2}) + \dfrac{x}{x+\sqrt{1+x^2}}\left(1 + \dfrac{x}{\sqrt{1+x^2}}\right)$

（3）$y' = \dfrac{1}{x+\sqrt{x^2-a^2}}\left(1 + \dfrac{x}{\sqrt{x^2-a^2}}\right)$

（4）$y' = 2x \arctan x - \dfrac{1}{2}\sin x + 1$

2．$f'(-2a) = -\dfrac{2\sqrt{3}}{3}$

3．$y' = \dfrac{y}{xy-x} = \dfrac{y}{e^y - x}$

4. $y' = \dfrac{e^x - y}{e^y + x}$ 5. $y' = \dfrac{2}{2 - \cos y}$

6. (1) $dy = \dfrac{\sin\dfrac{1}{x} - x}{x^2} dx$ (2) $dy = \dfrac{1}{2x \ln \sqrt{x}} dx$

(3) $dy = e^{(1-3x)}[-3\cos x - \sin x] dx$ (4) $dy = -2\sin 2x e^{\cos 2x} dx$

(5) $dy = (3x^2 \cos x - x^3 \sin x - \sin e^{\cos x}) dx$ (6) $dy = \dfrac{2e^{2x}x - e^{2x}}{x^2} dx$

7. $y' = \dfrac{1}{2} \dfrac{\sec^2 \dfrac{x}{2}}{\tan \dfrac{x}{2}},\ dy = \dfrac{1}{2} \dfrac{\sec^2 \dfrac{x}{2}}{\tan \dfrac{x}{2}} dx$

8. $y' = -2x \sin x^2 + \dfrac{2}{x^3}$, $dy = (-2x \sin x^2 + \dfrac{2}{x^3})\ dx$

9. $y'' = \dfrac{1}{x}$ 10. 9

11. 解：$y' = 4x^3 - 16x$，令 $y' = 0$ 得 $x = 0$ 或 $x = 2$

在 $[-1, 0)$ 上，$y' > 0$；在 $(0, 2)$ 上，$y' < 0$；在 $(2, 3]$ 上，$y' > 0$

在 $[-1, 0) \cup (2, 3]$ 上单调递增，在 $(0, 2)$ 上单调递减

$f_{极小值} = f(2) = 0$

12. $(-\infty, 1)$ 和 $(2, +\infty)$ 上单调递增，在 $(1, 2)$ 上单调递减，$f_{极小值} = f(2) = \dfrac{1}{3}$，$f_{极大值} = f(1) = \dfrac{2}{3}$

五、应用题

1. 如右图，设一边长为 x 米，另一边长为 y 米，则由题意得 $2x + y = 20$，设面积为 $s, s = xy = x(20 - 2x) = -2x^2 + 20x, s'(x) = -4x + 20$，当 $x = 5$ 时，$s'(x) = 0$ 为唯一驻点，所以砌二边长为 5 米，另一边长为 10 米的长方形小屋时面积最大．

2. 边际收入函数为 $R'(q) = \dfrac{1}{5}(100 - 2q)$，$q = 20$、50 和 70 时的边际收入分别为 $R'(20) = 12$，$R'(50) = 0$，$R'(70) = -8$

习题 B

一、选择题

1. D 2. D 3. D 4. D 5. D 6. D 7. A 8. D 9. D 10. C 11. A 12. C
13. A 14. D 15. D 16. B 17. D 18. D 19. B 20. C 21. C 22. D

二、填空题

1. $\dfrac{4x}{1+4x^4}$　　2. $\dfrac{x}{\sqrt{1+x^2}}$　　3. $\dfrac{1}{x}-\dfrac{1}{x^2}-ex^{e-1}$

4. 0　　5. $\dfrac{1}{1+x^2}$　　6. $\dfrac{3}{2}$

7. $-\dfrac{1}{2}$　　8. 24　　9. $2f'(x)$

三、计算题

1. $y-4x+4=0$

2. （1）$y'=\dfrac{\cot\sqrt{x}}{2\sqrt{x}}$

　　（2）$y'=-2\cos\sqrt{\dfrac{1-x}{1+x}}\sqrt{\dfrac{1}{1-x^2}}\dfrac{1}{1+x}$

　　（3）$y'=(1+x^3)^{\cos x}\left(\dfrac{3x^2\cos x}{1+x^3}-\sin x\ln(1+x^3)\right)$

　　（4）$y'=e^x\ln x+\dfrac{e^x}{x^2}$

　　（5）$y'=-2\sin x\cos x e^{\cos^2 x}$

3. $f'(x)=2e^x(\sqrt{x}-1)+\dfrac{e^x}{\sqrt{x}}$　　$f''(x)=2e^x\sqrt{x}-2e^x+\dfrac{(4x-1)e^x}{2x\sqrt{x}}$

4. $a=4, b=5$

5. $dy=-\dfrac{e^y}{\cos y+xe^y}dx$

6. $f(x)_{最大}=\dfrac{91}{9}, f(x)_{最小}=3$

7. （1）1　　（2）$\dfrac{1}{2}$

8. $y'=2xe^{-x}-x^2e^{-x}=xe^{-x}(2-x)$

　　令 $y'=0$，则 $x=0$ 或 2

　　当 $x\in(-\infty,0)$ 时，$y'<0$，则递减；

　　当 $x\in(0,2)$ 时，$y'>0$，则递增；

　　当 $x\in(2,+\infty)$ 时，$y'<0$，则递减；

　　所以 $f_{极大值}=f(2)=\dfrac{4}{e^2}$，$f_{极小值}=f(0)=0$

9. $f'(x)=\dfrac{1}{\sqrt{x^2+1}}>0$，所以 $(-\infty,+\infty)$ 为函数的单调增区间，没有极值.

四、应用题

1. 矩形边长分别为 $\dfrac{a}{2},\dfrac{b}{2}$ 时,最大面积为 $\dfrac{ab}{4}$.

2. (1) 需求弹性函数为 $\dfrac{p}{p-24}$;

   (2) 当 $p=6$ 时的需求弹性为 $-\dfrac{1}{3}\approx-0.33$,说明当价格上涨 1%时,商品的需求量约将下降 0.33%.

思考题 3.1

对

练习题 3.1

1. (1) $\sin x+\cos x+c$, $\sin x-\cos x+c$
   (2) $x^2 e^x$
   (3) $e^{-x}+c$, $-e^{-x}+c$, $x+c$

2. (1) D (2) B (3) C (4) B (5) C (6) C

3. (1) $3x+\dfrac{1}{4}x^4-\dfrac{1}{2x^2}+\dfrac{3^x}{\ln 3}+c$ (2) $-\cos x+2\arcsin x+c$

   (3) $\dfrac{8}{5}x^{\frac{5}{2}}-8x^{\frac{3}{2}}+18x^{\frac{1}{2}}+c$ (4) $\dfrac{2}{3}x^3-2x+2\arctan x+c$

   (5) $-\dfrac{1}{x}-\arctan x+c$ (6) $\dfrac{2}{3}x^{\frac{3}{2}}-3x+c$

   (7) $\dfrac{1}{2}(x-\sin x)+c$ (8) $\dfrac{1}{2}(x+\tan x)+c$

4. $y=\ln x+1$

思考题 3.2

略

练习题 3.2

1. (1) $\dfrac{1}{102}(2x+1)^{51}+c$ (2) $-\dfrac{1}{4x+6}+c$

   (3) $\dfrac{1}{2}\sqrt{4x+3}+c$ (4) $\dfrac{1}{4}\cos(5-4x)+c$

   (5) $\dfrac{1}{2}\ln(x^2+4)+c$ (6) $\dfrac{1}{2}\ln\left|x^2-4x-5\right|+c$

   (7) $\ln(e^x+1)+c$ (8) $\dfrac{1}{12}(4x^2-1)^{\frac{3}{2}}+c$

(9) $\frac{1}{3}(\ln x)^3 + c$　　　　　　　　(10) $\ln|\ln x| + c$

(11) $\sin e^x + c$　　　　　　　　(12) $2e^{\sqrt{x}} + c$

(13) $\frac{1}{12}\ln\left|\frac{3+2x}{3-2x}\right| + c$　　　　　　(14) $\cos\frac{1}{x} + c$

(15) $-\frac{1}{4}\cos^4 x + c$　　　　　　(16) $\frac{1}{2}\sin x^2 + c$

2. (1) $\frac{1}{4}x\sin 4x + \frac{1}{16}\cos 4x + c$　　　(2) $x^2\sin x + 2x\cos x - 2\sin x + c$

(3) $xe^x - e^x + c$　　　　　　　(4) $-\frac{1}{4}xe^{-4x} - \frac{1}{16}e^{-4x} + c$

(5) $x^2 e^x - 2xe^x + 2e^x + c$　　　　(6) $-x^2\cos x - 2x\sin x - 2\cos x + c$

(7) $\frac{1}{3}x^3\ln x + \frac{1}{9}x^3 + c$　　　　　(8) $x^2\ln(x^2+1) + 2(x - \arctan x) + c$

(9) $2\sqrt{x}\sin\sqrt{x} + 2\cos\sqrt{x} + c$　　　(10) $\frac{1}{5}e^x(\cos 2x + 2\sin 2x) + c$

3. $\cos x - \frac{2\sin x}{x} + c$

思考题 3.3

不对

练习题 3.3

1. (1) 0　　　　(2) 0

2. (1) 对　　　(2) 错　　　(3) 对　　　(4) 对

3. (1) $\frac{\pi}{2}$　　　(2) $\frac{3}{2}$　　　(3) 0　　　(4) 0

4. (1) 错　　　(2) 错　　　(3) 对　　　(4) 对

5. [1, 2]

6. $\frac{4}{3}$, $\pm\frac{2\sqrt{3}}{3}$

思考题 3.4

定积分的换元积分法应注意积分区间的变化

练习题 3.4

1. (1) 0　　(2) $e^2 - e$

2. $\frac{11}{6}$

3. (1) -2　　　　　　(2) $1 - \frac{\pi}{4}$　　　　　　(3) $\pi - \frac{4}{3}$

(4) $2\ln 2$ (5) $\dfrac{\pi}{16}$ (6) $\dfrac{1}{6}$

(7) $2(\sqrt{3}-\dfrac{\pi}{3})$ (8) $2(2-\ln 3)$ (9) 1

(10) 1 (11) 1 (12) $\dfrac{8}{3}$

思考题 3.5

略

练习题 3.5

1. (1) $\sqrt{1+x^2}$ (2) $2x^3\sin x^4$
   (3) $\ln(1+x)$ (4) $-x^2 e^{-x^2}$

2. (1) $\dfrac{9}{2}$ (2) $\dfrac{1}{2}$

3. (1) 1 (2) 发散 (3) 1 (4) 发散

思考题 3.6

略

练习题 3.6

1. (1) int（'-2*x/（1+x^2）^2'）得 ans = 1/（1+x^2）
   (2) int（'x/（1+z^2）'，'z'）得 ans = atan（z）*x
   (3) int（'x*log（1+x）'，0，1） 得 ans = 1/4
   (4) int（'2*x'，'sin（t）'，'log（t）'）得：ans = log（t）^2-sin（t）^2

2. syms x
      f=（x^2+1）/（x^2-2*x+2）^2;
      g=cos（x）/（sin（x）+cos（x））;
      h=exp（-x^2）;
      I=int（f）
      J=int（g，0，pi/2）
      K=int（h，0，inf）

结果为：
   I =1/4*（2*x-6）/（x^2-2*x+2）+3/2*atan（x-1）
   J =1/4*pi
   K =1/2*pi^（1/2）

思考题 3.7

略

练习题 3.7

1. (1) $\sqrt{3}\pi$ (2) $\dfrac{5}{3}$ (3) $2-\dfrac{2}{e}$ (4) $e+\dfrac{1}{e}-2$

   (5) $\dfrac{\pi}{2}(e^2+e^{-2}-2)$ (6) $\dfrac{2}{5}\pi$

2. (1) $\dfrac{1}{\ln 2}-\dfrac{1}{2}$ (2) $\dfrac{4}{3}$ (3) $\dfrac{4}{3}$

   (4) $\dfrac{\pi}{2}(e^2+1)$ (5) $\dfrac{62}{15}\pi$ (6) 2π (7) $2\pi^2$

3. $C(x)=\dfrac{2}{3}x^3-20x^2+1163x+4000$，产量为 30 时的总成本 $C(30)=38890$

4. $\dfrac{1}{\ln 2}$

习题 A

一、填空题

1. $\ln|x+1|+C$ 2. $e^x-\sin x$ 3. $\dfrac{1}{6}x^6+C$ 4. $x^3+y^3=C$

5. $\dfrac{1}{x}$ 6. $3x^2$ 7. 0   8. 0

二、选择题

1. C   2. D   3. A   4. B   5. D   6. B   7. A   8. B

三、计算与应用题

1. $2\sqrt{e^x+1}+C$ 2. $\dfrac{1}{2}\ln(2e^x+1)+C$

3. $x^3-x+\arctan x+C$ 4. $y^2=2\ln\dfrac{1+e^x}{1+e}$

5. $\dfrac{1}{3}xe^{3x}-\dfrac{1}{9}e^{3x}+C$ 6. $\dfrac{8}{3}$

7. $\dfrac{1}{2}x^2\ln x-\dfrac{1}{4}x^2+C$ 8. $2\ln 2$

9. 4   10. 9/2

11. 280（万元）

习题 B

一、填空题

1. $-e^{-x}f(e^{-x})-f(x)$ 2. $\dfrac{\pi}{12}$ 3. $-\dfrac{1}{2}$ 4. 0

5. $\dfrac{2}{\pi}$ 6. 2 7. 0 8. $2-\dfrac{2}{e}$

二、选择题

1. B 2. A 3. B 4. B 5. D 6. A 7. C 8. C

三、综合题

1. $f(x)=4x^3-\dfrac{3}{2}x^2$ 2. $f(x)=0$ 在 $(0,1)$ 有且仅有一个实根

3. 2 4. $a^2 f(a)$

5. （1）1 （2）$\dfrac{1}{2}\pi(e^2+1)$ 6. $\dfrac{16}{3}$

7. $V_x=\dfrac{44}{15}\pi$ ，$V_y=\pi\left(\dfrac{4}{3}\sqrt{2}-\dfrac{7}{6}\right)$

8. 当 $t=\dfrac{1}{4}$ 时 S_1+S_2 最小

9. （1）$r=8$（km）

   （2）$\dfrac{512000\pi}{3}\approx 536165$（人）

思考题 4.1

1. 不一定 2. 是的

练习题 4.1

1.（1）一阶； （2）二阶； （3）一阶； （4）二阶

2.（1）是； （2）是； （3）不是； （4）是

3.（1）$y^2-x^2=25$； （2）$y=-\cos x$

4. $y'=x^2$

思考题 4.2

略

练习题 4.2

1. （1）$y=e^{cx}$；（2）$\arcsin y=\arcsin x+C$；（3）$\tan x\tan y=C$；

   （4）$(e^x+1)(e^y-1)=C$；（5）$\sin x\sin y=C$；（6）$(x-4)y^4=Cx$

2. （1） $y+\sqrt{y^2-x^2}=Cx^2$； （2） $\ln\dfrac{y}{x}=Cx+1$； （3） $x+2y\mathrm{e}^{\frac{x}{y}}=C$

3. （1） $2\mathrm{e}^y=\mathrm{e}^{2x}+1$； （2） $\ln y=\csc x-\cot x$； （3） $\mathrm{e}^x+1=2\sqrt{2}\cos y$

4. （1） $y^3=y^2-x^2$； （2） $\arctan\dfrac{y}{x}+\ln(x^2+y^2)=\dfrac{\pi}{4}+\ln 2$

思考题 4.3

略

练习题 4.3

1. （1） $y=\mathrm{e}^{-x}(x+C)$； （2） $\rho=\dfrac{2}{3}+C\mathrm{e}^{-3\theta}$

   （3） $y=(x+C)\mathrm{e}^{-\sin x}$； （4） $y=C\cos x-2\cos^2 x$

   （5） $y=\dfrac{1}{x^2-1}(\sin x+C)$； （6） $y=2+C\mathrm{e}^{-x^2}$

   （7） $x=\dfrac{1}{2}y^2+Cy^3$； （8） $2x\ln y=\ln^2 y+C$

2. （1） $y=x\sec x$； （2） $y=\dfrac{1}{x}(\pi-1-\cos x)$

   （3） $y\sin x+5\mathrm{e}^{\cos x}=1$； （4） $2y=x^3-x^3\mathrm{e}^{\frac{1}{x^2}-1}$

思考题 4.4

略

练习题 4.4

1. （1） $y=C_1\mathrm{e}^x+C_2\mathrm{e}^{-2x}$； （2） $y=C_1+C_2\mathrm{e}^{4x}$

   （3） $y=C_1\cos x+C_2\sin x$； （4） $y=\mathrm{e}^{-3x}(C_1\cos 2x+C_2\sin 2x)$

   （5） $x=(C_1+C_2 t)\mathrm{e}^{\frac{5}{2}t}$； （6） $y=\mathrm{e}^{2x}(C_1\cos x+C_2\sin x)$

2. （1） $y=C_1\mathrm{e}^{\frac{x}{2}}+C_2\mathrm{e}^{-x}+\mathrm{e}^x$ （2） $y=C_1\cos ax+C_2\sin ax+\dfrac{1}{1+a^2}\mathrm{e}^x$

   （3） $y=C_1+C_2\mathrm{e}^{-\frac{5}{2}x}+\dfrac{1}{3}x^3-\dfrac{3}{5}x^2+\dfrac{7}{25}x$ （4） $y=C_1\mathrm{e}^{-x}+C_2\mathrm{e}^{-2x}+(\dfrac{3}{2}x^2-3x)\mathrm{e}^{-x}$

   （5） $y=C_1\mathrm{e}^{-x}+C_2\mathrm{e}^{-4x}-\dfrac{x}{2}+\dfrac{11}{8}$ （6） $y=(C_1+C_2 x)\mathrm{e}^{3x}+x^2(\dfrac{1}{6}x+\dfrac{1}{2})\mathrm{e}^{3x}$

思考题 4.5

MATLAB 系统默认的自变量是 't'，所以遇到自变量为 't' 的，都可以省略，但遇到其他变量，必须在命令后面指出变量．

练习题 4.5

1.dsolve（'Dy=1/（x+y）', 'x'）

2.dsolve（'Dy+3*y=8', 'y（0）=2', 'x'）

ans =8/3-2/3*exp（-3*x）

3.dsolve（'D2y+4*Dy+29*y=0', 'y（0）=0, Dy（0）=15', 'x'）

ans =3*exp（-2*x）*sin（5*x）

4.[X，Y]=dsolve（'Dx+5*x+y=exp（t）, Dy-x-3*y=exp（2*t）', 't'）

X=simple（x）%将 x 简化

Y=simple（y）

思考题 4.6

略

练习题 4.6

1. 这是一个动力学问题，设时刻 t 雨点运动速度为 $v(t)$，这时雨点的质量为 $(m_0 - mt)$，于是由牛顿第二定律知

$$(m_0 - mt)\frac{dv}{dt} = (m_0 - mt)g - kv \quad v(0) = 0$$

这是一个一阶线性方程，其通解为

$$v = e^{-\int \frac{k}{m_0 - mt}dt}(C + \int g e^{\int \frac{k}{m_0 - mt}dt}dt)$$

$$= -\frac{g}{m-k}(m_0 - mt) + C(m_0 - mt)^{k/m}$$

由 $v(0) = 0$，得 $C = \frac{g}{m-k}m_0^{\frac{m-k}{m}}$，

故

$$v = \frac{g}{m-k}(m_0 - mt) + \frac{g}{m-k}m_0^{\frac{m-k}{m}}(m_0 - mt)^{k/m}$$

2.（1）根据题意，设 a 为比例常数，则

$$\frac{dG}{dt} = k - aG$$

解此方程，得

$$G(t) = \frac{k}{a} + Ce^{-at}$$

$G(0)$ 表示最初血液中葡萄糖的含量，所以 $G(0) = \frac{k}{a} + C$

即

$$C = G(0) - \frac{k}{a}$$

这样便得到

$$G(t) = \frac{k}{a} + (G(0) - \frac{k}{a})e^{-at}$$

(2) 当 $t \to +\infty$ 时，$e^{-at} \to 0$，所以 $G(t) \to \dfrac{k}{a}$

故血液中葡萄糖的平衡含量为 $\dfrac{k}{a}$.

3. 设 t 时刻的细菌数为 $q(t)$，由题意建立微分方程 $\dfrac{dq}{dt} = kq$, $k > 0$

求解方程得 $q = ce^{kt}$ 再设 $t = 0$ 时，细菌数为 q_0，求得方程的解为 $q = q_0 e^{kt}$

(1) 由 $q(4) = 2q_0$ 即 $q_0 e^{4k} = 2q_0$ 得 $k = \dfrac{\ln 2}{4}$

$$q(12) = q_0 e^{12k} = q_0 e^{12 \frac{\ln 2}{4}} = 8q_0$$

(2) 由条件 $q(3) = q_0 e^{3k} = 10^4$，$q(5) = q_0 e^{5k} = 4 \times 10^4$

比较两式得 $k = \dfrac{\ln 4}{2}$，再由 $q(3) = q_0 e^{3k} = q_0 e^{3 \frac{\ln 4}{2}} = 8q_0 = 10^4$

得 $q_0 = 1.25 \times 10^3$

习题 A

一、选择题

1．A 2．B 3．A 4．B 5．C 6．A 7．C 8．A 9．A 10．C

二、填空题

1. 2   2. $y = Ce^{-x}$ 3. $y = Ce^{-\frac{2}{x}}$ 4. $(e^x + C)e^x + 1 = 0$

5. $y = Ce^{-\int P(x)dx} + e^{-\int P(x)dx} \int Q(x) e^{\int P(x)dx} dx$

三、计算题

1. (1) $x^2 - y^2 = C$ (2) $y = e^{Ce^x}$ (3) $e^y - e^x = C$

     (4) $\sin y \cos x \pm e^{C_1} = C, C \neq 0$

2. (1) $y = 1$ (2) $y = \dfrac{1}{\ln|x^2 - 1| + 1}$ (3) $y = (x-2)^3$ 和 $y = 0$ (4) $\dfrac{x}{y} = -e^{-2} e^{\frac{1}{x} - \frac{1}{y}}$

3. (1) $x(y - x) = Cy, y = 0$ (2) $\sin\dfrac{y}{x} = Cx$

     (3) $\ln(1 + \dfrac{y}{x}) = Cx$ (4) $\arcsin\dfrac{y}{x} = \ln Cx, y = \pm x$

4. (1) $y = Ce^{-x^2} + 2$ (2) $y = (x-2)(x^2 - 4x + C)$

     (3) $\rho = Ce^{-3\theta} + \dfrac{2}{3}, 3\rho = Ce^{-3\theta} + 2$ (4) $y = e^{x^2}(\sin x + C)$

5. (1) $y = 4e^x + 2e^{3x}$ (2) $y = 2e^{-\frac{1}{2}x} + xe^{-\frac{1}{2}x}$

6.（1） $y = C_1 e^x + C_2 e^{2x} + x(\frac{1}{2}x - 1)e^{2x}$ （2） $y = C_1 \cos x + C_2 \sin x + x + \frac{1}{2}e^x$

（3） $y = C_1 \cos x + C_2 \sin x - 2x \cos x$ （4） $y = C_1 \cos x + C_2 \sin x - \frac{1}{3}x \cos 2x + \frac{4}{9}\sin 2x$

7．2400 秒

习题 B

一、选择题

1．D 2.C

二、填空题

1．微分方程中出现的导数的最高阶数

2．微分方程的解中含有任何常数，且任意常数的个数与微分方程的阶数相同

3． $y'' - 3y' + 2y = 0$ 4． $\dfrac{y_1(x)}{y_2(x)} \neq$ 常数

三、计算题

1．（1） $x(ax^2 + bx + c)$ （2） $ax^2 e^{3x}$ （3） $(ax+b)e^{-x}$ （4） $xe^{-x}(a\cos 2x + b\sin 2x)$

（5） $a\cos 2x + b\sin 2x$

2．（1） $y = x + \dfrac{C}{\ln x}$ （2） $x = e^{-y}(y^2 + C)$

（3） $y = C_1 \cos 2x + C_2 \sin 2x - \dfrac{x}{8}\cos 2x$

3．（1） $\dfrac{1}{2x}(1 + \ln^2 x)$ （2） $y = e^{2x} + (-x^2 - x + 1)e^x$

4． $y = -\dfrac{m^2 g}{\lambda^2} + \dfrac{m^2 g}{\lambda^2}e^{\frac{\lambda}{m}t} - \dfrac{mg}{\lambda}t$

参考文献

1. 陈申宝.计算机应用数学[M].浙江：浙江大学出版社，2012.
2. 杨凤翔.高职应用数学[M].北京：高等教育出版社，2014.
3. 沈跃云，马怀远.应用高等数学.2版[M].北京：高等教育出版社，2015.
4. 边文莉，马萍.高等数学应用基础．2版[M].北京：高等教育出版社，2011.
5. 陈笑缘，刘莹.经济数学．2版[M].北京：高等教育出版社，2013.
6. 顾静相.经济数学基础．4版[M].北京：高等教育出版社，2014.
7. 颜文勇.数学建模[M].北京：高等教育出版社，2011.
8. 陈笑缘，张国勇.数学建模[M].北京：中国财政经济出版社，2011.
9. 朱建国.计算机应用数学[M].北京：高等教育出版社，2008.
10. 侯风波.高等数学．3版[M].北京：高等教育出版社，2010.
11. 康永强.应用数学与数学文化[M].北京：高等教育出版社，2011.
12. 刘红.高等数学与实验[M].北京：高等教育出版社，2008.
13. 艾立新等.应用数学与实验[M].北京：高等教育出版社，2008.
14. 王培麟.计算机应用数学．2版[M].北京：机械工业出版社，2010.
15. 高世贵.计算机数学基础[M].北京：机械工业出版社，2011.
16. 周宗谷，谭和平.经济数学[M].北京：科学技术文献出版社，2014.
17. 吴赣昌.微积分（上册）（经管类）．4版[M].北京：中国人民大学出版社，2011.
18. 余胜威.MATLAB数学建模经典案例实战[M].北京：清华大学出版社，2015.
19. 占海明等.基于MATLAB的高等数学问题求解[M].北京：清华大学出版社，2013.
20．张志涌等.精通MATLAB R2011a[M].北京：北京航空航天大学出版社，2011.